普通高等教育“十三五”规划教材

大学物理实验

主　编　路飞平
参　编　张明霞　赵玉祥　李向兵

机 械 工 业 出 版 社

本书根据高等院校《理工科类大学物理实验课程教学基本要求》，并结合天水师范学院的实际情况编写而成．本书物理概念描述清晰，实验原理叙述简洁明了，使物理实验和理论体系的联系更加紧密且相辅相成．本书实验安排分为基础物理实验和专业物理实验两部分，其中基础物理实验主要面向非物理专业的理工科学生开设，专业物理实验部分主要面向物理专业的学生开设，教师在选用时可根据实际情况灵活安排．本书内容涵盖力学、热学、光学和电磁学，并附有测量误差与数据处理知识介绍和物理常量表，以方便教师和学生使用．

本书可作为高等院校理科、工科、农林各个专业的物理实验教材，也可供科研人员参考．

图书在版编目（CIP）数据

大学物理实验/路飞平主编．—北京：机械工业出版社，2019.6
普通高等教育“十三五”规划教材
ISBN 978-7-111-62650-3

Ⅰ．①大…　Ⅱ．①路…　Ⅲ．①物理学—实验—高等学校—教材
Ⅳ．①O4-33

中国版本图书馆 CIP 数据核字（2019）第 083783 号

机械工业出版社（北京市百万庄大街 22 号　邮政编码 100037）
策划编辑：李永联　责任编辑：李永联　王　良
责任校对：陈　越　封面设计：马精明
责任印制：孙　炜
天津嘉恒印务有限公司印刷
2019 年 7 月第 1 版第 1 次印刷
184mm×260mm・12.5 印张・309 千字
标准书号：ISBN 978-7-111-62650-3
定价：34.80 元

电话服务　　网络服务
客服电话：010-88361066　机　工　官　网：www.cmpbook.com
010-88379833　机　工　官　博：weibo.com/cmp1952
010-68326294　金　书　网：www.golden-book.com
封底无防伪标均为盗版　机工教育服务网：www.cmpedu.com

序

物理学本质上是一门实验科学，以揭示和利用自然现象（包括实验现象）的本质规律为根本目的．它是研究物质的基本结构、基本运动形式、相互作用及其转化规律的科学，是其他自然科学和工程技术的基础．一方面，物理学基本理论已渗透在自然科学的各个领域，应用于生产技术的许多部门；另一方面，物理学的实验思想、实验方法以及实验手段是其他自然科学和现代科学技术必不可少的重要基石．

大学物理实验课程既是学生深刻认识和理解物理学基本原理的重要途径，又是学生系统接受实验方法和实验技能训练的开始和学习后续课程的基础，是一门培养学生实验能力、提高科学素质的重要基础课程，它在培养学生理论联系实际的综合分析能力、严谨的逻辑思维、活跃的创新意识等方面发挥着重要作用．

当今，科学技术飞速发展，人们的生产生活方式日新月异，信息化和智能化是这个时代科技发展的主要特征．作为现代科学技术基石的物理实验内容和手段，随之也发生着深刻的变化，在这样的时代背景下发展和壮大起来的天水师范学院物理系，无论在教学水平和人才培养质量方面均取得了很大的进步．

天水师范学院的物理实验室已由建校初期（1959 年）的只有一个综合实验室，发展到学校“专升本”时（1999 年）的力学、热学、光学、电磁学、电子技术、电工原理等基础物理课程所对应的专门实验室配置基本齐全，能够基本满足物理学本科生实验教学的全部实验需要．今天的天水师范学院物理实验室，既能满足物理学基础课程验证性教学需要，又能为物理学相关专业的学生提供探究式自主实验，同时还可供部分教师开展某些物理学前沿的课题研究．这样一系列革命性的变化，促使我们在丰富和更新实验仪器设备的同时，更加精心地选择实验内容与方法，以便使教学人员能够在有限的课堂教学时限之内，更好地完成实验教学任务，有效地实现教学目的．

多年来，路飞平博士在天水师范学院主持完成多项国家自然科学基金项目的同时，在物理系主任的岗位上对人才的培养与教学等问题进行了许多思考和实践．该书就是路博士等根据时代的发展特征，并结合天水师范学院物理系实验室的实际编写的一本物理实验教材，适合于物理学及相关专业本科生的物理实验教学．相信该书的出版不仅能够对本科生学习和掌握物理实验技能和基本物理学理论起到重要作用，也能够为物理教师和其他物理工作者提供一本很好的参考书．

邢永忠

2019 年 3 月

前　言

物理学是研究物质运动最一般规律和物质基本结构的学科．作为自然科学的基础学科，物理学研究大至宇宙，小至基本粒子等一切物质最基本的运动形式和规律，因此成为其他各自然科学学科的研究基础．它的理论结构充分地运用数学作为自己的工作语言，以实验作为检验理论正确性的唯一标准，它是当今最精密的一门自然科学学科．

实验作为物理学研究的主要方法，在物理学的发展中起到了巨大的推动作用．纵观诺贝尔物理学奖的历史，从第一届伦琴射线（X射线）的发现到2017年引力波的发现，一百多年来，绝大多数的诺贝尔物理学奖颁发给了实验物理学家，这足以表明实验在物理学发展中的地位和作用．基于实验在自然科学研究中的作用，国家教育部门针对理工科专业，专门制定了《理工科类大学物理实验课程教学基本要求》，对大学物理实验的开展提出了明确的要求，本书就是在此要求的指导下，结合天水师范学院理工科专业的实际情况和培养目标编写的．

天水师范学院物理系成立于1959年，经过多年的发展，物理专业已从当初的专科培养升格为本科层次的培养，开展大学物理实验的对象也从当初的物理专业拓展到全校的理工科专业，这势必对我校大学物理实验的教学方法提出新的要求，只有不断探索切合实际需求的实验教学方法，才能更好地为我校物理学及理工科专业人才的培养服务，并有效提升我校的办学水平．基于此，多年来物理系教师积极探索，努力改进实验教学观念和实验教学方法，取得了良好的教学效果．基于多年的教学经验积累，早在2011年，由我系教师王岱、逯小录等人编写了《大学物理实验》（科学出版社）教材，很好地提升了我校大学物理实验教学水平．2014年开始，国务院审议通过《事业单位人事管理条例（草案）》，条例要求建立学分积累和转换制度，打通从中职、专科、本科到研究生的上升通道，引导一批普通本科高校向应用技术型高校转型．在这种背景下，我校成为甘肃省首批加入应用型技术大学联盟的试点单位，并确定了建设师范特色鲜明的区域性高水平应用型大学的办学目标．但与职业院校培养的技术操作型应用人才不同，地方本科院校主要培养的是知识应用型人才，这种应用型人才需要深厚的理论知识基础、扎实的应用型专业知识技能、转化理论知识的实践能力和创新能力，这就要求地方本科院校在培养人才时，应在教好理论知识的同时，更加注重实践能力及创新能力的培养．大学物理实验教学作为地方本科院校教学中培养学生实践能力和创新能力的重要途径，在教学内容、教学方法、考核方式等方面存在各种不足．我校虽然已经确立建设目标为应用型技术大学，但在很多情况下教学模式还在探索当中，部分课程仍然采用传统的教学方法，这与学校的定位和应用型大学对人才的培养目标尚有很大的差距．为此，我们组织物理系具有多年大学物理教学经验的教师共同商讨、策划，并结合我校大学物理实验的实际情况编写了这本新的大学物理实验教材，以便满足我校转型发展中大学物理实验教学的要求．

本书从力学、热学、电磁学以及光学四个方向，根据我校的实际情况精选了46个实验项目．因学时所限，部分专业可能无法完成这么多的实验，教师在使用本书时，可以根据专业情况，有针对性地选择部分实验，完成该专业的大学物理实验课程的教学任务．我们认为，作为应用型大学，与职业技术学院的不同之处主要在于对人才的培养目标不同．如前所述，应用型大学培养的学生应具备深厚的理论知识基础、扎实的应用型专业知识技能、转化理论知识的实践能力和创新能力．因此我们认为，教师在大学物理实验教学的过程中，在遵循教学大纲的同时，完全可以开展一些创新型实验，将实验课程和实际生活联系起来，以此提高学生对物理实验的兴趣，培养他们发现问题和解决问题的能力．比如，在做“液体表面张力系数的测定”的实验时，传统的教学往往只是测量一下某种液体的表面张力系数，学生做起来感觉索然无味，而我们在实验中尝试测量不同品种的牛奶的表面张力系数、不同浓度下（水为溶剂）牛奶的表面张力系数、在空气中暴露不同时间的牛奶的表面张力系数的变化特性、牛奶表面张力系数和温度的关系特性等，以此来判断和认识不同牛奶的品质，在此过程中引导学生查阅相关资料，分析实验结果，厘清实验现象，认识事物本质，这样，极大地提升了学生做实验的兴趣和实验统筹及动手能力．在做“亥姆霍兹线圈磁场”“霍尔效应”等实验时，我们让学生验证手机信号辐射强度对实验结果的影响，并分析原因，很多同学通过这些实验，学到了书本以外的很多知识，培养了他们的科学素养和解决问题的能力．在做“用惠斯通电桥测电阻”实验时，我们尝试基于教材又不拘泥于教材的方法，用热敏电阻替代普通的定值电阻，通过控制温度，测量不同类型的热敏电阻的阻值和温度之间的关系，这样，一方面学习了用惠斯通电桥测电阻的基本原理和方法，另一方面也将该方法进一步拓展到了其他方面，开拓了学生的思路，也培养了他们对物理实验的兴趣．我们认为，本书所选的46个实验项目都可以和实际的生活现象联系在一起，这就需要任课教师多思考、多学习，将具体的实验项目和生活现象联系起来，开展一些创新实验，培养学生的动手能力和解决问题的能力，以此提高大学物理实验的教学质量和专业人才的培养质量．

关于提高大学物理实验教学质量的话题，当然需要从教师和学生两个方面来讨论．从教师方面看，我们认为教师在实际教学的过程中，应采用基于教材又不拘泥于教材的教学方法，借助现有的实验条件，多思考、多挖掘，在条件许可的前提下多开展一些创新型实验，以此培养学生的实验兴趣，提高学生的科学素养和创新能力，从学生方面看，每个学生在做实验之前，要做好充分的预习，预习不仅是对相关实验原理的熟悉，更应该思考实验中可能遇到问题，思考本实验项目和生活现象的联系．在做实验的过程中，培养学生的团队协作精神，在科学技术高度发达的今天，单打独斗注定成不了大气候，很多有意义的项目都必须通过分工合作的方式去完成，比如由著名物理学家丁肇中主持的阿尔法磁谱仪项目，就是一个典型的国际合作项目，研究人员来自美、欧、亚三大洲16个国家和地区的56个研究机构．我们在做实验的过程中，往往以2～3人为一个小组，共同完成一个实验项目，这就要求在做实验之前和做实验的过程中，小组内的成员应分工协作、全员参与来完成实验项目，培养他们的团队协作精神．当然在做实验的过程中，往往会出现一些问题，比如预期的实验现象没有出现，或者实验现象和预期结果相差较大，这些问题往往是培养学生发现问题和解决问题能力的最佳机会．学生在遇到这类问题时，不应灰心丧气，要努力发现并解决问题，最终获得正确的结果．这种经历往往比一次性获得实验结果更能锻炼学生的实验动手能力和解决问题的能力．在实验项目完成之后，学生应该写一份规范的实验报告．实验报告是实验工作的总结，既要全面，又要简单明了，做到用词确切、字迹工整、数据完整、图表规范、结果明确．回答如何做、获得了什么样的结果、实验的意义和价值何在，需要在实验完成后学生用自己的语言归纳和总结．撰写实验报告的过程是一个对综合思维能力和文字表述能力的训练过程，也是为今后在科学研究和工程实践等工作中撰写研究成果报告和科学研究论文打下扎实的基础的过程．在写实验报告的过程中，要求学生实事求是，对实验过程中的实验条件、实验现象、实验数据应如实记录，对测量数据有效位数不得随意增减．

在本书成书之际，我们有幸邀请到了我系教师邢永忠教授为本书作序．邢教授作为我系最早引进的高端人才，是整个天水地区工作的第一位博士和博士后．多年来，邢教授在教学和科研上都取得了很高的成就，积累了丰富的理论和实验教学经验，并在本书的编写过程中给予了极大的鼓励和帮助．同时，2015 级物理学创新班学生马茂云、胡伟伟、曹子建和邢俊杰四名同学为本书的编写做了大量的编辑和校对工作，也在此表示感谢．

本书由路飞平统筹规划，并担任主编。张明霞、赵玉祥、李向兵三位老师参与编写．赵玉祥负责力学实验内容的编写，张明霞负责热学内容的编写，路飞平负责光学、电磁学内容的编写，李向兵负责附录 A 与附录 B 的编写．在本书的编写过程中，编者广泛参考了同行编写的相关教材，从中吸收了很多富有启发性的观点和内容，尤其是吸收和采纳了由我系教师王岱、逯小录等人著作中的很多优秀成果，在此表示衷心的感谢．

因编者水平有限，书中不足之处难免，恳请广大读者批评指正．

编　者

目　录

第 1 章　基础物理实验

力 学 部 分

实验 1.1　长度的测量

【引言】

长度是物理学七个最基本的物理量之一．各种各样的物理测量仪器外观虽然不同，但其标度大都是按照一定的长度来划分的．我们用温度计测量温度，就是确定水银柱面在温度标尺上的位置．测量电流或电压，就是确定指针在电流表或电压表标尺上的位置．总之，科学实验中的测量大多数可以归结为长度的测量．由此可见，长度的测量是一切测量的基础，是最基本的物理测量之一．

测量长度的量具常用而又较简单的有米尺、游标卡尺和外径千分尺．这三种量具测量长度的范围和准确度各不相同，需视测量的对象和条件加以选用．通常用量程和分度值表示这些仪器的规格．

【实验目的】

掌握游标卡尺、外径千分尺的结构和原理，并学会正确使用．

学习测量金属工件的体积．

运用误差及有效数字的基本概念来处理长度及体积的测量数据．

【实验仪器】

游标卡尺（图 1.1-1）、外径千分尺、待测小物件（长方体金属块、钢珠、圆管等）

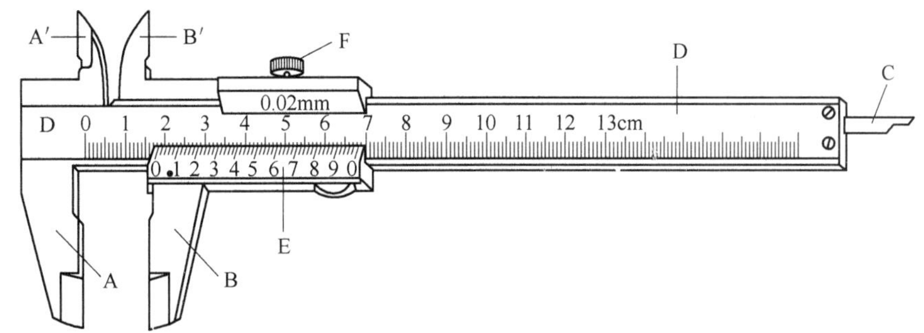

图 1.1-1　游标卡尺

【实验原理】

1. 游标卡尺

(1) 游标卡尺的结构　游标卡尺由尺身 D 和游标 E 组成，如图 1.1-1 所示．它除了用来测量一般的长度外，还可以用来测量圆筒的内径、外径以及深度．测外径时用图中 A、B 两个钳；测内径时用 A′、B′两个钳；测深度时用尾部 C 的突出部分．游标卡尺的读数原理是：在游标卡尺上读数时，利用游标可以直接读出毫米以下一位小数而不必估读．在 10 分度的游标中，10 个游标长度的总长刚好与尺身上 9 个最小分度的总长相等，即等于 9mm. 这样，每个游标分度之长是 0.9mm，每个游标分度比尺身的最小分度短 0.1mm. 当游标对应尺身上某一位置时，毫米以上的整数部分可以从尺身上直接读出．

(2) 游标卡尺的测量原理　游标刻度尺上一共有 m 分格，而 m 分格的总长度和尺身上的 $m-1$ 分格的总长度相等．设尺身上每个等分格的长度为 y，游标刻度尺上每个等分格的长度为 x，则有

$$mx=(m-1)y \tag{1.1-1}$$

尺身与游标刻度尺每个分格之差为

$$\Delta x=y-x=y-\frac{m-1}{m}y=\frac{y}{m} \tag{1.1-2}$$

Δx 为从游标卡尺上可以精确读出的最小数值，即最小刻度的分度数值．使用 m 分度游标测量时，如果游标的第 k 条刻度线与尺身某一刻度线对齐，则由游标所确定的长度 Δl 值等于

$$\Delta l=ky-k\frac{m-1}{m}y=k\frac{y}{m}=k\Delta x \tag{1.1-3}$$

尺身的最小分度是 mm（毫米），当 $m=20$ 时，游标卡尺的最小分度为 $\frac{1}{20}\text{mm}=0.05\text{mm}$，称为 20 分度游标卡尺．常用的 50 分度游标卡尺，其分度数值为 $\frac{1}{50}\text{mm}=0.02\text{mm}$.

(3) 游标卡尺读数规则　游标卡尺的读数表示的是尺身的“0”线与游标刻度尺的“0”线之间的距离．读数可分为两部分：①从游标刻度上“0”线的位置读出与尺身刻度相对应的整数部分（即毫米位）；②根据游标刻度尺上与尺身对齐的刻度线读出不足毫米分格的小数部分，二者相加就是测量值．

例如，在图 1.1-2 中，第 6 根线对得最齐，从中上可以看出，要读的 Δx 就是 6 个尺身分度与 6 个游标分差之差．因为 6 个尺身分度之长是 6mm，6 个游标分度之长 6×0.9mm，故

$$\begin{aligned}\Delta x&=[6-(6\times0.9)]\text{mm}=6\times(1-0.9)\text{mm}\\&=6\times0.1\text{mm}=0.6\text{mm}\end{aligned} \tag{1.1-4}$$

同理，如果是第 4 根线对得较齐，那么 $\Delta x=4\times0.1\text{mm}$. 依此类推，当第 k 根线对得最齐时，Δx 就是 $k\times0.1\text{mm}$. 这就是 10 分度游标的读数方法．然后两部分相加，得到物体的长度．为了使读数精确，在很多测量仪器上都使用了游标装置，有 10 分度的、20 分度的、30 分度的和 50 分度的等，它们的原理和读数方法都是一样的．如果用 a 表示尺身上最小分度的长度，用 n 表示游标的分度数，并取 n 个游标分度与尺身 $n-1$ 个最小分度的总长度相等，则每一个游标分度的长度为

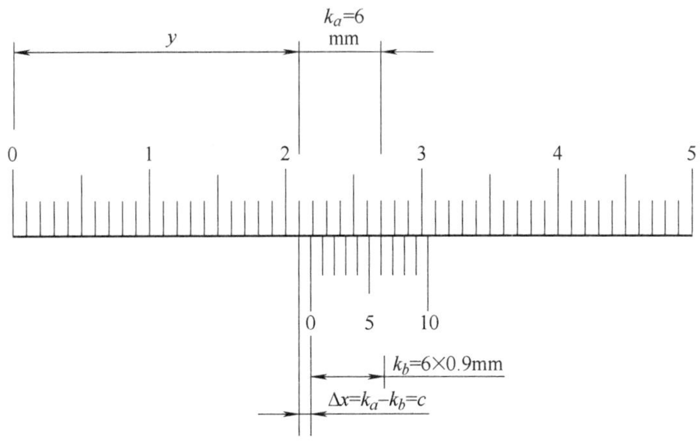

图 1.1-2　游标卡尺的读数

$$b=\frac{(n-1)a}{n} \tag{1.1-5}$$

这样，尺身最小分度与游标分度的差值为

$$a-b=a-\frac{(n-1)}{n}a=\frac{a}{n} \tag{1.1-6}$$

这个差值刚好就是游标分度数除尺身最小分度的长度，在测量时，如果游标第 k 条刻线与尺身的刻线对齐，那么游标零线与尺身上左边的相邻刻线的距离就是 k，即

$$\Delta x=k_a-k_b=k(a-b)=k\,\frac{a}{n} \tag{1.1-7}$$

根据上面的关系，对于任何一种游标，只要弄清了它的分度数与尺身最小分度的长度，就可以直接利用它来读数．

(4) 游标卡尺使用注意事项　在使用游标卡尺前，应该先将游标卡尺的卡口合拢，检查游标尺的“0”线和主刻度尺的“0”线是否对齐．若没有不齐，则说明卡口有零误差，应记下零点读数，用以修正测量值，即待测量 $l=l_1-l_0$，其中，l_1 为未作零点修正前的读数值；l_0 为零点读数，l_0 可以正也可以负．

推动游标刻度尺时，不要用力过猛，卡住被测物体时松紧应适当，绝不能卡住物体后再移动物体，以防卡口受损．

用完后两卡口要留有间隙，然后将游标卡尺放入包装盒内，不能随便放在桌上，更不能放在潮湿的地方．

2. 外径千分尺

外径千分尺（也称螺旋测微计），它是比游标卡尺更精密的仪器，在实验室中常用它来测小球的直径、金属丝的直径和薄板的厚度等，其准确度至少可达 0.01mm. 外径千分尺的主要部分是测微螺旋，如图 1.1-3 所示．

(1) 外径千分尺的测量原理　外径千分尺的主要部分为测微螺旋，它由一根精密的测微螺杆和螺母套管（其螺距是 0.5mm）组成，测微螺杆的后端还带一个具有 50 分度的微分筒. 当微分筒相对于螺母套管转过一周时，测微螺杆就会在螺母套管内沿轴线方向前进或后退 0.5mm．同理，当微分筒转过一个分度时，测微螺杆就会前进或后退 $\frac{1}{50}\times 0.5$mm（即

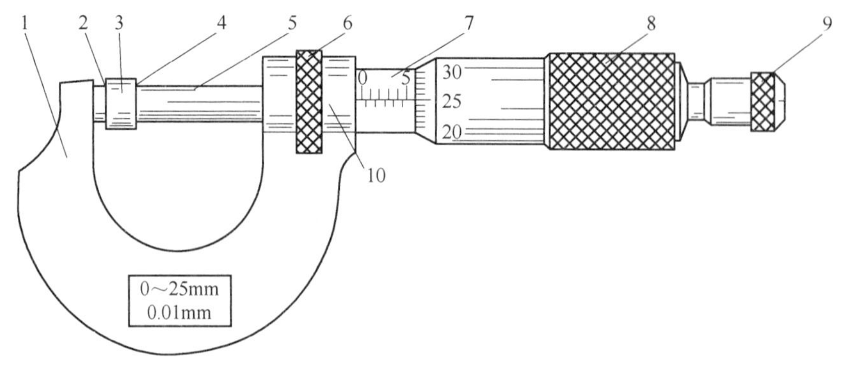

图 1.1-3 外径千分尺

1—尺架 2—测砧测量面 A 3—待测物体 4—螺杆测量面 B 5—测微螺杆 6—锁紧装置 7—固定套管 8—微分筒 9—测力装置 10—螺母套管

0.01mm)．因此，从微分筒转过的刻度就可以准确地读出测微螺杆沿轴线移动的微小长度，这就是所谓的机械放大原理．为了读出测微螺杆移动的毫米数，在螺母套管上刻有毫米分度尺．

（2）外径千分尺的读数规则 当转动螺杆使测砧和测微螺杆两侧面刚好接触时，微分筒锥面的端面就应与螺母套管上的零线对齐，同时微分筒上的零线也应与固定套管上的水平准线对齐，这时的读数是 0.000mm. 测量物体尺寸时，应先将测微螺杆退开，把待测物体放在两测量面之间，然后轻轻转动棘轮旋柄推进测微螺杆前进，把物体刚好夹住时可听到“咯、咯”声，停止转动棘轮，这时在螺母套管的标尺上和微分筒锥面上的读数就是待测物体的长度．读数时可分两步：①观察固定标尺读数准线（即微分筒前沿）所在的位置，可以从螺母套管毫米分度尺上读出整数部分，每格 0.5mm，即可读到半毫米；②以螺母套管毫米分度尺的刻度线为读数准线，从微分筒上读出 0.5mm 以下的数值（估计读数到最小分度的 1/10)，然后两者相加．

如图 1.1-4a 所示，此时外径千分尺的整数部分是 5.5mm（因螺母套管上毫米分度尺的读数准线已超过了 1/2 刻度线，所以是 5.5mm，副刻度尺上的圆周刻度是 40.4，即 0.404mm．因此，其读数值为（5.5＋0.404）mm＝5.904mm．如图 1.1-4b 所示，整数部分（尺身部分）是 5mm，而圆周刻度是 25.5，即 0.255mm，其读数值为（5＋0.255)mm＝5.255mm．

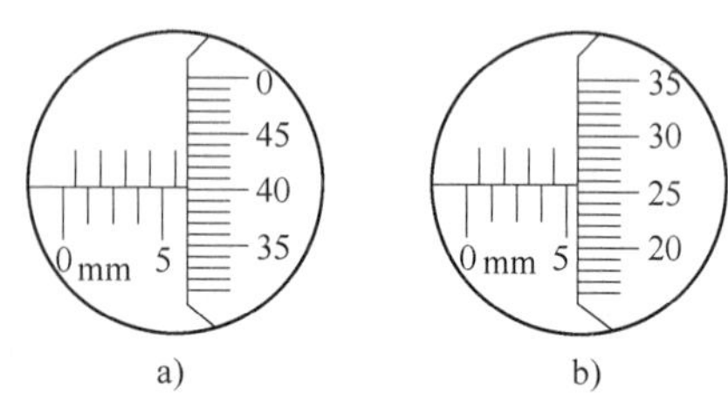

图 1.1-4 外径千分尺的读数

外径千分尺是精密仪器，使用时必须注意下列事项：

1）测量前应检查零点读数．零点读数就是当测量面 A、B 刚好接触时，标尺上和微分筒上的读数．如果零点读数不是零，就应该将数值记下来．在进行测量时，测出的读数应减去这一零点读数．如果零点读数是负值，在测量时同样要减去这一零点读数（实际上就是加上这个绝对值)．

2）测量面 A、B 和被测物体间的接触压力应当微小．因此，当旋转微分筒时，必须利用测力装置 9，它是靠摩擦带动微分筒的，当测杆接触物体时，它会自动打滑．

3）测量完毕后，应使测量面 A、B 之间留出一个间隙，以避免热膨胀而损坏螺纹．

【实验内容】

仔细观察游标卡尺和外径千分尺，了解它们的使用方法和读数规则．

用游标卡尺测量金属圆管的外径、内径和高，将测量结果填入表 1.1-1，并计算金属圆管的体积和不确定度．

用外径千分尺测量滚珠直径，将结果填入表 1.1-2，并计算滚珠的体积和不确定度．

【实验数据记录】

表　1.1-1

待测物体：　　　　　　　零点读数 $\delta_0=$ 　　　　mm

测量次数	外径 D/mm	内径 d/mm	高 h/mm
1			
2			
3			
4			
5			

表　1.1-2

待测物体：　　　　　　　零点读数 $\delta_0=$ 　　　　mm

测量次数	1	2	3	4	5	6
直径 D/mm						

【数据处理】

金属圆管体积的不确定度

$$U_V=\sqrt{\left(\frac{\partial V}{\partial D}\right)^2 U_D{}^2+\left(\frac{\partial V}{\partial d}\right)^2 U_d{}^2+\left(\frac{\partial V}{\partial h}\right)^2 U_h{}^2} \tag{1.1-8}$$

其中

$$U_D=\sqrt{U_{AD}{}^2+U_{BD}{}^2}$$

$$U_d=\sqrt{U_{Ad}{}^2+U_{Bd}{}^2}$$

$$U_h=\sqrt{U_{Ah}{}^2+U_{Bh}{}^2} \tag{1.1-9}$$

滚珠体积的不确定度

$$U_V=\frac{\mathrm{d}V}{\mathrm{d}D}U_D=\frac{\pi}{2}D^2U_D \tag{1.1-10}$$

实验 1.2　物体密度的测定

【引言】

密度是物质的基本特性之一，它与物质的纯度有关．单位体积的某种物质的质量，称为该物质的密度．密度是反映物体基本特性的物理量之一．物体的基本特性是指物体本身具有的而又能相互区别的一种性质．本实验采用流体静力称衡法来测量物体的密度．

【实验目的】

学会正确使用物理天平称衡物体的质量．

学习用流体静力称衡法测定不规则固体和液体的密度．

【实验仪器】

物理天平、烧杯、待测物体、细线、温度计．

【实验原理】

1. 用流体静力称衡法测不规则固体的密度

依据阿基米德定律，浸在液体中的物体要受到向上的浮力，浮力的大小等于物体所排开的液体的重量．设被测物不溶于水，其体积为 V，在空气中称其质量为 m_1，用细绳将其悬吊在水中的称衡值为 m_2，水在当时温度下的密度为 $\rho_水$，则物体在水中受到的浮力为

$$F_浮=(m_1-m_2)g \tag{1.2-1}$$

它应等于全部浸入水中物体所排开的水的重量，即

$$\rho_水 Vg=(m_1-m_2)g \tag{1.2-2}$$

式中，g 是重力加速度．整理后得被测物体的体积计算公式为

$$V=\frac{m_1-m_2}{\rho_水} \tag{1.2-3}$$

由此可以导出不规则形状固体的密度计算公式为

$$\rho=\frac{m_1}{V}=\rho_水\frac{m_1}{m_1-m_2} \tag{1.2-4}$$

如果将上述物体再浸没到密度为 $\rho_液$（待测）的液体中，这时称衡，测得相应砝码质量为 m_3，此时物体所受浮力为

$$F'_浮=(m_3-m_1)g=\rho_液 gV \tag{1.2-5}$$

由于

$$F_浮=\rho_水 Vg=(m_1-m_2)g \tag{1.2-6}$$

可得待测液体的密度为

$$\rho_液=\frac{m_1-m_3}{m_1-m_2}\rho_水 \tag{1.2-7}$$

2. 流体静力称衡法和助沉法结合测定密度小于水的不规则固体的密度

如果待测物体的密度小于水的密度，可采用如下方法：在质量为 m_1 的待测物体上拴一个助沉重物，加上这个助沉重物后，待测物体连同助沉重物可完全浸没在水中，助沉重物在下，这时称衡，如图 1.2-1a 所示，测得相应砝码质量为 m_2；再将待测物体提升到水面之上，此时助沉重物仍然浸没在水中，这时再称衡，如图 1.2-1b 所示，测得相应砝码质量为 m_3．待测物体在水中受的浮力为 $F_浮=(m_3-m_2)g=\rho_水 gV$，则待测物体的密度为

$$\rho=\frac{m_1}{m_3-m_2}\rho_水 \tag{1.2-8}$$

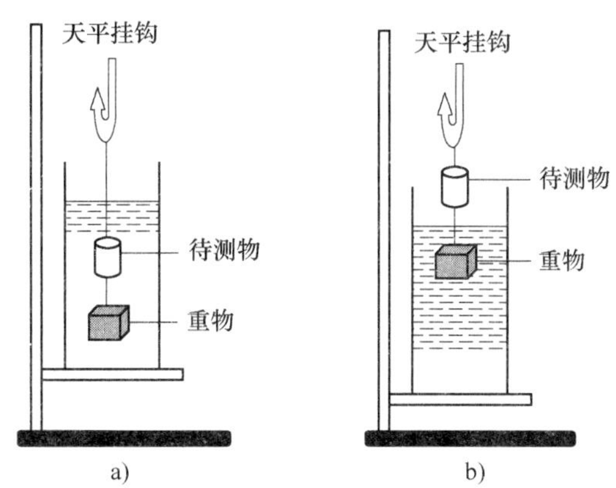

图 1.2-1　流体静力称衡示意图

【实验内容】

了解物理天平的构造，调整天平．

用流体静力称衡法测不规则固体的密度．

用物理天平称出待测物体在空气中的质量 m_1．把盛有大半杯水的烧杯放在天平左边的托架上，然后将用细线挂在天平左边小钩上的物体全部浸入水中（注意不要让物体接触烧杯），称出物体在水中的质量 m_2．将称量结果填入表 1.2-1，由附录 B 的表 B-1 查出室温下水的密度 $\rho_水$，依据式（1.2-8）计算物体的密度并计算不确定度．

流体静力称衡法和助沉法结合测定密度小于水的不规则固体的密度．用物理天平称出石蜡在空气中的质量 m_1，将石蜡栓上重物浸入水中称出其质量为 m_2，再将石蜡提升到水面之上，此时助沉重物仍然浸没在水中，再称出其质量为 m_3，将测量结果填入表 1.2-2，由附录 B 的表 B-1 查出室温下水的密度 $\rho_水$，依据式（1.2-8）计算物体的密度并计算不确定度．

【实验数据记录】

表 1.2-1　待测物体完全浸入不同介质中的质量

实验次数	在空气中的质量/g	在水中的质量/g	
1			水温 $t=$　℃
2			
3			

表 1.2-2　待测物体完全浸入与半浸入不同介质中的质量

实验次数	在空气中的质量/g	完全浸入水中的质量/g	半浸入水中的质量/g
1			
2			
3			

实验 1.3　自由落体的研究

【引言】

重力加速度 g 是物理学中的一个重要参量．我们在处理各种问题时，常把 g 作为常数．

地球上不同地区的重力加速度略有不同，它和地球的纬度和高度以及地质有关．一般说来，在赤道附近 g 的数值最小，而随着纬度的升高，越靠近南北两极，g 的数值越大．准确测定重力加速度 g，在理论、生产和科研方面都有着重要的意义．

本实验对小球的下落运动进行研究，仅限于低速情形，因此，空气阻力可以忽略，可视其为自由落体运动．

【实验目的】

验证自由落体运动方程．

测定当地重力加速度．

学会用数字毫秒计测微小时间间隔．

学习组合测量中用分组计算法求解线性参数．

【实验仪器】

自由落体实验装置、MUJ-6B电脑通用计时器、光电门（2个）、小球．

【实验仪器描述】

自由落体实验仪器装置如图1.3-1所示，主要由自由落体装置和计时器两大部分组成．自由落体装置由支柱、电磁铁（橡胶吸球器）、光电门和捕球器构成，其主体是一个有刻度尺的立柱，其底座上有调节螺钉可用来调竖直．立柱上端有一电磁铁（或橡胶吸球器），可用来吸住小钢球，当电磁铁断电后，小钢球即自由下落落入捕球器内．立柱上装有两对可沿立柱上下移动的光电门．本实验采用MUJ-6B电脑通用计时器，当小球通过第一个光电门时产生的光电信号触发计时器开始计时，通过第二个光电门时使之终止计时，因此，计时器显示的结果是两次遮光之间的时间，亦即小球通过两光电门之间的时间．

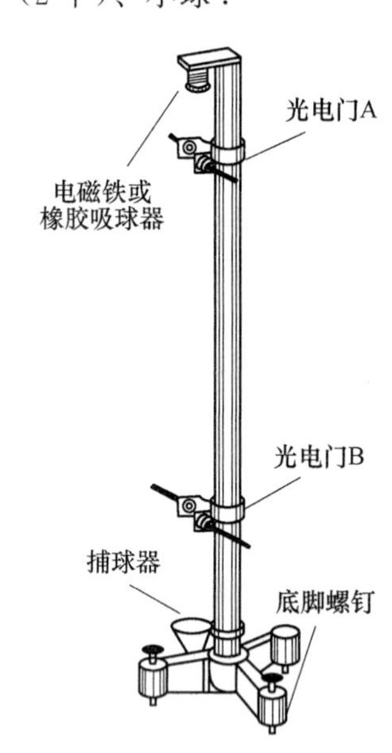

图1.3-1　自由落体实验仪器

【实验原理】

仅在重力作用下，物体的下落运动是匀加速运动，此运动可以用方程 $s=v_0t+\frac{1}{2}gt^2$ 来描述．

当 $v_0\neq0$ 时，如图1.3-2所示，让小球从吸球器上自由下落，设它到达 A 点的速度为 v_1，从 A 点起，经过时间 t_1 后，物体到达 B 点．令 A、B 两点间的距离为 s_1，则有

$$s_1=v_1t_1+\frac{1}{2}gt_1^2 \tag{1.3-1}$$

若保持前面的条件不变，从 A 点起，经过时间 t_2 后，物体到达任意点 C，令 A、C 两点间的距离为 s_2，则有

$$s_2=v_1t_2+\frac{1}{2}gt_2^2 \tag{1.3-2}$$

将式（1.3-2）乘以 t_1，式（1.3-1）乘以 t_2，并将所得两式相减得

$$s_2t_1-s_1t_2=\frac{1}{2}g(t_2^2t_1-t_1^2t_2) \tag{1.3-3}$$

于是得到

$$g=\frac{2(s_2t_1-s_1t_2)}{t_2^2t_1-t_1^2t_2}=\frac{2\left(\frac{s_2}{t_2}-\frac{s_1}{t_1}\right)}{t_2-t_1} \tag{1.3-4}$$

如图 1.3-2 所示，取 A 点为下落和计时的初始位置．当小球自由下落到 B 点时，A、B 两点间的距离 s 和时间 t 的关系为

$$s=\frac{1}{2}gt^2 \tag{1.3-5}$$

图 1.3-2 自由落体测量原理

测量不同 s 对应的时间 t，可求得 g 值．

【实验内容】

自由落体实验装置的调节．将铅锤线悬挂在橡胶吸球器左端的校正板挂钩上，将两组光电门拉开一定距离，调节底脚螺钉，使铅垂线在 x 轴和 y 轴两个方向处于光敏管正中，保证小球下落过程中遮光的准确性．

接通 MUJ-6B 电脑通用计时器电源并打开电源开关，实验时选在"s_2"档，测量单位选在"ms"档．

取 $v\neq0$ 时 g 值的测量．如图 1.3-3 所示调节光电门 A、B 的位置，记录小球通过两光电门之间距离为 s_1 时所需的时间 t_1，重复 3 次．保持光电门 A 的位置不变，只改变光电门 B 的位置，按上面的步骤测出对应两光电门距离为 s_2 的时间 t_2，重复 3 次．再次改变两光电门的位置，重复上面的步骤，共对 4～5 种行程进行观测，依此计算当地的重力加速度 g．将实验数据填入表 1.3-1.

取 $v=0$ 时 g 值的测量．如图 1.3-3 所示，调节光电门 A、B 的位置，记录小球通过两光电门之间距离为 s 时所需的时间 t，重复 3 次．在此过程中为检查测量中的误差，将公式改写为 $s=\Delta+\frac{1}{2}gt^2$，令 $y=s$，$x=t^2$，则有 $y=a+bx$，其中 $a=\Delta$，$b=\frac{1}{2}g$，依据组合测量的分组计算法求出线性参数 a、b，从而得到 Δ 和 g 值．将实验数据填入表 1.3-2.

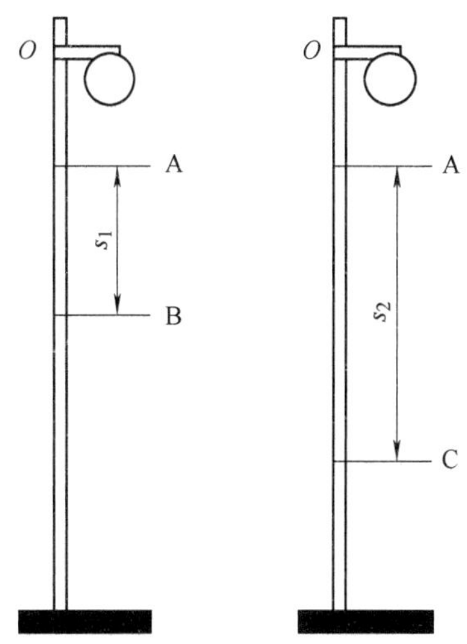

图 1.3-3 $v\neq0$ 时，g 值的测量

【注意事项】

使用橡胶吸球器时不要太用力，以免小球被吸得太紧无法下落．

小球被吸住后要耐心等待其自由下落，严禁用手挤压吸球器来迫使小球下落．

【实验数据记录】（见表 1.3-1、表 1.3-2）

表 1.3-1　$\boldsymbol{v}\neq0$ 时数据记录

$v_0\neq0$								
编　号	s_1/cm	t_1/s			s_2/cm	t_2/s		
		1	2	3		1	2	3
1								
2								
3								
4								
5								

表 1.3-2　$\boldsymbol{v}_0=0$ 时数据记录

$v_0=0$				
编　号	s/cm	t/s		
		1	2	3
1				
2				
3				
4				
5				

实验 1.4　弹性模量的测量

【引言】

物体在外力作用下总会发生形变．当形变不超过某一限度时，外力消失后，形变随之消失，这种形变称为弹性形变．发生弹性形变时，物体内部产生恢复原状的内应力，而弹性模量（亦称杨氏模量）正是反映固体材料形变与内应力关系的物理量，是描述固体材料抵抗形变能力的重要物理量，是工程技术上极为重要的常用参数，也是工程技术人员选择材料的重要依据之一．

【实验目的】

学会用拉伸法测量金属丝的弹性模量；

掌握用光杠杆测量微小伸长量的原理；

学会用逐差法处理实验数据．

【实验仪器】

YMC-1 型弹性模量测定仪、光杠杆、JCW 尺读望远镜、外径千分尺、金属丝、砝码、钢卷尺、水准仪．

【实验原理】

胡克定律指出，在弹性限度内，弹性体的应力和应变成正比．设有一根长为 l、横截面积为 S 的钢丝，在外力作用下（可将钢丝一端固定，另一端在竖直方向悬挂一些砝码）伸长了 Δl，金属丝单位面积上受到的垂直作用力 $\frac{F}{S}$ 称为正应力，金属丝的相对伸长量 $\frac{\Delta l}{l}$ 称为线应变，则有

$$\frac{F}{S}=E\,\frac{\Delta l}{l} \tag{1.4-1}$$

式（1.4-1）中，比例系数 Y 称为弹性模量，单位为 N/m^2．本实验测量的是钢丝的弹性模量，如果钢丝直径为 d，则可得钢丝横截面积 $S=\frac{\pi d^2}{4}$，式（1.4-1）可变为

$$E=\frac{4Fl}{\pi d^2\Delta l} \tag{1.4-2}$$

可见，只要测出上式中右边各量，就可计算出弹性模量．式（1.4-2）中 l（金属丝原长）可由米尺测量，d（钢丝直径）可用外径千分尺测量，F（外力）可由实验中钢丝下面悬挂砝码所受的重力 $F=mg$ 求出，而 Δl 是一个微小长度变化（在本实验中，当 $l\approx 1\text{m}$ 时，所悬挂砝码的质量每变化 1kg 相应的 Δl 约为 0.3mm）．因此，直接测量很难得到准确数值，本实验要利用光杠杆的光学放大作用实现对钢丝微小伸长量 Δl 的间接测量．

【实验仪器描述】

1. 弹性模量测量仪示意图

弹性模量测量仪如图 1.4-1 所示，在金属三角底座上固定了两根立柱，在立柱上装有可

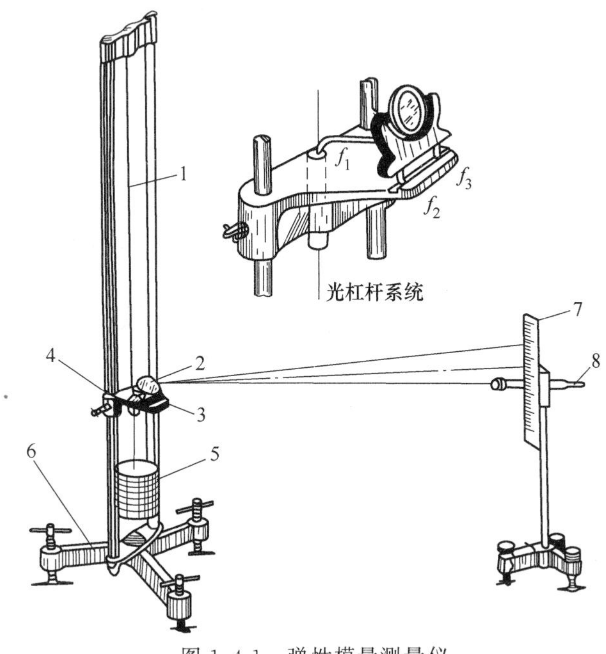

图 1.4-1　弹性模量测量仪

1—金属丝　2—光杠杆　3—平台　4—螺钉夹　5—砝码　6—三角底座　7—标尺　8—望远镜

沿立柱上下移动的横梁和平台．待测金属丝上端被横梁固定，下端被螺钉夹固定，螺钉夹可在平台的圆孔内自由上下移动，在螺钉夹下端有钩子与砝码托相连接．当在砝码托上加减砝码时，金属丝将伸长或缩短 Δl，螺钉夹也跟随上升或下降 Δl.

2. 光杠杆测微小长度变化的原理

光杠杆结构如图 1.4-2 所示，平面全反射镜垂直安装在“T”形支架上（平面全反射镜俯仰方位可调），“T”形支架由构成等腰三角形的三个足尖 f_1、f_2、f_3 支撑．f_1 到 f_2、f_3 两足间的垂直距离可调．尺读望远镜如图 1.4-3 所示，是由一把竖直放置的毫米刻度尺和一个可调焦距的望远镜共同组成．尺读望远镜和光杠杆组成的测量系统如图 1.4-4 所示．

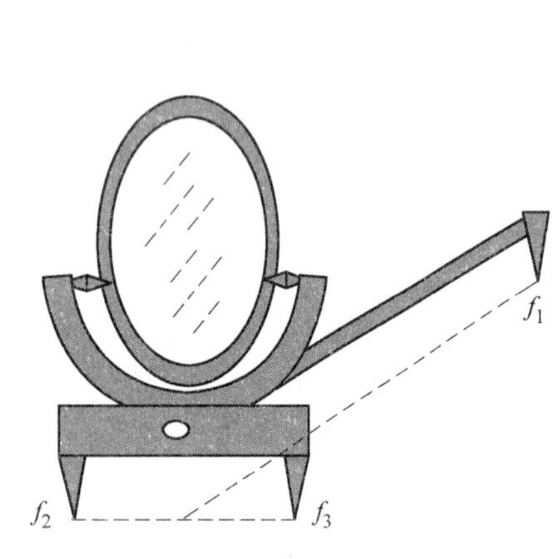

图 1.4-2　光杠杆

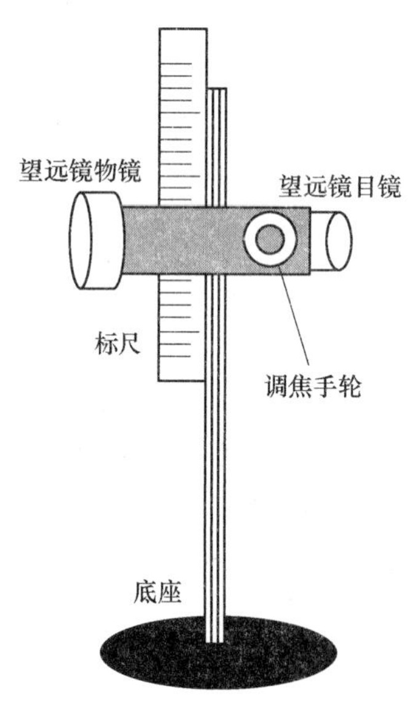

图 1.4-3　尺读望远镜

测量时将光杠杆和尺读望远镜按图 1.4-4 所示放置，光杠杆前足尖 f_2、f_3 放在固定平台前凹槽内，后足尖 f_1 放在螺钉夹上．按仪器调节顺序调好全部装置后，就会在望远镜中看到经由光杠杆平面镜反射的标尺像．设开始时光杠杆的平面全反射镜竖直，即镜面法线在水平位置，在望远镜中恰好能看到标尺刻度 S_1 的像，其读数为 n_1．当挂上砝码使细金属丝受力伸长 Δl 后，光杠杆的后足尖 f_1 随螺钉夹下降 Δl. 光杠杆平面全反射镜转过一较小角度 θ，而法线也转过同一角度 θ. 根据反射定律，从 S_1 处发出的光经过平面全反射镜反射到 S_2（S_2 为标尺某一刻度）．由光路可逆性，从 S_2 发出的光经平面全反射镜反射后将进入望远镜中被观察到，此时的读数为 n_2，即在加了砝码拉伸金属丝后，在尺读望远镜中观察到标尺的读数由 n_1 变为 n_2.

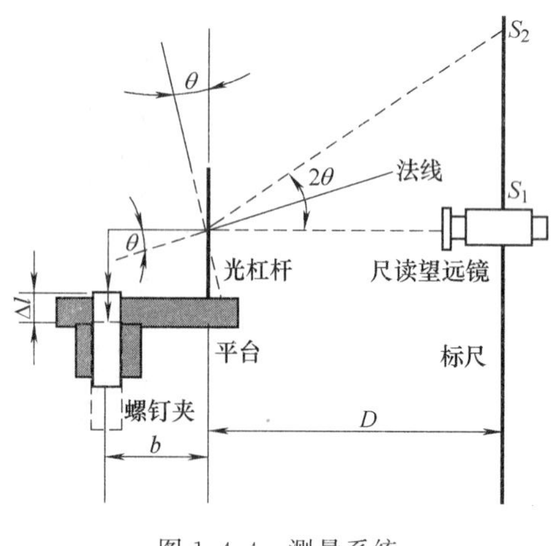

图 1.4-4　测量系统

设 $n_2-n_1=\Delta n$，由图 1.4-4 可知 $\tan\theta=\dfrac{\Delta l}{b}$，$\tan2\theta=\dfrac{\Delta n}{D}$，式中，$b$ 为光杠杆常数（光杠杆后

足尖至前足尖连线的垂直距离)，D 为光杠杆镜面至尺读望远镜标尺的距离．由于偏转角度 θ 很小，所以 $\Delta l/b$、$\Delta n/D$ 近似有

$$\theta \approx \frac{\Delta l}{b}, \quad 2\theta = \frac{\Delta n}{D} \tag{1.4-3}$$

则

$$\Delta l = \frac{b}{2D}\Delta n \tag{1.4-4}$$

由式（1.4-4）可知，微小变化量 Δl 可通过准确测量 b、D、Δn 间接求得．

实验中取 $D \gg b$，光杠杆的作用是将微小长度变化 Δl 放大为标尺上的相应位置变化 Δn，Δl 被放大了 $\frac{2D}{b}$ 倍．将式（1.4-4）代入式（1.4-2）有

$$E = \frac{8FlD}{\pi b d^2 \Delta n} \tag{1.4-5}$$

通过式（1.4-5）便可计算出金属丝的弹性模量 E，其中 $F=mg$，m 为砝码质量．

【实验内容】

将水准仪放到弹性模量测量仪的底座上，通过调节支架底部的三个螺钉，使平台达到水平．

尺读望远镜的调节是实验成败的关键，我们用四个步骤进行调节．

调节尺读望远镜镜筒的高度，使其和光杠杆在同一水平线上．在具体操作时眼睛通过尺读望远镜目镜上端的瞄准器看向镜筒前端光杠杆的平面全反射镜，若此时在平面全反射镜中能看到望远镜镜筒的像，则说明它们基本在同一水平线上且等高．

调节尺读望远镜侧面的焦距旋钮和下部的俯仰角螺钉，同时眼睛通过目镜观察镜筒内的像，直到在镜筒内看到光杠杆的平面全反射镜．

小范围内向右平移尺读望远镜，眼睛同时通过望远镜上端的瞄准器观察光杠杆的平面全反射镜，直到在平面全反射镜内看到标尺的像为止．

双手握住尺读望远镜的底盘，轻轻向左转动，眼睛同时通过目镜筒观察，直到再一次观察到平面全反射镜（此时所处的状态是眼睛通过望远镜上端的瞄准器看向光杠杆的平面全反射镜，镜中出现的是标尺的像，而眼睛通过目镜筒看到的是平面全反射镜），再次调节尺读望远镜焦距（反向旋转），直到在望远镜中看到标尺的像．

标尺的像看到后如果目镜中没有叉丝（叉丝是刻画在目镜镜片上，成“王”字形状的一个参照物），就需要调节目镜，直到出现叉丝为止，同时记录上下叉丝所对应标尺的读数 $n_上$、$n_下$ 及中间叉丝对应的标尺读数 n_0（本实验采用 JCW 尺读望远镜和内调焦系统，视距乘常数为 100，望远镜标尺到反光镜的距离可由 $D=\frac{|n_上 - n_下| \times 100}{2}$ cm 计算，不需要钢卷尺测量).

此系统调节好后在实验过程中切不可再移动，否则整个光学系统崩溃，需要重新调解，前期所记数据无效．为了减小误差，在实验初期先在托盘上加了一个砝码，目的是将金属丝拉直．

按顺序增加砝码，同时通过望远镜观察标尺的像，逐次记下中间叉丝所对应的标尺刻度．

然后按相反次序将砝码取下，同样记录相应的标尺刻度，将结果填入表 1.4-1. 用逐差法计算平均值$\overline{\Delta n}$. 在加放砝码时要保持托盘的静止 .

用钢卷尺测量金属丝的长度（l）3 次，用外径千分尺在备用金属丝处测量直径（d）3 次，最后求平均值 . 将光杠杆放在纸上压出三个脚的痕迹，量出后足尖至前足尖连线的垂线距离 b，将结果填入表 1.4-2.

将上面的数据代入式（1.4-5），求出金属丝的弹性模量 .

【注意事项】

调好实验系统，一旦开始测量后，在实验过程中绝对不能对系统的任一部分进行任何调整，否则，所有数据将重新再测 .

在加减砝码时，要轻拿轻放，并使系统稳定后才能读取标尺刻度 .

注意保护平面全反射镜和望远镜，不能用手触摸镜面 .

待测钢丝不能扭折，如果严重生锈和不直必须更换 .

实验完成后，应将砝码取下，防止钢丝疲劳 .

光杠杆后足尖不能接触钢丝，不要靠着圆孔边缘，也不要放在夹缝中 .

【实验数据记录】

表 1.4-1　加减砝码时的数据记录

砝码质量 $m=$　　g	标尺读数/cm	
砝码数	加砝码 n	减砝码 n'
0		
1		
2		
3		
4		
5		

表 1.4-2　待测物数据的测量

测 量 次 数	1	2	3	4	5
金属丝的直径 d/cm					
金属丝的长度 l/cm					
光杠杆常数 b/cm					
外径千分尺零点读数					

【数据处理】

测量结果的不确定度：

$$U(E)=\overline{E}\sqrt{\left(\frac{U_F}{F}\right)^2+\left(\frac{U_l}{l}\right)^2+\left(\frac{2U_b}{b}\right)^2+\left(\frac{U_{\Delta n}}{\Delta n}\right)^2} \tag{1.4-6}$$

$$E=\overline{E}\pm U(E) \tag{1.4-7}$$

热 学 部 分

实验 1.5　液体表面张力系数的测定

【引言】

液体具有尽量缩小其表面的趋势，这种沿着表面收缩液面的力称为表面张力．利用它能够说明物质的液体状态所特有的许多现象，如泡沫的形成、润湿和毛细现象等．在工业技术上，表面张力的大小可用表面张力系数来描述，液体表面张力系数是表征液体表面性质的重要参数，它与液体的种类、纯度、温度及液体上方的气体有着密切的关系．本实验采用拉脱法测量液体表面张力系数．

【实验目的】

用砝码对硅压阻力敏传感器进行定标，计算该传感器的灵敏度，学习传感器的定标方法．

观察拉脱法测液体表面张力的物理过程和物理现象，并用物理学基本概念和定律进行分析和研究，加深对物理规律的认识．

测量水的表面张力系数．

【实验仪器】

FD-NST-I 型液体表面张力系数测定仪、温度计、游标卡尺、铝合金吊环、片码．

【实验原理】

液体分子之间存在相互作用力，但液体内部的分子与液体表面层内的分子之间的相互作用力是不同的．在液体内部，每一个液体分子均被同类其他分子包围，它所受到的周围分子的作用力，合力为零．而在液体表面，具有厚度为分子吸引力有效半径（约10^{-7}cm）的表面层，处于表面层的液体分子相比于液体内的分子少了一部分能与其相互吸引的分子，因此出现了垂直于液面并指向液体内部的吸引力，从而使液体表面层的分子具有向液体内部收缩的趋势，宏观上就表现为液体表面层的表面张力．如图 1.5-1 所示，金属圆形线框内拴了一根细线，细线长度大于线框半径，当把该金属线框在肥皂水中浸一下拿出后，在线框内形成了肥皂薄膜．如果从左边把肥皂薄膜刺破，由于膜的收缩，细线被拉成了圆弧形，这说明液体表面存在表面张力．研究表明，表面张力是存在于液体表面上任何一条分界线两侧间液体的相互拉力，其方向沿液体表面且垂直于分界线，大小与分界线的长度 L 成正比，有

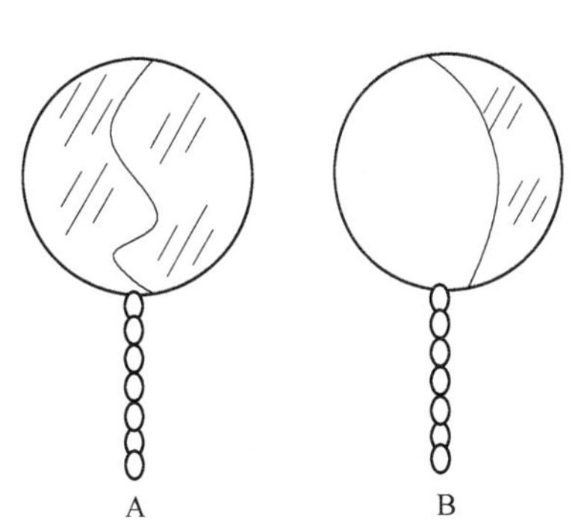

图 1.5-1　液体表面张力的存在

$$\sigma=\alpha L \tag{1.5-1}$$

式中，比例系数 α 称为液体表面张力系数，在数值上等于单位长度的表面张力，其单位为 N/m.

将一表面洁净的长为 L、宽为 d 的矩形金属片竖直浸入液体中，然后慢慢提离水面，在矩形金属片底部和液面之间将拉起一张水膜，如图 1.5-2 所示．随着金属片与液面之间的距离增加，水膜的高度也在增加，在水膜将要破裂时，则有

$$F=mg+\sigma \tag{1.5-2}$$

式中，F 是把金属片拉出液面时所施加的外力；mg 为金属片和带起的水膜的总重量；σ 为液体表面张力．由式（1.5-1）可知，σ 与接触面的周界长 $2(l+d)$ 成正比，故有

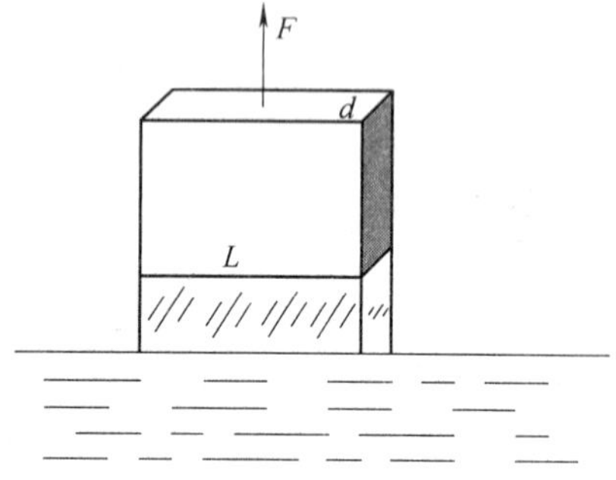

图 1.5-2　拉脱法测表面张力

$$\sigma=2\alpha(l+d) \tag{1.5-3}$$

代入式（1.5-2）得

$$\alpha=\frac{F-mg}{2(L+d)} \tag{1.5-4}$$

若用金属环代替金属片，则有

$$\alpha=\frac{F-mg}{\pi(d_1+d_2)} \tag{1.5-5}$$

式中，d_2、d_1 分别是圆环的内、外直径．

在实验中采用 FD-NST-I 型液体表面张力系数测定仪，如图 1.5-3 所示．实验时将一个金属环固定在传感器上，将该环浸没于液体中，并渐渐拉起圆环，在它从液面拉脱瞬间，传感器受到的拉力差值 σ 为

$$\sigma=F-mg=\pi(d_1+d_2)\alpha \tag{1.5-6}$$

因此，液体表面张力系数为

$$\alpha=\sigma/[\pi(d_1+d_2)] \tag{1.5-7}$$

吊环即将拉断液膜前一瞬间数字电压表读数值为 U_1，拉断的瞬间数字电压表读数为 U_2，记下这两个数值．由于力敏传感器所受的拉力 F 与显示的电压 U 成正比，即 $F=U/B$，所以得液体表面张力

$$\sigma=(U_1-U_2)/B \tag{1.5-8}$$

式中，B 是力敏传感器灵敏度，单位为 V/N. 将式（1.5-8）代入式（1.5-7）即得

$$\alpha=\frac{U-U}{\pi(d_1+d_2)B} \tag{1.5-9}$$

【实验仪器描述】

实验仪器如图 1.5-3 所示．

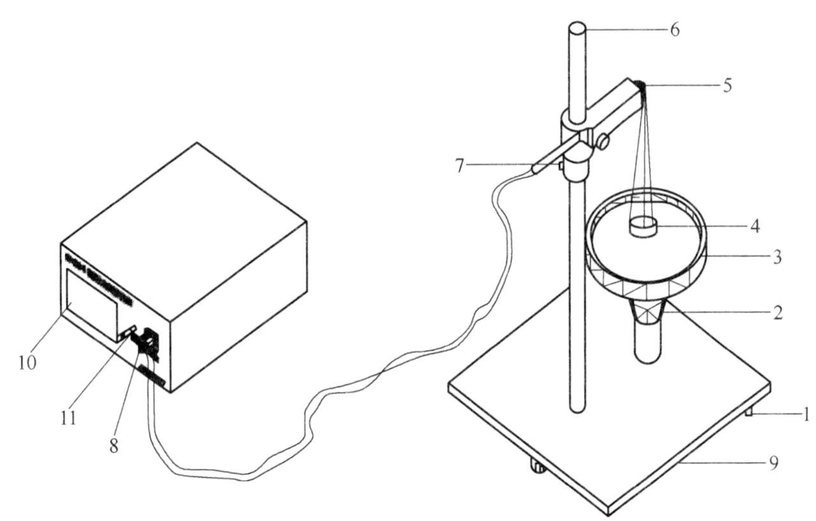

图 1.5-3 FD-NST-I 型液体表面张力系数测定仪

1—调节螺钉 2—升降螺母 3—玻璃器皿 4—吊环 5—力敏传感器 6—支架 7—固定螺钉 8—航空插头 9—底座 10—数字电压表 11—调零旋钮

【实验内容】

开机预热．

用游标卡尺在不同方位分别测量吊环的内外直径 3 次，清洗玻璃器皿和吊环，并用吹风机吹干待用．

定标力敏传感器．将砝码盘挂在力敏传感器的钩上，对仪器调零，之后把砝码片依次加入砝码盘，记下与此对应的电压值填入表 1.5-1，最后通过最小二乘法计算仪器的灵敏度．

将烧杯中准备好的水倒入玻璃器皿，并将玻璃器皿安放在升降台上（玻璃器皿底部可用双面胶与升降台面贴紧固定）．

挂上吊环，在测定液体表面张力系数过程中，可观察到液体产生的浮力与张力的情况．顺时针转动升降台大螺母使液面上升，当吊环下沿部分均浸入液体中时，改为逆时针转动该螺母，这时液面下降（或者说相对吊环往上提拉），观察吊环浸入液体中及从液体中拉起时的物理过程和现象．应特别注意吊环即将拉断液膜前一瞬间数字电压表的读数值 U_1、拉断时瞬间数字电压表的读数为 U_2，记下这两个数值．

多次测量，用温度计记下水温，将测量结果填入表 1.5-2，并计算水的表面张力系数．

【注意事项】

吊环须严格处理干净．可用 NaOH 溶液洗净油污或杂质，然后用清洁水冲洗干净，并用热吹风烘干．

吊环水平须调节好．注意：当偏差 1°时，测量结果引入误差为 0.5%；当偏差为 2°时，测量结果引入误差为 1.6%.

仪器开机需预热 15min.

在旋转升降台时，尽量使液体的波动小．

工作室不宜风力较大，以免吊环摆动使零点波动，所测系数不正确．

若液体为纯净水，在使用过程中应防止灰尘和油污及其他杂质污染，特别注意手指不要接触被测液体．

力敏传感器使用时用力不宜大于0.098N，过大的拉力容易使传感器损坏．

实验结束须将吊环用清洁纸擦干，用清洁纸包好，放入干燥缸内．

【实验数据记录】

表 1.5-1　力敏传感器定标

经最小二乘法拟合得仪器的灵敏度 $B=$________，拟合的线性相关系数 $r=$________．

砝码质量 m/g	1	2	3	4	5
输出电压 U/mV					

表 1.5-2　数据记录

次数	1	2	3	4	5	次数	1	2	3	4	5
吊环内径/mm						吊环外径/mm					
次数						次数					
U_1/mV						U_2/mV					
水温 $T=$________℃											

实验 1.6　固体线胀系数的测定

【引言】

任何物体都具有“热胀冷缩”的特性，在一维情况下固体受热后，长度的增加称为线膨胀．在相同的条件下，不同材料的固体，其线膨胀的程度各不相同，为了定量描述固体材料热胀冷缩的特性，故引入线胀系数来表示这种差别．

【实验目的】

加深对光杠杆法测定固体长度微小变化的理解和认识．

测量金属杆的线胀系数．

【实验仪器】

线胀系数测定仪、光杠杆、尺读望远镜、温度计、米尺、游标卡尺、待测金属棒．

【实验原理】

当温度升高时，固体中原子的热运动随温度升高而加剧，原子间平均距离增大，这种由于温度升高而引起原子间平均距离增大，进而引起固体体积增大的现象称为固体的热膨胀．固体的热膨胀分为体膨胀和线膨胀．本实验主要研究固体的线膨胀．

在温度升高时，固体长度 l 和温度 t 之间的关系式为

$$l=l_0(1+\alpha t+\beta t^2+\cdots) \tag{1.6-1}$$

式中，l_0 是温度 $t=0$℃时的长度；α、β、…是和被测物质有关的常数，都是很小的数值，而以下各系数和 α 相比更小，因此在常温下可以忽略，则式（1.6-1）可以写成

$$l=l_0(1+\alpha t) \tag{1.6-2}$$

式中，α 是通常所称的线胀系数，单位为℃$^{-1}$

根据式（1.6-2），设物体在温度 t_1（单位为℃）时的长度是 l，有 $l=l_0(1+\alpha t)$，当温度升高到 t_2（单位为℃）时，其长度增加 δ，有 $l+\delta=l_0(1+\alpha t_2)$. 以上两式相比消去 l_0，可得

$$\alpha=\frac{\delta}{l(t_2-t_1)-t_1\delta} \tag{1.6-3}$$

由于 δ 和 l 相比甚小，$l(t_2-t_1)\gg t_1\delta$，所以式（1.6-3）可以近似地写成

$$\alpha=\frac{\delta}{l(t_2-t_1)} \tag{1.6-4}$$

由式（1.6-4）可以看出，测量线胀系数的主要问题是怎样测准温度变化引起的长度的微小变化．本实验利用光杠杆测量微小长度的变化（具体原理见实验1.4）．实验中将待测金属棒直立在线胀系数测定仪的金属加热桶中，将光杠杆的后足尖置于金属棒的上端，而前足尖置于固定的台上，如图1.6-1所示．

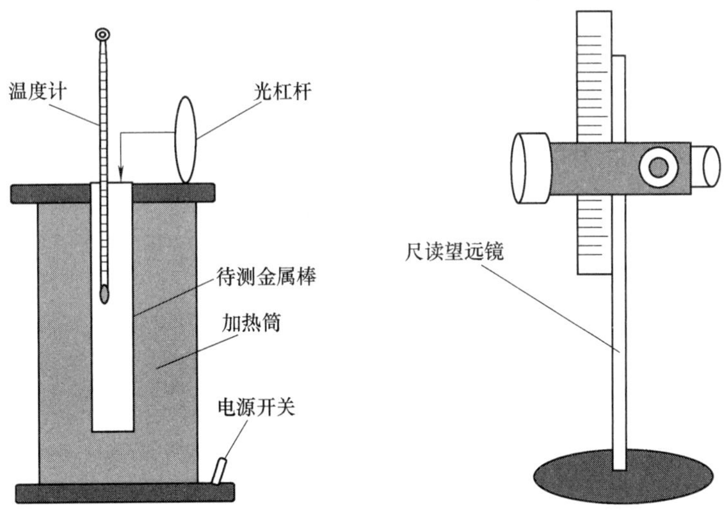

图1.6-1　尺读望远镜观测原理示意图

设在温度 t_1 时，通过望远镜和光杠杆的平面镜可看见直尺上的刻度 n_1 刚好在望远镜目镜中间叉丝处，当温度升至 t_2 时，直尺上的刻度 n_2 移至目镜中间叉丝上，根据光杠杆原理可得

$$\delta=\frac{b}{2D}(n_2-n_1) \tag{1.6-5}$$

式中，D 是光杠杆镜面到直尺的距离；b 是光杠杆后足尖到两前足尖连线的垂直距离．将式（1.6-5）代入式（1.6-4），可得

$$\alpha=\frac{b(n_2-n_1)}{2Dl(t_2-t_1)}=\frac{b\Delta n}{2Dl\Delta t} \tag{1.6-6}$$

【实验内容】

用米尺测金属棒长 l，并将其插入线胀系数测定仪的金属桶中．

安装温度计（插温度计时要小心，勿碰撞，以防损坏）．

将光杠杆放在仪器平台上，其后足尖放在金属棒的顶端，光杠杆的镜面在铅直方向．在光杠杆前 1.5～2.0m 处放置尺读望远镜．调节望远镜，直到看见平面镜中直尺的像．记下目镜中间叉丝在直尺上的读数 n_1 以及上下叉丝对应的读数 $n_{上}$ 和 $n_{下}$，同时记下初温 t_1．

给线胀系数测定仪通电，加热金属棒，观察温度计读数和望远镜中标尺的读数变化情况，每升高 5℃或 10℃，记下相应的望远镜中标尺的读数．

利用公式计算尺读望远镜的直尺到光杠杆平面镜间的距离 D 和光杠杆后足尖到两前足尖连线的垂直距离 b，将数据填入表 1.6-1.

求同一温度下标尺读数 n_1、n_2、n_3、n_4、n_5、n_6、n_7、n_8 的平均值，将数据填入表 1.6-2，用逐差法求平均值：

$$\overline{\Delta n}=\frac{(n_5-n_1)+(n_6-n_2)+(n_7-n_3)+(n_8-n_4)}{4}$$

计算固体线胀系数 α 的平均值及其不确定度．

分析误差来源．

【注意事项】

在测量过程中，要注意标尺、光杠杆及望远镜间的相对位置不能发生变化．

当通电加热时，温度一般不要超过 90℃.

【实验数据记录】

表 1.6-1　实验数据

测量项目	测量次数			平均值
	1	2	3	
金属棒长度 l/cm				
光杠杆常数 b/cm				

表 1.6-2　固体线胀系数的测定

初始时刻 $n_{上}$ ________ $n_{下}$ =________							
温度/℃	n	温度/℃	n_2	温度/℃	n_3	温度/℃	n_4
温度/℃	n_5	温度/℃	n_6	温度/℃	n_7	温度/℃	n_8

实验 1.7　用混合法测定冰的熔化热

【引言】

温度测量和量热技术是热学实验中最基本的问题．量热学是以热力学第一定律为理论基础的，它所研究的范围就是如何计量物质系统随温度变化、相变、化学反应等吸收和放出的热量．量热学的常用实验方法有混合法、稳流法、冷却法、潜热法、电热法等．本实验主要学习利用混合法来测定冰的熔化热，实验使用量热器．由于实验过程中量热器不可避免地要参与外界环境的热交换而散失热量，所以本实验采用牛顿冷却定理克服和消除热量散失对实验的影响，以减小实验系统误差．

【实验目的】

掌握混合法的基本原理．

测定冰的熔化热．

学习消除系统与外界热交换影响量热的方法．

【实验仪器】

冰的熔化热测定仪由 DH—DT—1 数字温度计（见图 1.7-1）、量热器、电子天平、量杯以及冰块（自备）等组成．

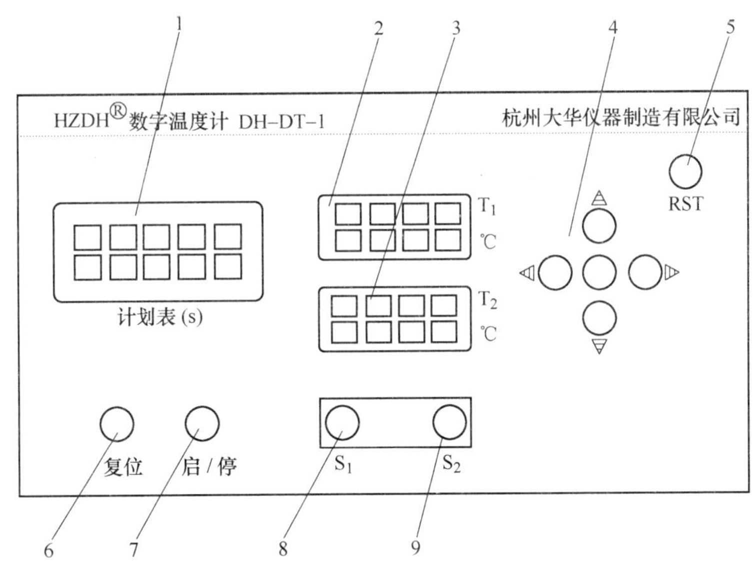

图 1.7-1　DH-DT-1 数字温度计

1—计时表　2—温度显示表 T_1　3—温度显示表 T_2　4—功能按键　5—复位键（测温系统复位）
6—计时表复位　7—计时表开启或停止　8—温度传感器 S1 接口　9—温度传感器 S2 接口

【实验仪器描述】

1. DH—DT—1 数字温度计使用说明

数字温度计主要由两部分组成，一部分为计时表功能，另一部分为测温功能，其主要操作说明如下：

按计时表下面的复位键清零计时表；

按计时表下面的启/停按键开始计时，计时表动态显示计时值；再次按此键将显示最终计时时间长度（与通用秒表功能一致）；

传感器接口 S_1 和 S_2 用于连接 DS18b20 数字温度传感器，对应的显示窗口为 T_1 和 T_2，单位为℃；

数字温度计上主要功能键为 K1～K6，如图 1.7-2 所示；按键 K6 为复位键，按 K6 键测温系统将复位；K1-K2 为左右移位或数据查询键，K3-K4 为功能键，K5 为确认键．

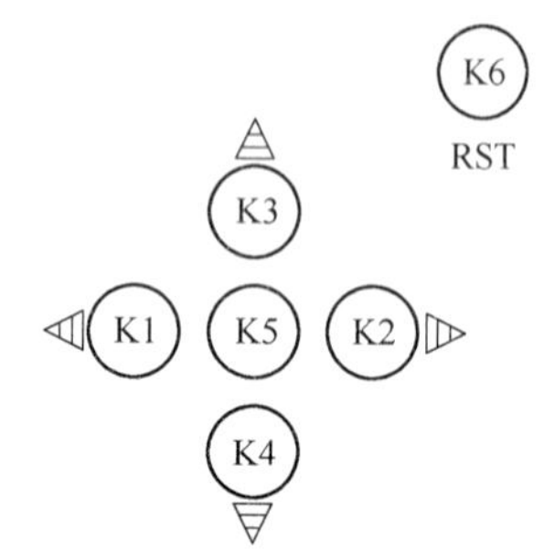

图 1.7-2　数字温度计主要功能键

S_1 和 S_2 连接温度传感器，开启电源，数字温度计显示开始界面如下：

StAt：第一排数码管 T_1 显示 StAt，表示开始的意思；

：第二排数码管 T_2 不显示．

系统复位后也将显示上面的开始界面．

自动测量时设定采集时间间隔和采集数据个数，目的是为了自动测量温度并保存数据；按 K4 键出现自动测量采集时间间隔设定界面，显示如下界面：

ttt. s：采集时间间隔设置功能，时间单位为 s（秒）；

060：默认采集时间间隔为 60s.

此时按中间的确认键 K5，将进入时间设定修改界面．此时 T_2 显示窗最低位上的数码管将闪烁，表示该位可以修改．此时，按 K3 键，数字将加 1，按 K4 键数字将减 1. 如果按 K1 键将使得更改位左移，一直可以移动到最高位；如果按 K2 键，将使得更改位右移，一直可以移动到最低位．当设定完采集时间间隔的参数后，按确认键完成设定，并退出修改界面．

按 k3 键出现采集数据个数设定界面如下：

nns.：采集数据个数设置功能；

20c：显示默认的采集数据个数为 20 组．

此时按中间的确认键 K5，将进入时间设定修改界面．此时在最低位上的数码管将闪烁，表示该位可以修改．此时，按 K3 键，数字将加 1，按 K4 键数字将减 1. 如果按 K1 键将使更改位左移，一直可以移动到最高位；如果按 K2 键，将使更改位右移，一直可以移动到最低位．当设定好采集数据个数参数后，按确认键完成设定，并退出修改界面．

功能界面的切换是按 K3 键和 K4 键；设定完采集时间间隔和采集数据个数等参数后，切换到 StAt 界面，按确认键 K5，开始测量．此时，上面的数码管将显示 T_1 温度传感器的值，下面的数码管将显示 T_2 温度传感器的值，该温度为动态实时测量值，实验者可以通过计时表的帮助定时记录温度数据，此时显示情况如下：

45. 2C℃：T_1 温度显示；

25. 1C℃：T_2 温度显示．

系统将按照之前设定的采集间隔和采集数据个数进行采集，直到采集完成．

如果在系统采集数据没有完成的时候，按 K3 或 K4 键，系统将显示如下界面：

Stop：停止界面，按确认键 K5 系统进入数据查询界面．

在上述 Stop 界面下，按确认键 K5，系统将进入数据查看界面，此时，只会显示出已经测试完成的温度数据．

数据显示格式如下：

1 33.5：12 代表第 12 组数据；T_1＝33.5℃；

2 33.2：T_2＝33.2℃.

在数据查询界面上，按 K1 或 K2 键可查看其他温度数据．

在查看界面中，按确认键 K5，将显示一个 rtn 菜单界面：

rtn：返回实时温度显示．

在上述返回查询界面下，按确认键 K5 将返回实时温度显示界面；若按 K3 键或 K4 键，将切换到 rst 菜单界面：

rst：系统数据复位．

在 rst 菜单界面下按确认键 K5 将使系统数据复位，清除所有之前的记录，并重新开始，系统自动返回到开机界面 StAt.

如果在系统采集数据没有完成的时候，按确认键 K5，将会退出温度实时显示界面，返回到 StAt 界面，此时按 K3 键或 K4 键可以选择参数设定界面并修改．此时温度测试依然会进行，当测试完成时系统自动进入测试完成数据显示界面．

当系统按照设定的参数测量完所有的温度数据后，系统将弹出数据查看界面．首先显示的是最后一组数据，此时可以按 K1 键往前翻，按 K2 键往后翻．显示格式为：

1 33.5：12 代表第 12 组数据；T_1＝33.5℃

此状态下按 K3 键、K4 键是无效的．此时按 K5 按键，系统将弹出 rtn 菜单；而在查看界面中，按确认键 K5 将显示 rtn 菜单界面：

rtn：返回到温度查询界面．

按确认键 K5 将返回温度查询界面；若按 K3 键或 K4 键将切换到 rst 菜单界面：

rst：系统数据复位

在 rst 菜单界面下按确认键 K5 将使系统数据复位，清除之前所有的记录，并重新开始，系统自动返回到开机界面 StAt.

注意：①设备复位 RST 按键会使设备完全恢复到出厂设定，而菜单选项中的 rst 只是清除之前测量的数据，之前修改的参数依然有效；②如果温度传感器出现故障或者断开，对应那路的温度显示将是 Err.

2. 量热器

量热器的结构示意如图 1.7-3 所示．

温度计插孔用于放置数字温度传感器探头或其他温度计，用于测量液体的温度；

搅拌器用于在测量过程中对液体进行搅拌，使热传导均匀．

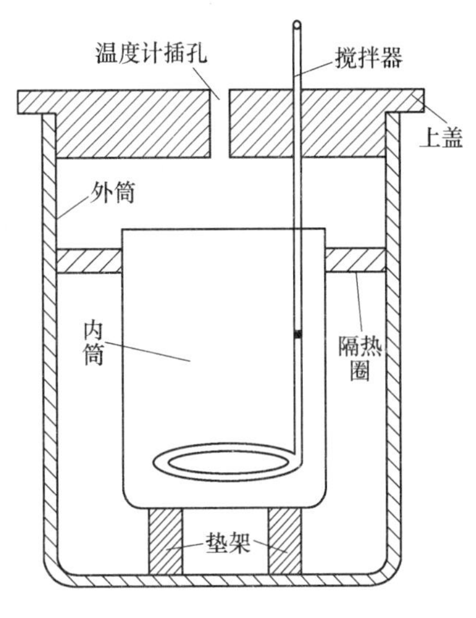

图 1.7-3　量热器结构示意图

、 **主要技术参数**

数字温度传感器：DS18b20，测温范围 0～99.9℃，同时显示两路测量值．

五位计时秒表，带开始和复位功能，最小分辨率为 0.01S，满量程为 99999S，带自动量程转换功能．

自动采样时间间隔设定范围：1～99S；采样数据个数设定范围：1～99 组；自动保存数据，带数据查看功能．

量热器 1 只，内筒和搅拌器均为铝，比热容为 $C_1=0.90\text{J}/(\text{g}\cdot℃)$．

量杯 500mL.

电子天平量程为 1000g，最小分辨率为 0.01g.

【实验原理】

1. 热平衡方程式

在一定压强下，固体发生熔化时的温度称为熔化温度或熔点，单位质量的固态物质在熔点时完全熔化为同温度的液态物质所需要吸收的热量称为熔化热，用 L 表示，单位为 J/kg 或 J/g.

将质量为 m、温度为 0℃ 的冰块置入量热器内，与质量为 m_0、温度为 t_0 的水相混合，设量热器内系统达到热平衡时温度为 t_1. 若忽略量热器与外界的热交换，根据热平衡原理可知，冰块熔化成水并升温所吸热与水和内筒等的降温所放热相等．即

$$mL+mC_0t_1=(m_0C_0+m_1C_1+m_2C_2)(t_0-t_1) \tag{1.7-1}$$

解得冰的熔化热为

$$L=\frac{1}{m}(m_0C_0+m_1C_1+m_2C_2)(t_0-t_1)-C_0t_1 \tag{1.7-2}$$

式中，m 为冰的质量；m_0 为量热器内筒中所取温水的质量；$C_0=4.18\text{J}/(\text{g}\cdot℃)$ 为水的比热容；m_1、C_1 为量热器内筒及搅拌器的质量和比热容［二者同材料，铝制取 $C_1=0.90\text{J}/(\text{g}\cdot℃)$］；$m_2C_2$ 为温度计插入水中部分的热容（对水银温度计，$m_2C_2=1.9V$，V 数值上等于温度计插入水中体积的毫升数，单位为 J/℃；对数字温度计的 m_2C_2 可忽略不计）；t_0、t_1 为投冰前、后系统的平衡温度．

实验中可测出 m、m_0、m_1、m_2C_2、t_0、t_1 值，C_0、C_1 为已知量，故可求出 L 的值．

2. 初温与末温的修正

上述结论是在假定冰熔化过程中，系统与外界没有热交换的情况．实际上，只要有温度差异就必然有热交换的存在．因此必须考虑如何防止或修正热散失的影响．

第一，冰块在投入量热器水中之前要吸收热量，这部分热量不容易修正，应尽量缩短投放时间．第二，引起测量误差最大的原因是 t_0、t_1 这两个温度值，这是由于混合过程中量热器与环境有热交换．若 t_0 大于环境温度 θ，t_1 小于 θ，则在混合过程中，系统对外先是放热，后是吸热，导致温度计读出的初温 t_0 和混合温度 t_1 都与无热交换时的初温度和混合温度有差异，因此，必须对 t_0 和 t_1 进行修正．修正可用图解法进行．考察投冰前、冰熔化过程和冰全部熔化后持续的三个阶段内的水温随时间的变化情况，作出时间-温度曲线．

实验时，从投冰前 5min 开始，每 30s 测一次水温，直至冰完全熔化后 5min 为止，中间测时、测温不间断．将记录的时间-温度在二维坐标上先描出点，再将点连成连续的曲线

$ABCDE$，如图 1.7-4 所示：图中 AB 为投冰前的放热线（近似为直线），BCD 为熔化时的曲线，DE 为熔化后的吸热线（近似为直线），B、D 两点为温度计实测的投冰前后的系统始、末温度．

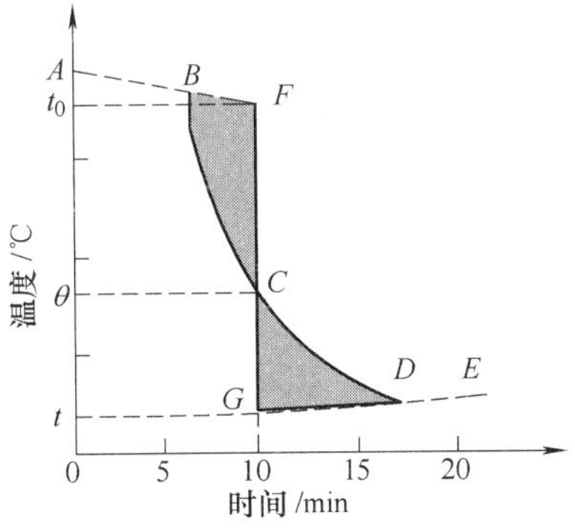

图 1.7-4　温度-时间曲线

下面讨论对曲线 $ABCDE$ 的处理方法，可以采取两种方法．

方法 1：在 BCD 段找出与室温 θ 对应的点 C，过 C 作一条垂直于时间轴的垂线 FG，分别与 AB、ED 的延长线交于 F、G. 在冰熔化的过程中，当水温高于室温前（BC 段），量热器一直在放热，故混合前的理论初温值应该低于投冰前的测量温度值（B 点值）；同理，水温低于室温后（CD 段），量热器从环境吸热，故冰熔化完的理论温度要低于温度计显示的最低温度值（D 点值）. 如果图 1.7-4 中 BCF、CDG 两部分的面积近似相等（一般需要多次实验，改变参数，才可以达到较好的近似），根据牛顿冷却定律，可近似认为系统与环境的吸、放热相消，从而达到良好的减小系统误差的效果．此时，可用 F 点和 G 点的温度值表示冰块熔化前和熔化后的系统温度 t_0 和 t_1.

方法 2：若方法 1 作出的 BCF、CDG 两部分面积相差较大，则可以采取以下方法：作线段 FG 垂直于时间轴，分别与 AB、ED 的延长线交于 F、G，且使 BCF 与 CDG 两部分面积相等，也可取 F 点和 G 点的温度值表示冰块熔化前和熔化后的系统温度 t_0 和 t_1，如图 1.7-5 所示，其原理是：新的温度曲线 $ABFGDE$（折线）与实验温度曲线 $ABCDE$ 是等价的，而表示熔化过程的 FG 段过程极短，故可以认为是绝热的．

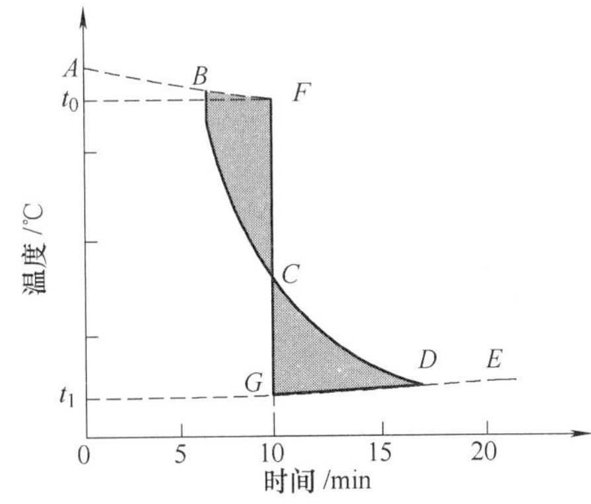

图 1.7-5　温度-时间曲线

【实验内容】

1. 用天平称量热器内筒及搅拌器的质量 m_1，由于材质为铝，取 $C_1=0.90\text{J/(g·℃)}$.

2. 在内筒中注入温度高于室温 10℃左右的水，约为内筒容积的 3/5，称量其总质量 m_1+m_0，求出所取水的质量 m_0，安装好仪器装置，并放置 3min 左右．

3. 研究投冰前、冰熔化过程和冰全部熔化后系统内水温的变化情况．

不断地、轻轻地用搅拌器搅拌内筒中的水，当系统内温度相对稳定时，开始测量筒中水温的变化并计时，即将读出第一个温度值的那一刻作为秒表的计时零点，以后每 30s 记录一次水温，直至测温结束．

4. 在秒表显示约 5min 时，敏捷地将质量为 m、擦干水的 0℃的冰放在量热器内，然后将量热器安装好，动作要迅速，继续搅拌、测温，直至温度降到最低，再缓慢回升 4～5min 为止，才停止计时、测温．

特别注意：在整个测温过程中：①要不断地缓慢搅拌内筒中的水；②整个测温数据要等

间隔且连续．③如果不使用数字温度计的定时测量存储功能，可以将数字温度计的测量时间间隔设置到最大 99s，同时将采集数据个数设置到 99 组，这样数字温度计将在 99×99=9801s 的过程中动态显示测量温度（大约 2.7h），此时可以配合秒表功能进行测量；④如果使用数字温度计的定时测量存储功能，比如设定采集时间间隔为 30s，最大采集数据个数为 60，这样将能采集 60 组数据，持续时间为 30×60s=1800s，约 30min，所以必须保证整个实验过程在 30min 内完成，这样智能数据采集器功能才能够得到很好发挥，可以根据实际情况设定其他采集时间间隔和采集数据个数，常用的采集参数设定见表 1.7-1.

表 1.7-1　常用采集参数设定

采集时间间隔/s	10	15	20	25	30	10	15	20
采集数据个数/组	60	60	60	60	60	90	90	90
总采集时间/min	10	15	20	25	30	15	22.5	30

5. 称量 m_1+m_0+m 总质量，求出冰的质量 m.

6. 将仪器擦干水，整理复原．

7. 根据上述第 3 步记录的数据，在二维直角坐标纸上作出对应的温度一时间曲线，并作出 F、G 点对应的温度值分别为 t_0 和 t_1.

8. 求出冰的熔化热及其相对误差（与标准值 334J/g 相比），并分析误差来源，提出改进办法．

【数据记录与处理】

1. 测量质量 m_1、m_0 和 m：

$m_1=$____________g；$m_1+m_0=$____________g；

$m_0=(m_1+m_0)-m_1=$____________g；$m_1+m_0+m=$________________g；

$m=(m_1+m_0+m)-(m_1+m_0)=$______________g；

2. 冰块熔化前后水温随时间的变化，数据填入表 1.7-2（室温 $\theta=$　　　℃）.

表 1.7-2　冰块熔化前后水温随时间的变化

时间/s	0	30	60	90	120	150	180	210	240	270	300	330	360	390
温度/℃														
时间/s	420	450	480	510	540	570	600	630	660	690	720	750	780	810
温度/℃														
时间/s	840	870	900	930	960	990								
温度/℃														

由以上数据作图可得：$t_0=$_________s，$t_1=$_________s.

3. 计算 L.

【注意事项】

1. 请正确使用电子天平．

2. 量热器中温度计插入位置要适中，因为冰块浮在水面，致使水面局部温度较低．

3. 在整个测温过程中，搅拌器都应持续地缓慢搅拌；投冰应迅速且无水溅出.

4. 测温和计时过程是持续的、不间断的.

5. 实验应远离热源，要保持环境温度基本恒定.

6. 实验完毕，取出温度计时要缓慢，尽量避免带出过多的水，以免影响质量测量的准确性.

7. 计时时间间隔根据实验环境温度、冰块大小等自行选择，建议选择15-30s.

实验1.8　用混合法测定固体的比热容

【引言】

比热容是指单位质量的固体物质温度升高或降低1℃所吸收或放出的热量，用c表示.比热容是物质物理性质的重要参量，精确测量固体的比热容需要很高的实验技巧，主要问题在于在热学实验中系统与外界的热交换是难免的，因此本实验继续采用实验1.7中介绍的比较粗略的孤立热学系统——量热器以及混合量热法测金属的比热容，同时对实验中的吸热和散热做出修正，提高实验精度.

【实验目的】

加深对混合量热法的理解和认识.

用混合法测量金属的比热容.

学习一种修正散热的方法——模拟法.

【实验仪器】

量热器、温度计、物理天平、游标卡尺、秒表、待测金属块.

【实验原理】

混合量热原理简介

温度不同的物体混合之后，热量将由高温物体传给低温物体.如果在混合过程中系统和外界没有热量交换，最后将达到均匀稳定的平衡温度.在这个过程中，高温物体放出的热量等于低温物体所吸收的热量，此原理称为热平衡原理.本实验依据热平衡原理，采用混合法把一定量的金属块放在一定量的水中，由水温的变化来求金属的比热容c.

将质量为$m_{金}$、初温度为T_0的金属块放入量热器中，量热器中原有质量为$m_{水}$、初温度为T_1的水.设$T_1>T_0$，则金属块开始吸热而水开始降温直至达到热平衡.设此时的水温为T_2，那么金属块由温度T_0上升到T_2时所吸收的热量为$m_{金}c(T_2-T_0)$（其中c为金属块的比热容).若量热器内筒与搅拌器的材料相同，总质量为$m_{总}$，比热容为c_1，温度计插入水中部分的总质量为m，比热容为c_2，则在实验中，量热器内筒、搅拌器、温度计插入水中的部分和水所放出的热量为$(m_{水}c_{水}+m_{总}c_1+mc_2)(T_1-T_2)$.假设在混合过程中量热器与周围环境无热量交换，则有

$$m_{金}\,c(T_2-T_0)=(m_{水}\,c_{水}+m_{总}\,c_1+mc_2)(T_1-T_2)$$

$$c=\frac{(m_{水}\,c_{水}+m_{总}\,c_1+mc_2)(T_1-T_2)}{m_{金}(T_2-T_0)} \tag{1.8-1}$$

在式（1.8-1）中，温度计插入水中部分的热容计算如下：

$$\begin{aligned} mc_2 &= m_{汞}\,c_{汞}+m_{玻璃}c_{玻璃}=\rho_{汞}\,V_{汞}\,c_{汞}+\rho_{玻璃}V_{玻璃}c_{玻璃} \\ &=0.14[\mathrm{J/(g\cdot ℃)}]\times 13.5(\mathrm{g/cm^3})\times V_{汞}+0.787[\mathrm{J/(g\cdot ℃)}]\times 2.4(\mathrm{g/cm^3})\times V_{玻璃} \\ &=1.89V_{汞}+1.87\,V_{玻璃}\approx 1.9V_{玻璃} \\ &\qquad (V_{玻璃}\gg V_{汞}) \end{aligned} \tag{1.8-2}$$

将式（1.8-2）代入式（1.8-1）中，得到待测金属的比热容为

$$c=\frac{(m_{水}\,c_{水}+m_{总}\,c_1+1.9V_{玻璃})(T_1-T_2)}{m_{金}(T_2-T_0)} \tag{1.8-3}$$

式（1.8-3）要求热交换系统是绝热系统，但实际上在混合过程中热交换系统不可避免地与外界有热交换，因此需要进行散热修正．由牛顿冷却定律 $dq=k(T-T_\theta)$可知，热交换过程中系统向外界散失的热量和热交换时间有关，热交换时间越长，散失的热量越多．作系统温度随时间变化的曲线，如图 1.8-1 所示．AB 表示加入金属块之前系统的自然降温过程；C、B 点对应加入金属块的瞬间；BC 过程表示加入金属块后的热交换过程（C 点对应热平衡态）；CD 过程表示达到热平衡后系统和外界的热交换过程．作平行于 T 轴的线段，分别和 AB 的延长线、BC 曲线、CD 的延长线交于点 E、G、F，使面积 BEG 和面积 CFG 相等，这样，$ABEGFCD$ 就是热交换进行得无限快的过程曲线．E 点和 F 点的温度就是热交换进行得无限快时系统的初温 T_1 和平衡温度 T_2.

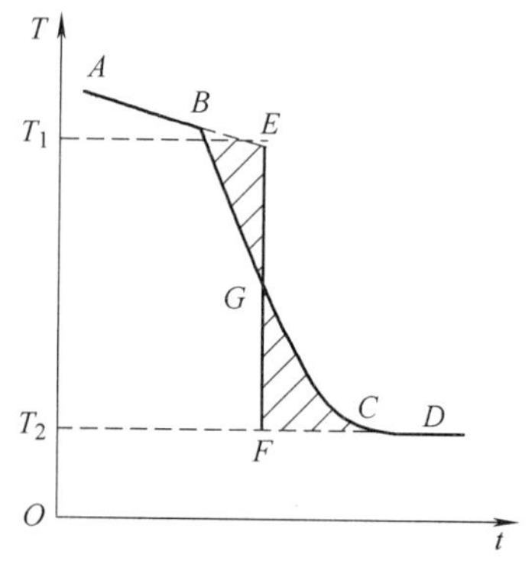

图 1.8-1　修正散热原理图

【实验内容】

用物理天平称量量热器内筒和搅拌器的总质量，再称量待测金属块的质量，用温度计测量室温作为金属块的初温 T_0.

给量热器内筒中倒入一定质量、一定温度的水，水的初温可取比室温 T_0 高 10～15℃的温度．迅速盖好绝热盖，插入温度计并不停搅动搅拌器，每隔 30～60s 记录一次温度．

将待测金属块放入量热器内筒内，盖好绝热盖，继续搅动搅拌器，每隔 15～30s 记录一次温度，2min 后可改为 30～60s 记录一次，一共记录 10～20 个温度值．

拿出量热器内筒，用物理天平称量其总质量，减去量热器内桶和搅拌器的总质量，得到水的质量．

用游标卡尺测量温度计的直径及插入水中部分的长度，计算其体积．

依据所得数据在坐标纸上作曲线 $ABCD$，分别延长 AB、CD，并作 T 轴的平行线，分别和 AB、CD 的延长线交于两点（作平行线时，应尽量使得 BEG、CFG 的面积相等）E、F，它们所对应的状态就是通过模拟得到的初温 T_1 和热平衡温度 T_2.

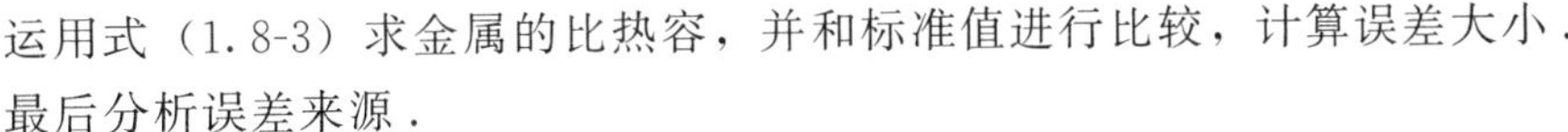
运用式（1.8-3）求金属的比热容，并和标准值进行比较，计算误差大小.

最后分析误差来源.

【注意事项】

在实验过程中不应当直接用手去把握量热器，不应当在阳光的直接照射下或空气流动太快的地方进行实验，系统和外界的温差不宜太大（一般不超过 15℃）.

为了加快热交换的速度，在实验过程中应不停地轻轻地搅拌. 搅拌过程中不允许将水溅出桶外.

【实验数据记录】

将实验前测定的初始数据及实验中的测量数据分别填入表 1.8-1 和表 1.8-2.

表 1.8-1　实验前测定初始数据

测量项目	测量次数			平均值
	1	2	3	
内筒+搅拌器的质量 $m_{总}$/kg				
待测金属块的质量 m/kg				
量热器内筒的总质量 m'/kg				
温度计直径/cm				
温度计插入水中的长度/cm				

水的比热容 $c_水$ = ________ J/(kg・℃)，量热器小桶和搅拌器的比热容 c_1 = ________ J/(kg・℃)，室温 T_0 = ________ ℃.

表 1.8-2　用混合法测定固体的比热容数据记录

混合前的水温/℃				混合后的水温/℃							
时间间隔________ s				时间间隔________ s							
1		2		1		2		3		4	
3		4		5		6		7		8	
5		6		9		10		11		12	

系统的初温 T_1 = ________ ℃，系统平衡温度 T_2 = ________ ℃.

光 学 部 分

实验 1.9　自组望远镜并测量放大率

【引言】

望远镜是帮助人们看清远处物体以便观察、瞄准与测量的一种助视仪器. 通过本实验，学生应更加了解望远镜的原理，并通过自己搭建望远镜，测量相关参数.

【实验目的】

学习和了解望远系统的构造及原理．
学习测定望远镜放大率的方法．
学习并测量望远系统视场角．

【实验原理】

望远镜是如何把远处的景物移到我们眼前来的呢？这靠的是组成望远镜的两块透镜．望远镜的前面有一块直径大、焦距长的凸透镜，叫物镜；后面的一块透镜直径小、焦距短，叫目镜．物镜把来自远处景物的光线，在它的后面汇聚成倒立的缩小了的实像，相当于把远处景物一下子移近到成像的地方，而这景物的倒像又恰好落在目镜的前焦点处，这样对着目镜望去，就好像拿放大镜看东西一样，可以看到一个放大了许多倍的虚像．这样，很远很远的景物，在望远镜里看来就仿佛近在眼前一样．

常见的望远镜可简单分为伽利略望远镜、开普勒望远镜等．伽利略发明的望远镜在人类认识自然的历史中占有重要地位．它由一个凹透镜（目镜）和一个凸透镜（物镜）构成，其优点是结构简单，能直接成正像．但自从开普勒望远镜发明后，此种结构已不被专业级的望远镜采用，而多被玩具级的望远镜采用，所以又被称作观剧镜．

开普勒望远镜由两个凸透镜构成，由于两凸透镜之间有一个实像，可方便地安装分划板，并且各种性能优良，所以目前军用望远镜、小型天文望远镜等专业级的望远镜都采用此种结构．但这种结构成像是倒立的，所以要在中间增加正像系统．

为能观察到远处的物体，物镜用较长焦距的凸透镜，目镜用较短焦距的凸透镜．远处射来光线（视为平行光）经过物镜后，会聚在它的后焦点外，离焦点很近的地方，成一倒立、缩小的实像．目镜的前焦点和物镜的后焦点是重合的．所以物镜的像作为目镜的物体，从目镜可看到远处物体的倒立虚像，由于增大了视角，故提高了分辨能力，如图 1.9-1 所示．

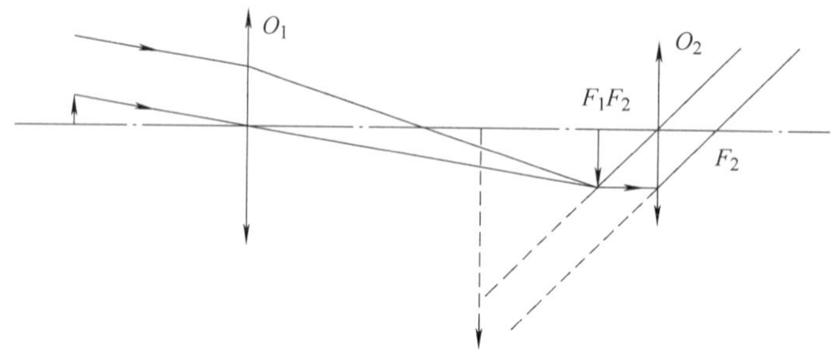

图 1.9-1　开普勒望远镜光路示意图

当观测无限远处的物体时，物镜的焦平面和目镜的焦平面重合，物体通过物镜成像在它的后焦面上，同时也处于目镜的前焦面上，因而通过目镜观察时成像于无限远，此时望远镜的放大率为

$$\Gamma=-\frac{f_o}{f_e} \tag{1.9-1}$$

由此可见，望远镜的放大率 Γ 等于物镜焦距 f_o 和目镜焦距 f_e 之比．若要提高望远镜的放大率，可增大物镜的焦距或减小目镜的焦距．

当用望远镜观测近处物体时，其成像的光路图可用图 1.9-2 来表示．图中 l_1、l'_1 和 l_2 分别为透镜 L_o 和 L_e 成像时的物距和像距，Δ 是物镜和目镜焦点之间的距离，即光学间隔（在实用望远镜中是一个不为零的小数量）．L_o 物镜、L_e 目镜．由图 1.9-2 可得

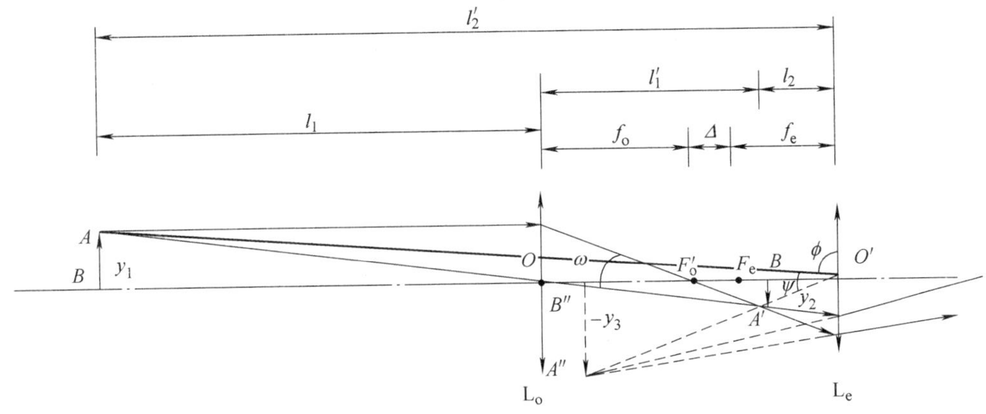

图 1.9-2　观察近处物体时望远镜的光路图

$$\tan\psi=\frac{A'B'}{O'B'}=\frac{y_2}{l_2} \tag{1.9-2}$$

$$\tan\phi=\frac{AB}{O'B}=\frac{y_1}{-l_1+l'_1-l_2}=\frac{y_2 l_1}{l'_1(-l_1+l'_1-l_2)} \tag{1.9-3}$$

当观察近处物体时，望远镜的放大率为

$$\Gamma=\frac{\tan\psi}{\tan\phi}=\frac{l'_1(-l_1+l'_1-l_2)}{l_1 l_2} \tag{1.9-4}$$

在满足近轴光线和薄透镜前提条件下，利用透镜成像公式可得

$$l'_1=\frac{f_o l_1}{l_1-f_o} \tag{1.9-5}$$

$$l_2=\frac{f_e l'}{l'_2-f_e} \tag{1.9-6}$$

为了把放大的虚像 y_3 与物体 y_1 直接比较，必须使 y_3 和 y_1 处于同一平面内，即要求 $l'_2=l_1+l'_1+l_2$．同时引入望远镜镜筒长度 $l=l'_1+l_2$，并利用 l'_1 和 l_2 两个表达式，得

$$\Gamma=\frac{-l'_1 l'_2}{l_1 l_2}=\left(\frac{-l_1+l+f_e}{-l_1-f_o}\right)\frac{f_o}{f_e} \tag{1.9-7}$$

在测出 f_o、f_e、l 和 l_1 后，由式（1.9-7）可算出望远镜的放大率．显然，当物距 $l_1 \gg f_o$ 时，因式（1.9-7）中括号内的量接近于 1，所以式（1.9-7）变回式（1.9-1）．

根据定义，望远系统视场角满足

$$\tan\omega=\frac{D_{视}}{2f_o} \tag{1.9-8}$$

式中，$D_{视}$ 是视场光阑直径；f_o 是物镜焦距．因此，只需要测量出视场光阑半径，即可得到望远系统的视场角．

横向放大率 β 亦称垂轴放大率，是像高与物高之比，也就是像与物沿垂轴方向的长度之比，它表示物体经光学系统所成的像在垂轴方向上的放大程度及取向．

【实验内容】

1. 调整平行光束

如图 1.9-3 所示，依次放入 LED 光源（带毛玻璃）、f38.1 平凸透镜（聚焦镜）、分划板（小孔）、f150 双凸透镜（准直镜），调节各个器件同轴等高．先调节 f38.1 透镜位置，使经其聚焦的光斑打在分划板上，直径约为 25mm，分划板位置应尽量靠近 f38.1 透镜．再调节 f150 透镜位置，使白屏放置在近处和远处时，光斑的大小一致，此时平行光调节完毕．

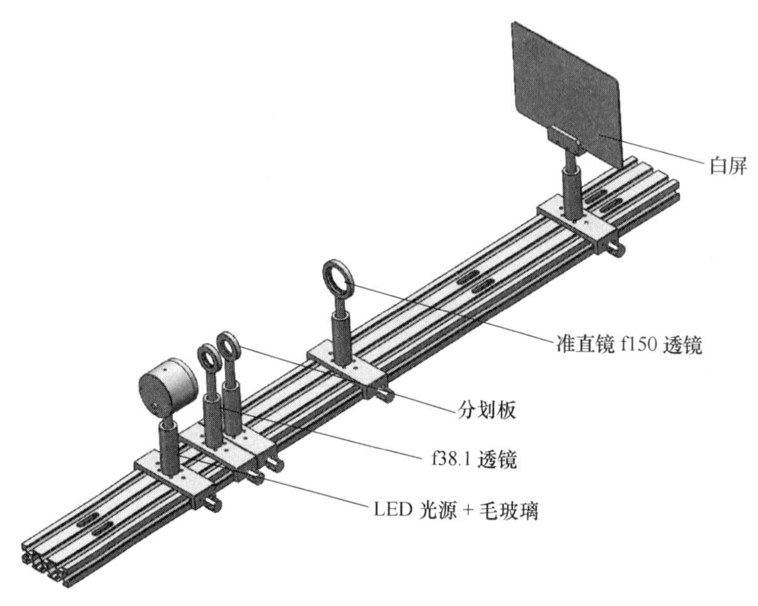

图 1.9-3　平行光调节

2. 搭建开普勒望远系统

如图 1.9-4 所示，把分划板取下，在分划板位置上放入多缝板，然后在光路后端放入 f150 透镜（望远物镜）和 f38.1 透镜（望远目镜），调节各个器件同轴等高，望远物镜位置任意，通过望远目镜用眼睛直接观察多缝板的像，调节物镜与目镜的间距使成像清晰．在调节时，可在望远物镜前加入可变光阑，适当调节光阑的大小，或调节 LED 光源的亮度，增强成像质量．

3. 望远系统放大率的测量

在测量望远系统放大率之前，需要搭建观测显微系统．根据系统的光瞳衔接原则，观测显微系统的入瞳应与望远系统的出瞳重合，因此，观测显微系统的物镜应放置在望远系统出瞳位置．可变光阑应调到比较小的状态，此时可变光阑经其后面的镜组在系统像空间所成清晰像的位置就是望远系统出瞳的位置，如果不加可变光阑，望远系统出瞳的位置将与望远镜目镜重合．

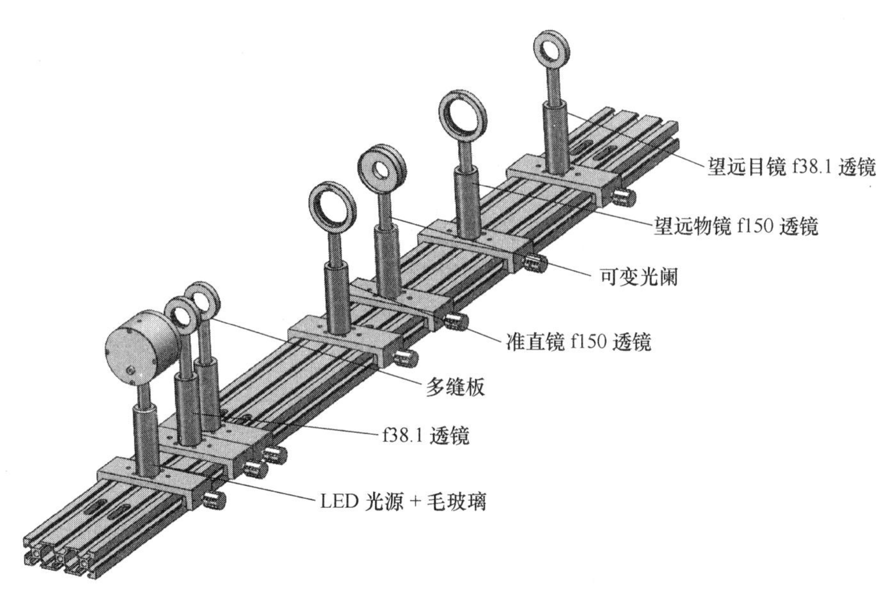

图 1.9-4　搭建望远系统

如图 1.9-5 所示，在望远系统后放入 f38.1 透镜（观测物镜）和显微目镜（观测目镜），将可变光阑调节至最小，在望远目镜后放入白屏，移动白屏位置找到光阑在望远系统后成像最清晰的位置，此处即为望远系统的出瞳位置，把观测物镜放置在此处，再放入显微目镜，通过显微目镜观察多缝板在标尺上的像，调节显微目镜位置使成像最清晰．在调节时，适当调节光阑的大小，或调节 LED 光源的亮度，增强成像质量．望远系统放大率测量实验光路图如图 1.9-6 所示．

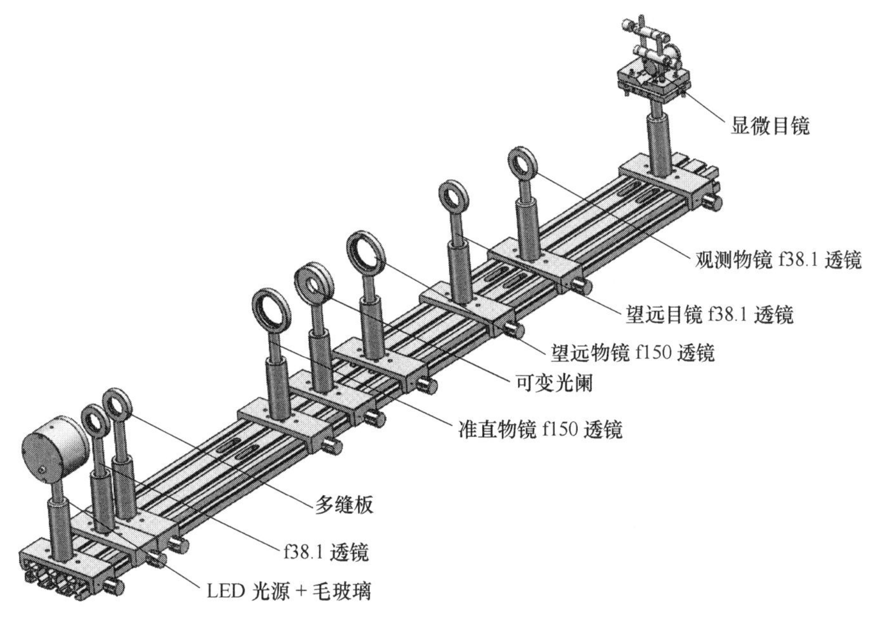

图 1.9-5　望远系统放大率的测量

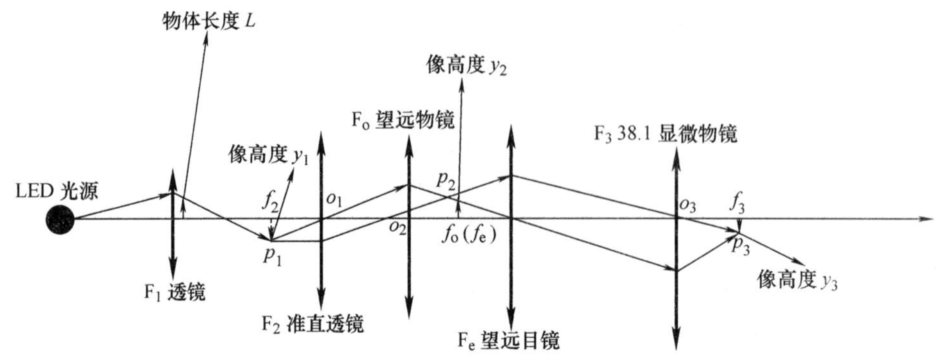

图 1.9-6 望远系统放大率测量实验光路图

任意读取两个缝的长度代入下面的式（1.9-9），即可得到望远系统的放大倍率．像高的长度可通过观测目镜上的刻度测出，即分划板两条缝之间的长度 L'，该长度需要除以显微目镜的放大倍数 10 倍以得到实际像的大小 $L'/10$. L 为分划板上两条缝间的实际长度．准直镜焦距为 150mm，观测物镜焦距为 38.1mm. 由于加入观测系统，所以其视角放大率计算公式为（负号代表成倒立的像，公式推导在实验内容最后部分）

$$\gamma_{望远}=-\frac{准直物镜焦距}{显微物镜焦距}\times\frac{L'}{10\times L} \tag{1.9-9}$$

计算完毕即可与系统的理论放大率公式的计算结果进行比较，并计算相对误差．

式（1.9-9）的推导（为了方便没有加正负号）：

整个系统的放大率为

$$\gamma_{总}=\frac{L'}{L} \tag{1.9-10}$$

由相似三角形，即$\triangle f_2O_1P_1\backsim\triangle f_oO_2P_2$ 得

$$\frac{y_2}{y_1}=\frac{f_o}{f_2} \tag{1.9-11}$$

由相似三角形，即 $\triangle f_3O_3P_3\backsim\triangle f_oO_2P_2$ 得

$$\frac{y_3}{y_2}=\frac{f_3}{f_e} \tag{1.9-12}$$

对整个系统来讲垂轴放大率（把以上三式代入）为

$$\gamma_{总}=\frac{L'}{L}=\frac{y_3}{y_1}\times10=\frac{y_3}{y_2}\times\frac{y_2}{y_1}\times10=\frac{f_3}{f_e}\times\frac{f_o}{f_2}\times10=\gamma_{望远}\times\frac{10\times f_3}{f_2} \tag{1.9-13}$$

$$\gamma_{望远}=\frac{f_2}{f_3}\times\frac{L'}{10\times L} \tag{1.9-14}$$

其中 10 倍是显微目镜的放大倍数．

【实验数据记录】

把实验数据填入表 1.9-1.

表 1.9-1　望远镜放大率测量实验数据

编　　号	L'/mm	L/mm	γ
1			
2			
3			
4			
5			

实验 1.10　透镜焦距的测量

【引言】

焦距是指透镜主点到焦点的距离，是透镜的重要参数之一，透镜的成像位置及性质（大小、虚实）均与其有关．

【实验目的】

学会调节光学系统共轴．

掌握薄透镜焦距的常用测定方法．

【物象法实验原理】

透镜分为凸透镜和凹透镜两类，当透镜厚度与焦距相比甚小时，这种透镜称为薄透镜．如果将透镜的厚度略去不计，一般并不会对计算结果产生实质性的影响，但却给初始阶段的分析和计算带来极大的便利．如图 1.10-1 所示，设薄透镜的像方焦距为 f'，物距为 l，对应的像距为 l'，在近轴光线的条件下，透镜成像的高斯公式为

$$\frac{1}{l'}-\frac{1}{l}=\frac{1}{f'} \tag{1.10-1}$$

故

$$f'=\frac{ll'}{l-l'} \tag{1.10-2}$$

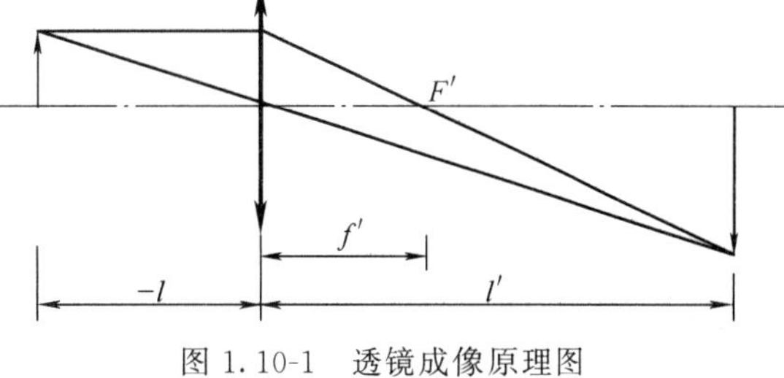

图 1.10-1　透镜成像原理图

如果在实验中测得透镜成像时的物距和像距，即可计算出透镜的焦距，这种方法称为物像法．具体方法是：用 LED 光照明后的实物作为光源，其发出的光线经会聚透镜后，在一定条件下成实像，可用白屏接取实像加以观察，通过测定物距和像距，利用式（1.10-2）即可算出 f'，但是这种方法精度不高．

应用公式时必须注意各物理量所适用的符号法则．在本试验中规定，自参考点（薄透镜光心）量起，位于参考点右边的距离为正，左边的距离为负．以光轴为基准，光轴之上为正，光轴之下为负．本实验中不涉及角度问题，在此也并做简单介绍．相对于参考线或参考面所形成的角度通常以锐角进行度量，并遵守右手定则，即以参考线为基准，顺时针方向旋转为正，逆时针方向旋转为负．运算时，已知量须添加符号，未知量则根据求得结果中的符

号判断其物理意义．

【实验内容】

1．搭建实验系统

如图 1.10-2 所示，依次放入 LED 光源、f38.1 凸透镜，调节各个器件同轴等高，调节 f38.1 透镜的位置，使出射光斑大小可以覆盖目标图案（选择图案之一）.

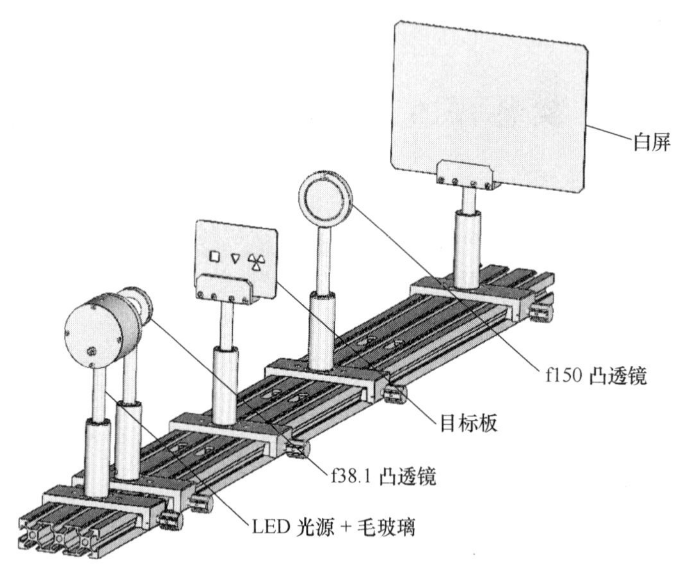

图 1.10-2　用物像法测量透镜实验装配图

2．测量物距和像距

将待测透镜放置于其焦距的两倍距离以外，再将白屏置于待测透镜后面，逐渐移动白屏至成像清晰处，记录此时目标板距离待测透镜的距离即物距，以及待测透镜至白屏之间的距离即像距，将所得数据带入式（1.10-2）中，计算焦距．

改变待测透镜位置，重复以上步骤，测量 5 次，测量数据填入表 1.10-1. 将 5 次测量结果取平均值，与待测透镜实际焦距值进行比较．

【实验数据记录】

表 1.10-1　用物像法测透镜焦距

测　量　项	1	2	3	4	5
物距/mm					
像距/mm					
焦距/mm					

【自准直法实验原理】

如图 1.10-3 所示，若物体 AB 正好处在透镜 L 的前焦面处，那么物体上各点发出的光经过透镜后，变成不同方向的平行光，经透镜后方的反射镜 M 把平行光反射回来，反射光经过透镜后，成一倒立的与原物大小相同的实像 $A'B'$，像 $A'B'$ 位于原物平面处．即成像于该透镜的前焦面上．此时，物与透镜之间的距离就是透镜的焦距 f，它的大小可用刻度尺直接测量出来．

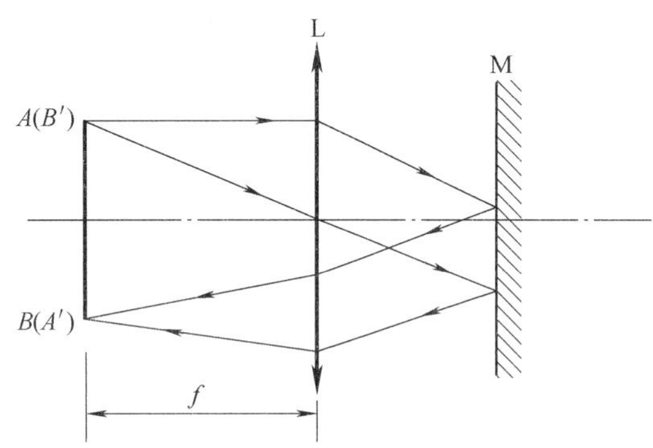

图 1.10-3　用自准直法测量凸透镜焦距原理示意图

【实验内容】

根据实验装配图（图 1.10-4）完成系统搭建．

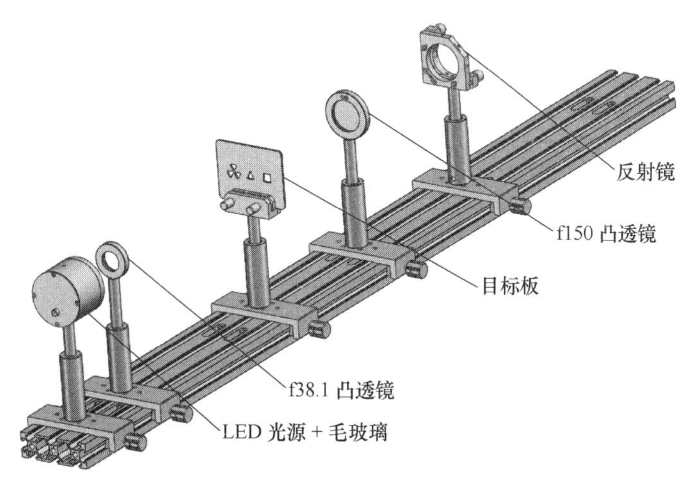

图 1.10-4　自准直法测量透镜实验装配图

1. 固定好目标板与反射镜，估算待测透镜焦距，调整目标板与反射镜的位置使两器件距离大于待测透镜焦距的一倍．

2. 在目标板后放置待测透镜，并调整待测透镜与目标图案的位置，使得反射光通过待测透镜打到目标板上，形成倒立的像．前后移动反射镜，目标板上所成的像大小不变，即形成等大倒立的像．若不满足，则继续调整待测透镜．

3. 记录此时待测透镜与目标板的位置分别为 a_1、a_2 于表 1.10-2 中，则待测透镜的焦距为 $f=a_2-a_1$．

4. 把透镜翻转，重复 2～3 的步骤，然后取两次测量所得焦距的平均值，即为该透镜的焦距．

【实验数据记录】

表 1.10-2 透镜焦距测量数据

编　号	待测透镜位置/mm	目标板位置/mm	透镜焦距/mm
1			
2			
3			

【二次成像法实验原理】

由透镜两次成像求焦距的方法如下：

如图 1.10-5 所示，物体与像屏之间的距离 l 大于 4 倍凸透镜焦距 f，并保持 l 不变，沿光轴方向移动透镜，则在像屏上必能两次成像．当透镜在实际位置时将出现一个放大清晰的像；当透镜在虚线位置时，屏上又将出现一个缩小清晰的像．透镜两位置之间距离的绝对值为 d，运用物像的共轭对称性质，可以证明

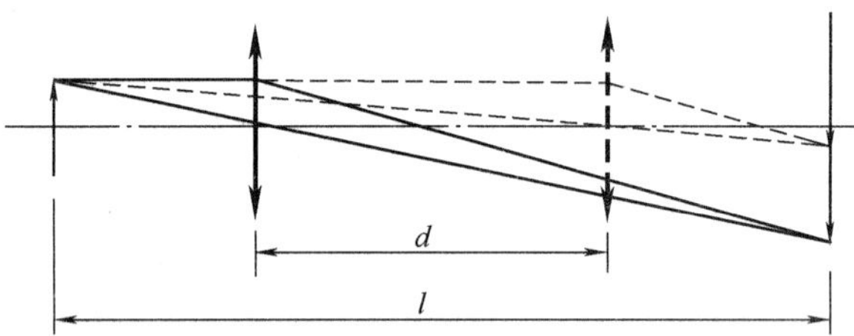

图 1.10-5　用二次成像法测量透镜焦距原理图

$$f'=\frac{l^2-d^2}{4l} \tag{1.10-3}$$

证明过程如下：

方法 1：

当透镜移动到如图 1.10-5 中实线位置时，屏中将出现一个放大清晰的像（设此物距为 u，像距为 v）；当透镜移动到虚线位置时，屏中将出现一个缩小清晰的像（设此时物距为 u'，像距为 v'），如图 1.10-6 所示．根据透镜的成像公式，可得 $u=v'$，$v=u'$.

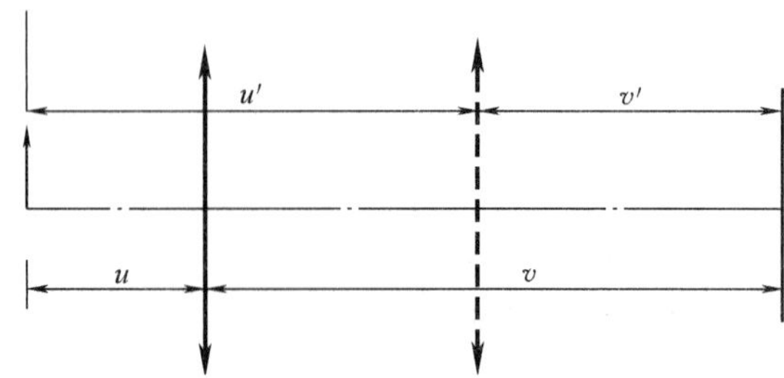

图 1.10-6　二次成像法测量：方法 1

由图可以看出：

$$l-d=u+v'=2u \tag{1.10-4}$$

$$u=\frac{l-d}{2} \tag{1.10-5}$$

$$v=l-u=l-\frac{l-d}{2}=\frac{l+d}{2} \tag{1.10-6}$$

$$f=\frac{uv}{u+v}=\frac{\frac{l-d}{2}\,\frac{l+d}{2}}{l}=\frac{l^2-d^2}{4l} \tag{1.10-7}$$

方法 2：

如图 1.10-7 所示，设透镜位于虚线位置时物距为 s.

$$f=\frac{(l-s)s}{l} \tag{1.10-8}$$

当透镜位于实线位置时

$$f=\frac{(l-s+d)(s-d)}{l} \tag{1.10-9}$$

联立两式，可得

$$f'=\frac{l^2-d^2}{4l} \tag{1.10-10}$$

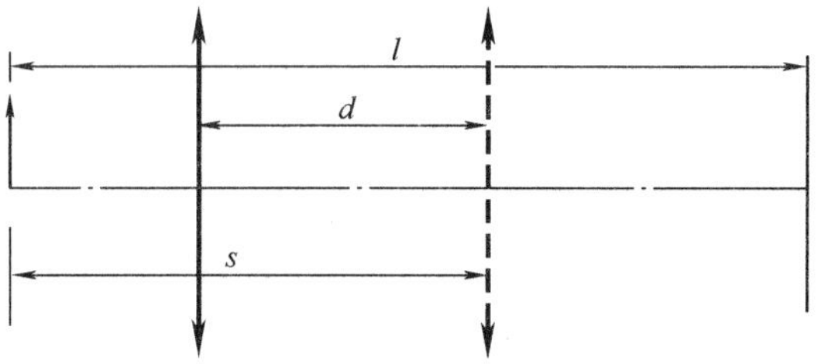

图 1.10-7　二次成像法求焦距：方法 2

式（1.10-10）表明，只要测出 d 和 l，就可以算出 f'. 由于是通过透镜两次成像而求得的 f'，这种方法称为二次成像法或贝塞尔法. 这种方法中不须考虑透镜本身的厚度，因此，用这种方法测出的焦距一般较为准确.

【实验内容】

按照实验装配图 1.10-8 安装实验器件.

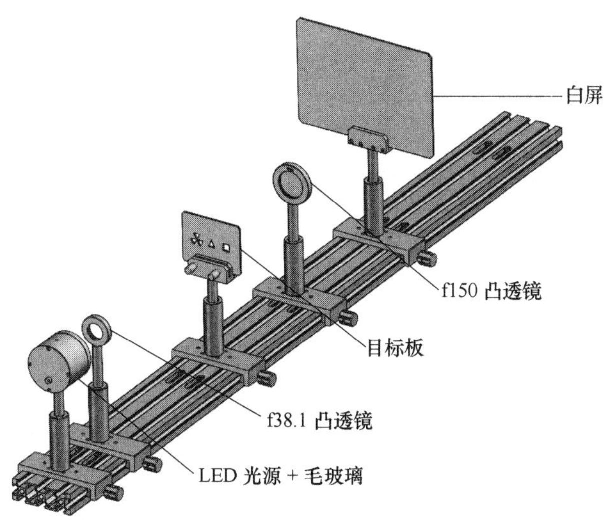

图 1.10-8　二次成像实验装配图

目标板与白板之间的距离要尽可能地大，以达到 $l>4f'$.

移动待测透镜，使被照亮的目标图案在白板上成一清晰的放大像，记下待测透镜的位置 a_1 和目标板与白板间的距离 l.

再移动待测透镜，直至在像屏上成一清晰的缩小像，记下待测透镜的位置 a_2. 若无法两次清晰成像，则增大目标板与白板之间的距离 .

计算：

$$d = a_2 - a_1 \tag{1.10-11}$$

$$f' = \frac{l^2 - d^2}{4l} \tag{1.10-12}$$

改变目标板与白板间的距离，重复 3 次实验，将实验数据填入表 1.10-3，计算焦距，取平均值 .

【实验数据记录】

表 1.10-3　薄透镜焦距测量实验数据

编　　号	位置 a_1/mm	位置 a_2/mm	距离 l/mm	距离 d/mm	焦距/mm
1					
2					
3					

【由辅助透镜成像法测凹透镜焦距实验原理】

对于凹透镜，因为实物不能得到实像，所以不能用白屏接取像的方法求解焦距 . 为此，常用一个已知焦距的凸透镜与之组合成为透镜组，物体发出的光线通过凸透镜后汇聚，再经过凹透镜后成实像，如图 1.10-9 所示，l_2 为虚物的物距，l_2' 为像距，则凹透镜的焦距为

$$f_2' = \frac{l_2 l_2'}{l_2 - l_2'} \tag{1.10-13}$$

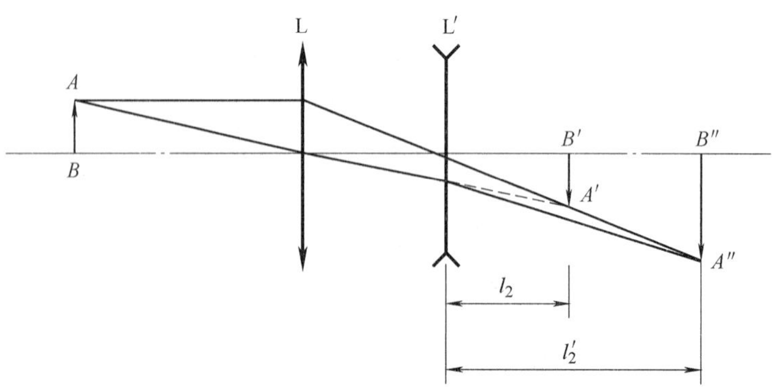

图 1.10-9　辅助透镜测量凹透镜焦距原理

【实验内容】

1. 搭建实验系统

如图 1.10-10 所示，依次放入 LED 光源、f38.1 凸透镜，调节各个器件同轴等高，调节

f38.1 透镜的位置，使出射光斑大小可以覆盖目标图案（选择图案之一）.

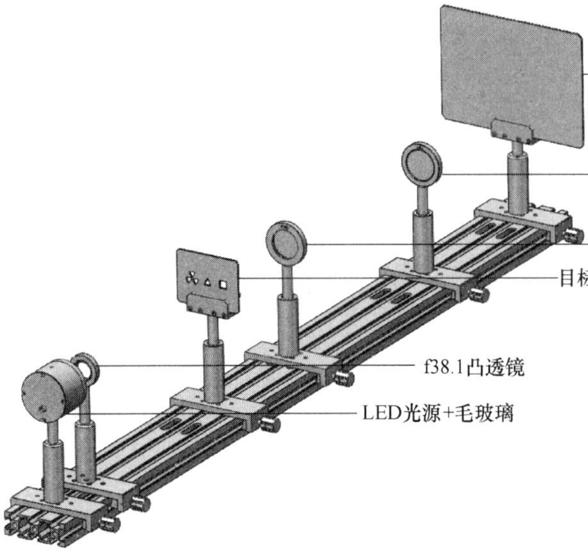

白屏
f100凹透镜
f150凸透镜
目标板
f38.1凸透镜
LED光源+毛玻璃

图 1.10-10　辅助透镜测量凹透镜焦距实验装配图

2. 测量凸透镜的像距

将 $f150$mm 凸透镜放置于目标板后面，白屏置于凸透镜后面，移动白屏找到成像清晰处位置，记录白屏至凸透镜距离 a.

3. 测量凹透镜的像距以及与凸透镜之间的距离

将待测凹透镜放置于凸透镜与白屏之间，移动白屏至成像清晰处，记录此时凹透镜到白屏的距离（即为像距 s'），以及凹透镜至凸透镜之间的距离 b. $a-b$ 即为凹透镜的物距 l_2，代入式（1.10-13）计算凹透镜焦距. 多次移动凸、凹透镜位置，测量多组数值，填入表 1.10-4，将计算得到的焦距值取平均，并与真实值进行比较.

【实验报告】

表 1.10-4　薄透镜焦距测量实验数据

测　量　项	1	2	3	4	5
a/mm					
b/mm					
物距 l_2/mm					
像距 l_2'/mm					
焦距/mm					

【用视差法测凹透镜焦距实验原理】

视差是一种视觉差异现象. 设有远近不同的两个物体 A 和 B，若观察者正对着 AB 连线方向看去，则 A、B 是重合的；若将眼睛摆动着看，则 A、B 间似乎有相对运动，远处物体的移动方向跟眼睛的移动方向相同，近处物体的移动方向则相反. A、B 间距离越大，这种现象越明显（视差越大）；当 A、B 间距为零（重合）时，就看不到这种现象（没有视差）.

因此，根据视差的情况可以判定 A、B 两物体谁远谁近及是否重合．

用视差法测量凹透镜焦距的光路如图 1.10-11 所示，把实物 P_1 放置在凸透镜 L 的焦平面上，由实物 P_1 发出的光经凸透镜 L 折射后产生平行光束，加入待测凹透镜 L′，平行光束经凹透镜 L′ 折射发散形成一个虚像 P_1'，在凹透镜 L′后加上一块半反半透的平面镜 M 和另一个与 P_1 相同的实物 P_2，人眼在光路后端可以观察到两个实物 P_1、P_2 的虚像 P_1'、P_2'，前后移动半反半透平面镜 M，使看到的两个虚像 P_1'和 P_2'重合，即无视差（当观察者眼睛左右移动时，P_1'与 P_2'无相对运动)，此时 L′ 到 M 的距离减去 P_2 到 M 的距离即为凹透镜的焦距．

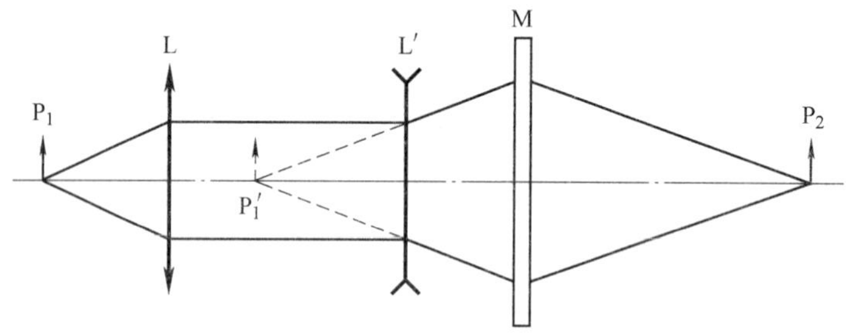

图 1.10-11　视差法测量凹透镜焦距光路

【实验内容】

1. 调节平行光束

如图 1.10-12 所示，依次放入 LED 光源、f38.1 凸透镜、分划板（小孔)、f150 双凸透镜（准直镜)，调节各个器件同轴等高，先调节 f38.1 透镜位置，使经其聚焦的光斑打在分划板上，直径约为 25mm，分划板位置应尽量靠近 f38.1 透镜，再调节 f150 透镜位置，使白屏放置在近处和远处时，光斑的大小一致，此时平行光调节完毕．

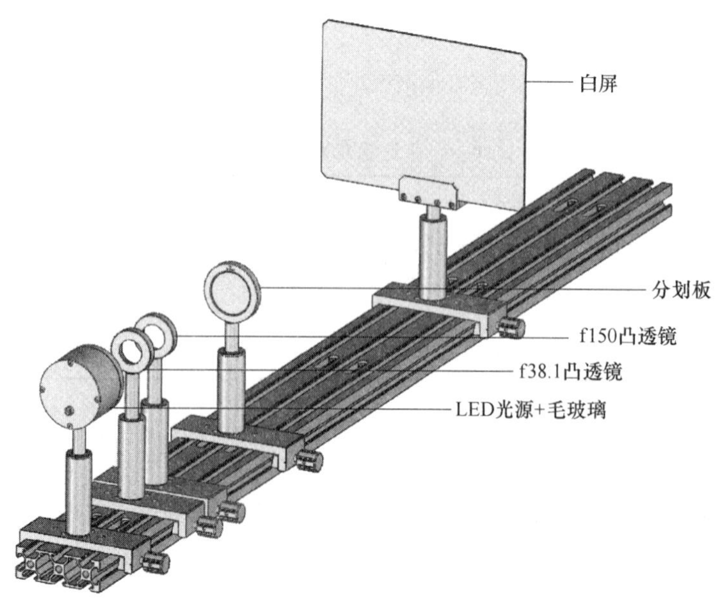

图 1.10-12　调节平行光束

2. 用视差法测量凹透镜焦距

如图 1.10-13 所示，先将分划板更换为狭缝，再将凹透镜、半反半透镜、内六角扳手（插杆，作为参考物）依次放入实验光路中，调节器件同轴等高．

用人眼在光路后端观察，通过半反半透镜观察狭缝通过凹透镜成的虚像和插杆经过反射形成的虚像，调节插杆的位置，使两虚像在垂直方向上重合，然后前后移动半反半透镜，使两虚像无视差，即当眼睛左右移动时，两虚像间无相对移动．测量插杆到半反半透镜之间的距离 b、半反半透镜到凹透镜的距离 a，则凹透镜焦距 $f=a-b$. 将实验数据填入表 1.10-5.

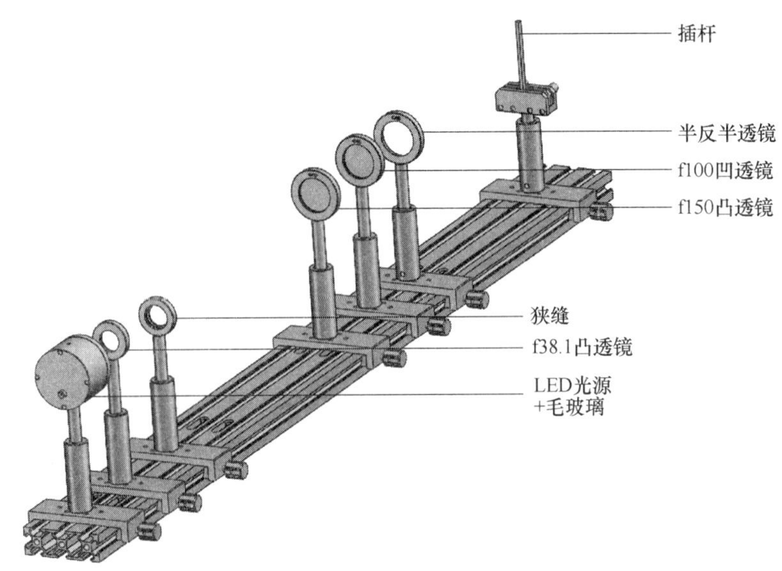

图 1.10-13　用视差法测量凹透镜焦距实验装配图

【实验数据记录】

表 1.10-5　薄透镜焦距测量实验数据

测试项目	a/mm	b/mm	凹透镜焦距/mm
1			
2			
3			
4			
5			

实验 1.11　杨氏双缝干涉

【引言】

杨氏在 1801 年最先得到两列相干的光波，并确立了光波叠加原理，用光的波动性解释了干涉现象．杨氏利用了惠更斯对光的传播所提出的次波假设解释了杨氏双缝实验，即次波上的任一点都可以看作是新的振源，由此发出次波，光向前传播，这是所有次波叠加的结果．

【实验目的】

通过实验获得杨氏双缝干涉条纹并了解其特点．

【实验原理】

为了得到稳定的光的干涉现象，必须要创造特殊的条件：在任何时刻到达观察点的应该是从同一批原子发射出来经过不同光程的两列光波．杨氏双缝干涉属于分波面干涉，从波面的各个不同部分作为发射次波的光源，然后这些次波交叠在一起发生干涉．在图 1.11-1 所示的装置中，S 为光源，遮光屏上有两条与 S 平行的狭缝 S_1、S_2，且与 S 等距离，因此 S_1、S_2是相干光源，且相位相同，S_1、S_2之间的距离是 d，到屏的距离是 D.

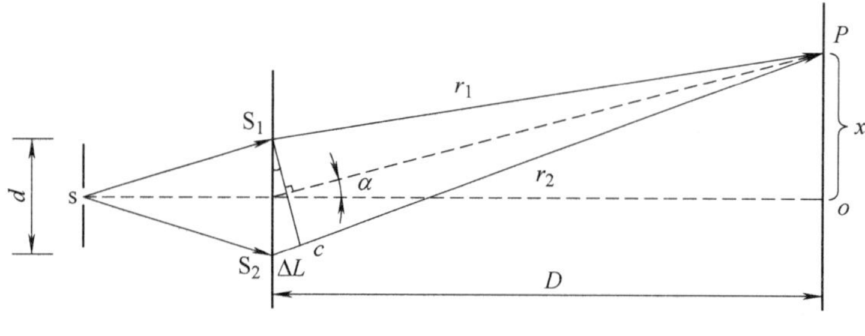

图 1.11-1　干涉装置

考察屏上某点 P 处的光强分布，因为 S_1、S_2对称，而且大小相等，所以可认为发出的光波在 P 点的光强相等，即 $I_1=I_2=I_0$，则 P 点干涉条纹的分布为

$$I=I_1+I_2+2\sqrt{I_1 I_2}\cos\Delta L=4I_0\cos^2\frac{\Delta L}{2} \tag{1.11-1}$$

其中，

$$\Delta L=k(r_2-r_1)=k\Delta=2\pi\frac{\Delta}{\lambda} \tag{1.11-2}$$

Δ 是光程差，代入，则有

$$I=4I_0\cos^2\left[\frac{\pi(r_2-r_1)}{\lambda}\right] \tag{1.11-3}$$

上式表明，P 点的发光强度 I 取决于两光波在该点的光程差或是相位差．P 点合振动的发光强度为

$$I=4I_0\cos^2\frac{\Delta L}{2} \tag{1.11-4}$$

当 $\Delta L=2m\pi\quad(m=0,\pm1,\pm2,\cdots)$ 时，

$$\Delta=n(r_2-r_1)=\pm m\lambda\quad(m=0,1,2,\cdots) \tag{1.11-5}$$

P 点的光强有最大值，$I=4I_0$，明条纹的位置为

$$x=\frac{D}{d}\Delta=\pm m\frac{D}{d}\lambda \tag{1.11-6}$$

当 $\Delta L=(2m-1)\pi \quad (m=0,\pm1,\pm2,\cdots)$时，

$$\Delta=n(r_2-r_1)=\pm(2m-1)\frac{\lambda}{2} \quad (m=1,2,\cdots) \tag{1.11-7}$$

P 点的光强有最小值，$I=0$，暗条纹的位置为

$$x=\frac{D}{d}\Delta=\pm(2m-1)\frac{D}{d}\frac{\lambda}{2} \tag{1.11-8}$$

相邻两明（暗）条纹之间的间距为

$$\Delta x=\frac{D}{d}\lambda \tag{1.11-9}$$

利用此公式，便可以求出光波波长．

【实验仪器】

激光器、空间滤波器、机械双缝、白屏、透镜（$f=100$mm）．

【实验内容】

根据杨氏双缝干涉实验装配图安装所有的配件，如图 1.11-2 所示．

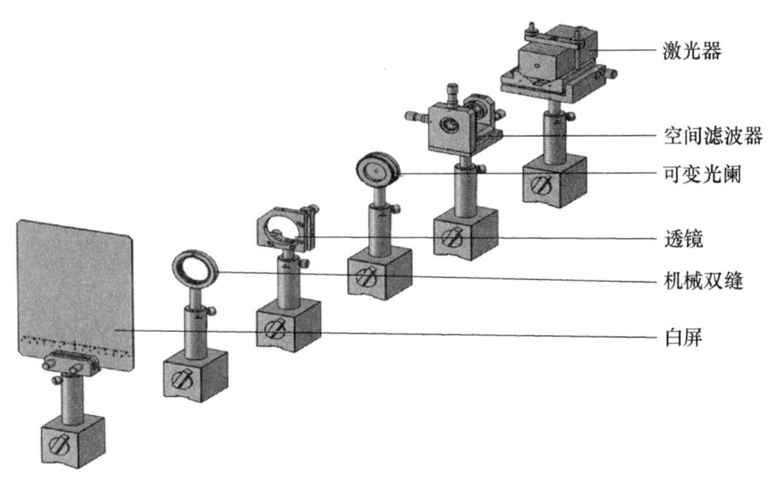

图 1.11-2　杨氏双缝干涉实验光路图

插入空间滤波器，使用可变光阑作为高度标尺，调整空间滤波器的高度（不加针孔），使得激光通过显微物镜后的扩束光斑中心与可变光阑中心重合，此时锁定空间滤波器高度和平移台水平移动旋钮；加入针孔，旋转螺纹，推动物镜靠近针孔，在此过程中不断调整针孔位置旋钮，保证透过光的光强最大，当透过光无衍射环且光强最强时，空间滤波器调整完毕．调整作为准直用的双凸透镜与空间滤波器的距离，使出射光的光斑在近处和远处直径大致相等．

将可变光阑放置在准直光束后，滤除光束边缘．

置入机械双缝，确认机械双缝中的缝隙是否与导轨平面垂直放置．如不垂直，可对机械双缝进行微调．

置入白屏，前后移动白屏位置，观察杨氏双缝干涉条纹．

【实验数据记录】

自拟数据记录表格.

实验 1.12 菲涅耳衍射

【引言】

光在传播过程中遇到障碍物，光波在绕过障碍物继续传播的过程中有光线进入到几何阴影区，同时出现了一些亮暗相间的条纹，这种光线偏离直线传播的现象称为光的衍射. 当光源或者观察屏，或者光源和观察屏两者距衍射屏有限远时，产生的衍射称为菲涅耳衍射或近场衍射.

【实验目的】

理解菲涅耳衍射原理，观察单缝、圆孔及方孔的菲涅耳衍射现象.

【实验原理】

菲涅耳衍射是不需要用任何仪器就可以直接观察到的衍射现象，在这种情况下，观察点和光源（或其中之一）与障碍物（或孔）间的距离有限，在计算光程和叠加后的光强等问题时，可根据基尔霍夫衍射公式近似得到菲涅耳衍射计算公式

$$\widetilde{E}(x,y)=\frac{\exp(ikz_1)}{i\lambda z_1}\iint_{\Sigma}\widetilde{E}(x_1,y_1)\exp\left\{\frac{ik}{2z_1}[(x-x_1)^2+(y-y_1)^2]\right\}dx_1dy_1 \qquad (1.12\text{-}1)$$

式中，Σ 为孔径；dx_1、dy_1 为孔径所在平面的积分因子；z_1 为孔径到观察屏之间的距离；$\widetilde{E}(x,y)$为在观察屏点（x,y）处的复振幅；λ 为光波波长；k 为波数；i 为虚数单位. 由于在积分域之外复振幅为 0，所以上式亦可写成对整个 x_1 y_1平面的积分.

$$\widetilde{E}(x,y)=\frac{\exp(ikz_1)}{i\lambda z_1}\iint_{-\infty}^{\infty}\widetilde{E}(x_1,y_1)\exp\left\{\frac{ik}{2z_1}[(x-x_1)^2+(y-y_1)^2]\right\}dx_1dy_1 \qquad (1.12\text{-}2)$$

式（1.12-1)和式(1.12-2) 代表菲涅耳子波的线性叠加积分，这里 $\exp\left\{\frac{ik}{2z_1}[(x-x_1)^2+(y-y_1)^2]\right\}$ 表示孔径上任意一点 $Q(x_1,y_1)$发出的球面子波在观察面上的复振幅分布，或者说 Q 点子波在观察面上的响应，其分布特点是等相位点构成以（$x=x_1,y=y_1$）为中心的一簇同心圆，Q 点子波对观察面上任意一点 $P(x,y)$处复振幅的贡献仅取决于 P 点到这个中心的距离，即两点的坐标差，而与两点绝对坐标无关，如图 1.12-1 所示.

式（1.12-2）又可写成：

$$\widetilde{E}(x,y)=\frac{\exp(ikz_1)}{i\lambda z_1}\widetilde{E}(x_1,y_1)*\exp\left[\frac{ik}{2z_1}(x_1^2+y_1^2)\right] \qquad (1.12\text{-}3)$$

式中，“$*$”表示卷积运算.

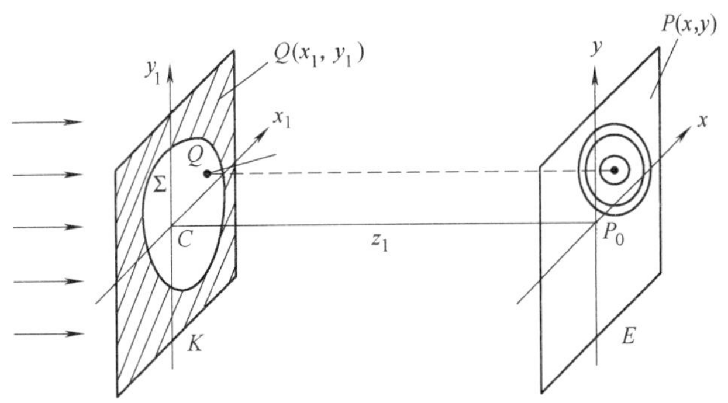

图 1.12-1 子波的复振幅分布

【实验仪器】

激光器、空间滤波器、机械单缝、机械圆孔、空间光调制器、白屏、透镜．

【实验内容】

菲涅耳单缝衍射实验：

根据菲涅耳衍射实验装配图安装所有的配件，如图 1.12-2 所示．

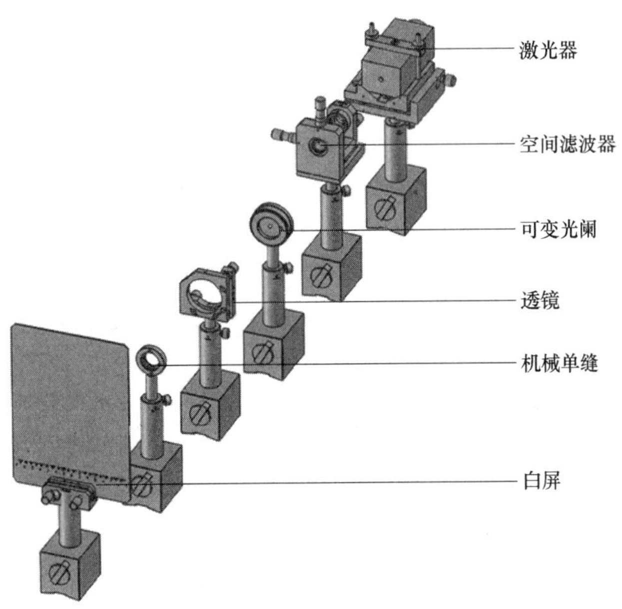

图 1.12-2 菲涅耳衍射光路图

安装激光器、滤波器、可变光阑、透镜（f=100mm)，安装方式参考实验 1.11.

将可变光阑放置在准直光束后，滤除光束边缘．

置入机械单缝，保证机械单缝与导轨平面垂直．同时调整可变光阑大小，光阑的大小需保证光斑能够全部覆盖到机械单缝的图案．

置入白屏，使白屏紧贴机械单缝放置．利用白屏观察菲涅耳单缝衍射效果．

1. 菲涅耳圆孔衍射实验

取下机械单缝，换上机械圆孔，用白屏观察菲涅耳圆孔衍射效果．

2. 菲涅耳衍射光学元件设计实验

根据图 1.12-3 并参考实验 1.11 装配对应配件，放入起偏器和检偏器，并旋转检偏器至出射光最弱，此时两偏振片透光方向互相垂直，然后再插入空间光调制器．

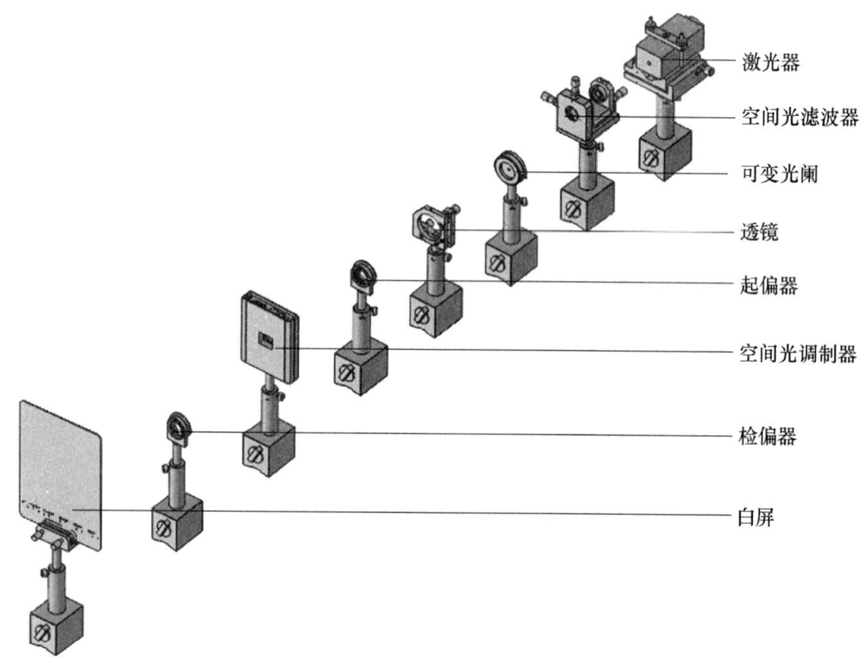

图 1.12-3　基于空间光调制器的菲涅耳衍射光路图

找到并打开“目标模板产生器”，产生如图 1.12-4 所示界面图，选择相应的模板．

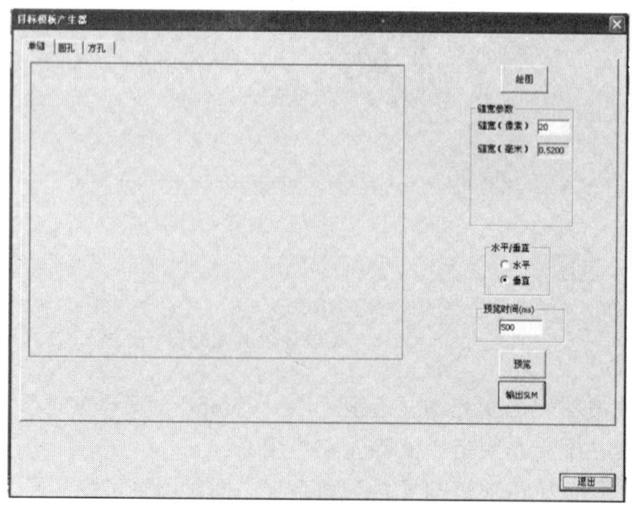

图 1.12-4　目标模板产生器界面

选择圆孔，输入合适半径（参考半径：20 像素）（若观察不到同心圆环的中心明暗交替变化，可选择更大的圆孔半径）. 单击“绘图”按钮，出现如图 1.12-5 所示的界面 .

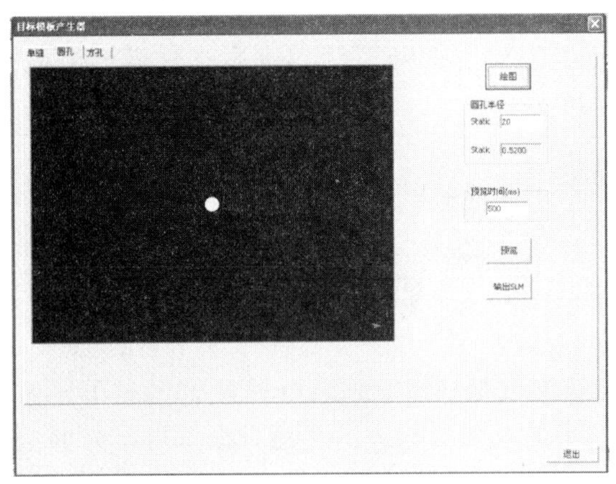

图 1.12-5　绘制圆孔目标物

单击“输出 SLM”按钮，用白屏观测衍射图案，如图 1.12-6 所示 .

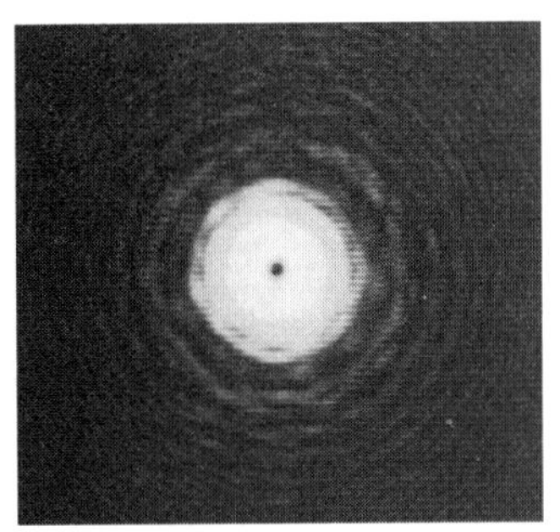

图 1.12-6　基于空间光调制器产生圆孔的菲涅耳衍射图案

再选择方孔，输入合适半径（参考半径：20 像素）. 单击“绘图”按钮，出现如图 1.12-7 所示的界面 .

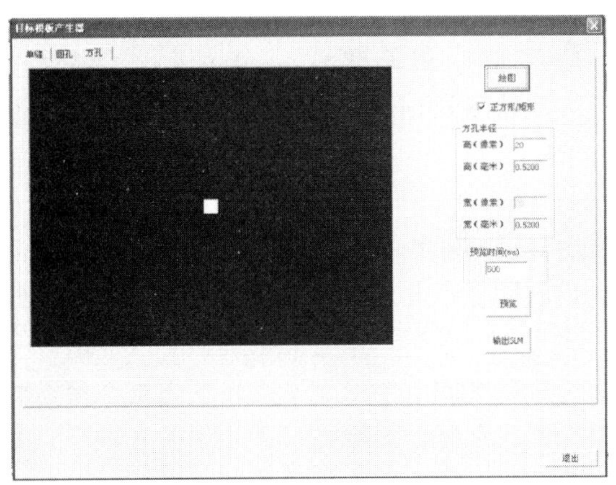

图 1.12-7　绘制方孔目标物

单击“输出 SLM”按钮，使用白屏观察其菲涅耳衍射图案.

用空间光调制器产生单缝，使用白屏观察其菲涅耳衍射图案.

【实验数据记录】

以计算机输出数据为准.

实验 1.13　偏　振　光

【引言】

光是一种电磁波，而电磁波是横波，它有电矢量 $\boldsymbol{E}$ 和磁矢量 $\boldsymbol{H}$，习惯上我们总是用电矢量 $\boldsymbol{E}$ 来代表光波．光波中的电矢量与波的传播方向垂直，光的偏振现象清楚地显示了光的横波性.

【实验目的】

观察光的偏振现象，熟悉偏振的基本规律.

了解偏振光的产生、种类、特性以及它们的鉴别方法.

【实验原理】

1. 自然光与偏振光

从普通光源发出的光不具有偏振性．因为光源中发光原子和分子形成的电偶极子的振动不可能有一个特定的方向．相反地，它们的振动方向杂乱无章，完全随机，因此，振动在各个方向都有可能，并且各个振动方向上没有一个方向比其他方向更占优势，我们把这种没有偏振性的光称为自然光．自然光在传播过程中，如果受到某种作用造成各个振动方向上的光强不等，若某一方向的振动比其他方向更占优势，那么这种光就叫作部分偏振光．当光波只包含单个振动方向时，该光波为线偏振光.

光大体上有五种偏振状态，即线偏振光、圆偏振光、椭圆偏振光、自然光和部分偏振光. 其中线偏振光和圆偏振光可看作椭圆偏振光的特例.

椭圆的形状、取向和旋转方向，由振幅 A_x、A_y 和 δ 决定．当 $A_x=A_y$ 和 $\delta=\pm\pi/2$ 及其奇数倍时，椭圆偏振光变为圆偏振光；当 $\delta=0$ 或者 $\pm2\pi$ 的（半）整数倍时，椭圆偏振光变为线偏振光.

2. 线偏振光的获得

（1）反射起偏和透射起偏　一束单色自然光从不同角度入射到介质表面，其反射光和折射光一般是部分偏振光．当以特定角度即布儒斯特（Brewster）角 θ_B 入射时，不管入射光的偏振状态如何，反射光将成为线偏振光，其电矢量垂直于入射面．一般情况下，同一块玻璃片在布儒斯特角下对光的反射产生的线偏振光发光强度太小，难以利用．从玻璃片投射的发光强度虽大，但不是线偏振的，是部分偏振光，并且偏振度很小．为解决这一矛盾，可以让自然光以布儒斯特角入射并通过一叠表面平行的玻璃片堆．由于自然光可以被等效为两个振动方向互相垂直、振幅相等且没有固定相位关系的线偏振光，又因为光通过玻璃片堆中的每一个界面时都要反射掉一些振动垂直于入射面的线偏振光，经多次反射，最后从玻璃片堆透射出来的光一般是部分偏振光，如果玻璃片数目较大，则透过玻璃片堆的折射光就成为振动平行于入射面的线偏振光，并且折射线偏振光的发光强也比较大，这就是透射起偏法．所有这些结论都可以从菲涅耳公式得到论证．

（2）二向色性起偏　二向色性是指某些各向异性晶体对不同方向的光振动具有不同吸收本领的性质，即当自然光通过它时，只能有某一确定振动方向（称为透振方向）的光能够通过，而振动方向与此透振方向垂直的光却被吸收掉．现在广泛使用的人造偏振片，就是利用二向色性获得线偏振光的．优点是可获得光束截面很大的线偏振光，缺点是光量损失较多，且对波长有选择性．

（3）波晶片　一束光在晶体内传播时被分成两束折射程度不同的光束，这种现象叫作光的双折射现象，能产生双折射的晶体叫作双折射晶体．实验发现，晶体内一束折射光线符合折射定律，叫作寻常光（o 光），而另一束折射光线不符合折射定律，所以叫作非寻常光（e 光）．当光沿着某个特殊的方向传播时，不会分成 o 光和 e 光，我们称这个方向为晶体的光轴，它表示晶体的一个特定方向．只有一个光轴的晶体叫作单轴晶体，例如冰、石英、红宝石和方解石等．同理，双轴晶体具有两个光轴方向．

利用单轴晶体的双折射所产生的寻常光（o 光）和非寻常光（e 光）都是线偏振光．前者的电矢量 $\boldsymbol{E}$ 垂直于 o 光的主平面（晶体内部某条光线与光轴构成的平面），后者的 $\boldsymbol{E}$ 平行于 e 光的主平面．

（4）散射　当以自然光入射时，散射光有一定程度的偏振，偏振程度与 θ_B 角有关．在与入射方向垂直的方向上，散射光是完全偏振的；在与入射方向平行的方向上，散射光仍为自然光；在其他方向上，散射光为部分偏振光．

3. 偏振光的检验

（1）线偏振光　用在偏振片平面内旋转一圈的偏振片（即检偏镜）迎着光进行检验，由马吕斯定律可知，将出现两个明亮方位和两个暗方位，且暗光强应是零（简称两明两零）．

（2）圆偏振光　用旋转的检偏镜检查时，发光强度将无变化．

（3）椭圆偏振光　用旋转的检偏镜检查时，一周之内，发光强度将出现两次明亮和两次较暗，但不会为零（简称为两明两暗）．

以上验证方法只适合于已知待测光是某一种偏振光而不包含自然光的情况．如果待测光有可能包含自然光，检验方法见表 1.13-1.

表 1.13-1　偏振光的检验

<table>
<tr><td colspan="7">把检偏器对着被检光旋转一周，若得到</td></tr>
<tr><td>两明两零</td><td colspan="3">光强不变</td><td colspan="3">两明两暗</td></tr>
<tr><td rowspan="2">无须插入波片</td><td colspan="3">在光路中插入 $\lambda/4$ 波片，再旋转检偏器，若得</td><td colspan="3">在光路中插入 $\lambda/4$ 波片，并使光轴与检得的暗方位相重合，再旋转检偏器，若得</td></tr>
<tr><td>两明两零，则为</td><td>光强不变，则为</td><td>两明两暗，则为</td><td>两明两零，则为</td><td>两明两暗但暗方位与未插入 $\lambda/4$ 波片时相同，则为</td><td>两明两暗但暗程度与前不同，则为</td></tr>
<tr><td>线偏振光</td><td>圆偏振光</td><td>自然光</td><td>自然光＋圆偏振光</td><td>椭圆偏振光</td><td>自然光＋线偏振光</td><td>自然光＋椭圆偏振光</td></tr>
</table>

【实验仪器】

激光器、偏振片（起偏器、检偏器）、λ/4 波片（也称四分之一波片）、功率计．

【实验内容】

观察光的偏振现象，熟悉偏振的基本规律．

根据偏振光产生与检验装配图安装所有的配件，如图 1.13-1 所示．

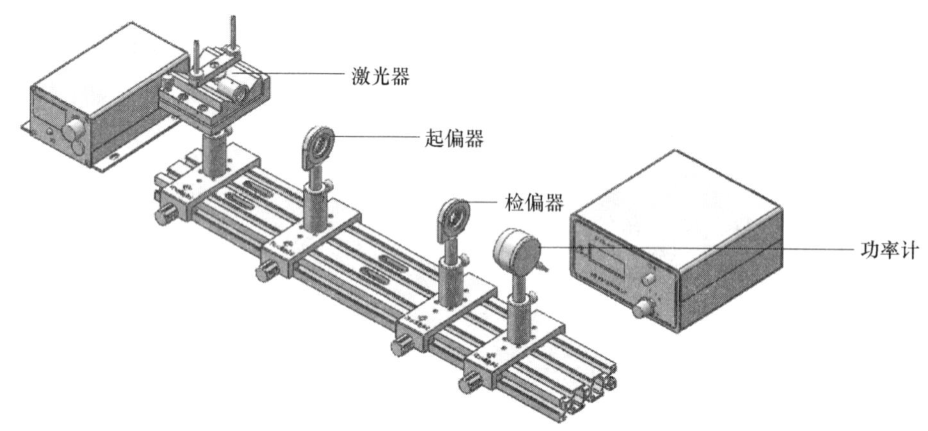

图 1.13-1　偏振光产生与检验装配图

放入起偏器，旋转起偏器一周，若观察到“两明两零”（最强功率和最弱功率之比为 250:1，即把最弱看成为 0）现象，则经激光器出射的光为线偏振光，否则不是线偏振光．

旋转起偏器使透过光功率最大，再放入检偏器，旋转检偏器一周，若观察到“两明两零”现象，则经起偏器出射的光为线偏振光．

了解偏振光的产生、种类、特性以及它们的鉴别方法．

如图 1.13-2 所示，插入 λ/4 波片，旋转检偏器一周，若观察到“两明两暗”现象，则经波片后的出射光为椭圆偏振光．若观察到“两明两零”现象，则说明线偏振光偏振方向与波片快慢轴重合，此时小角度旋转波片即可出现椭圆偏振光（旋转角度小于 90°但不等于 45°）．

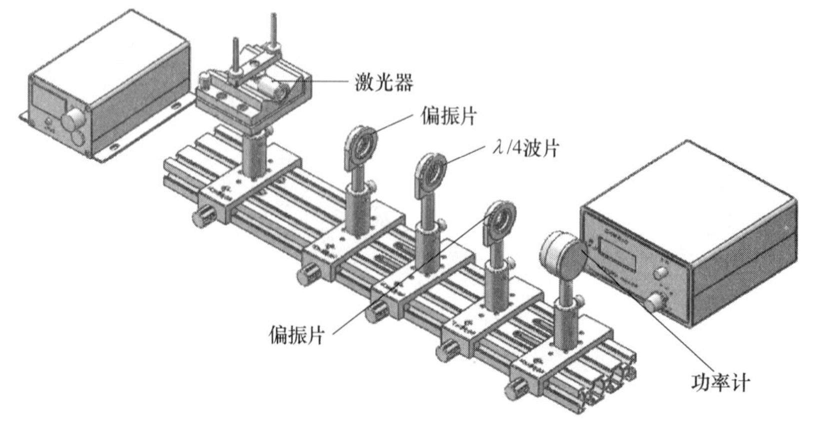

图 1.13-2　椭圆偏振光检验装配图

取下 λ/4 波片，旋转检偏器使输出光功率最大，此时起偏器与检偏器通过光轴方向一致．再放入 λ/4 波片，旋转 λ/4 波片，使输出光功率最大，此时波片的快（慢）轴与起偏器透光方向一致．记录 λ/4 波片架上对应的角度，然后再旋转 45°，则从波片出射的光为圆偏振光．旋转检偏器，光功率不发生变化（检偏器每隔 5°，记录功率值，最大功率和最小功率之差除以最大功率，若小于 15%，即认为此时为圆偏振）．

如图 1.13-3 所示，在 λ/4 波片后再插入一个 λ/4 波片，则圆偏振光变为线偏振光．旋转检偏器，观察“两明两零”现象．

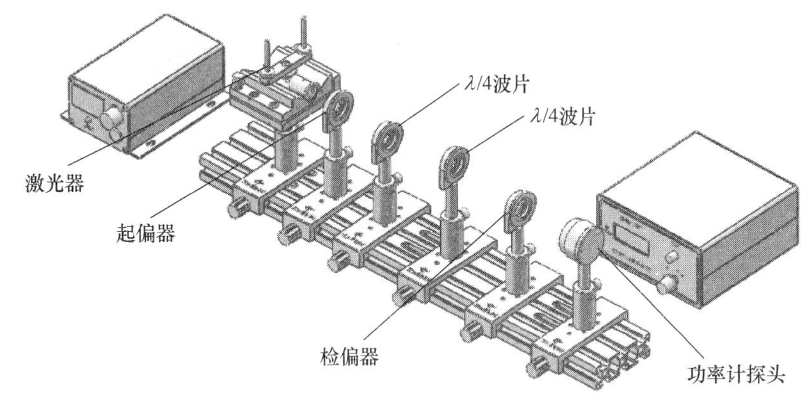

图 1.13-3　圆偏振光检验光路图

【实验数据记录】

自拟数据表格记录．

实验 1.14　波 片 实 验

【引言】

波片是除了起偏器外的又一种重要偏振元件，其基本功能是，在已知的两个正交偏振方向上，为入射的偏振光引入特定的附加相位差．

【实验目的】

掌握波片的快慢轴知识．

了解波片之间的变换．

了解半波片、λ/4 波片的原理．

【实验原理】

1. 波片

当一束单色自然光在各向同性介质的分界面折射时，按照折射定律光只有一束，这是我们所熟知的．但是，当一束自然光在各向异性晶体的分界面折射时，一般产生两束折射光，它们都是线偏振光，这种现象称为双折射．其中遵守折射定律的光称为寻常光，或 o 光．另外一束不遵守折射定律的光称为非寻常光，或 e 光．

晶体内存在一个特殊的方向，当光在晶体内沿着这个方向传播时不发生双折射．晶体内的这个特殊方向称为晶体光轴．晶体中光轴和晶体表面法线构成的平面称为主截面．当光束以主截面为入射面入射到晶体时，o 光和 e 光都在主截面内，并且电矢量方向互相垂直．

波片是从单轴晶体切出的平行平面薄片，其光轴与表面平行．如果线偏振光的电矢量不是平行于或者垂直于光轴方向，它将在波片内分解为 o 光和 e 光，两束光的传播方向相同，而电矢量互相垂直．在负晶体中，把 e 光电矢量方向称为快轴，o 光电矢量方向称为慢轴．由于 o 光和 e 光在波片中速度不同，它们通过波片后将产生一定的相位差．设波片厚度为 d，则 o 光和 e 光通过波片的光程差分别为 $n_o d$ 和 $n_e d$，两者的光程差为

$$\Delta=(n_e-n_o)d \tag{1.14-1}$$

而相位差为

$$\delta=\frac{2\pi}{\lambda}(n_e-n_o)d \tag{1.14-2}$$

由式（1.14-1）和式（1.14-2）可见，适当的选择波片的厚度 d，可以使 o 光和 e 光有任意数值的光程差和位相差．光程差为

$$\Delta=(n_e-n_o)d=\left(m+\frac{1}{4}\right)\lambda \tag{1.14-3}$$

该波片（m 为零或者正整数）称为 $\lambda/4$ 波片．其次还有 $\lambda/2$ 波片和全波片，它们的 o 光和 e 光的光程差分别为 $\Delta=\left(m+\frac{1}{2}\right)\lambda$ 和 $\Delta=m\lambda$.

当两个 $\lambda/4$ 波片的快轴重合时，对 o 光和 e 光引入的光程差为 $\Delta=\left(m+\frac{1}{2}\right)\lambda$，此时两个 $\lambda/4$ 波片可看作一个 $\lambda/2$ 波片．若两个 $\lambda/4$ 波片的快轴互相垂直，叠加结果相当于一块各向同性的介质．光在其内的偏振态不发生任何变化．

2. 偏振光传播方程

当一束线偏振光正入射到波片时，若线偏振光的电矢量方向与波片光轴成 θ 角，$\theta\neq0°$ 或 $\theta\neq90°$，那么入射光将在波片内分解为振动方向互相垂直的 o 光和 e 光．两束光出射后具有恒定的相位差 δ，并且传播速度相等．假设两个线偏振光的振动分别沿 x 轴和 y 轴，那么在传播路程上某一点的振动方程可以表示为

$$\boldsymbol{E}_x=A_x\cos(\omega t-kz) \tag{1.14-4}$$

$$\boldsymbol{E}_y=A_y\cos(\omega t-kz+\delta) \tag{1.14-5}$$

式中，A 是振幅；ω 是两光波的角频率；t 是时间；k 是波矢的数值；z 表示传播方向；δ 是两波的相对相位差．两个电矢量合成，如图 1.14-1 所示．

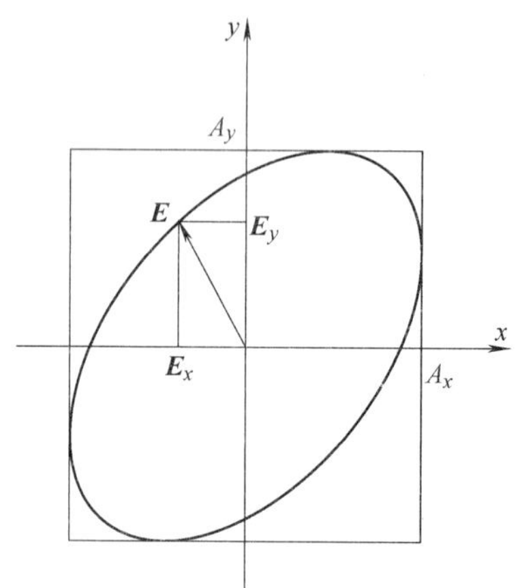

图 1.14-1　光矢量合成

合振动的大小和方向随时间变化．因此，当晶体引入的相位差不一样时，会有不同的轨迹．

（1）当 $\delta=0$ 或者 $\pm2\pi$ 的整数倍时，振动方程可化简为

$$\boldsymbol{E}_y=\frac{A_y}{A_x}\boldsymbol{E}_x \tag{1.14-6}$$

这是直线方程，表示合矢量端点的运动沿一条直线进行，即线偏振光．

（2）当 $\delta=\pm\frac{\pi}{2}$ 及其奇数倍时，振动方程可化简为

$$\frac{\boldsymbol{E}_x^2}{A_x^2}+\frac{\boldsymbol{E}_y^2}{A_y^2}=1 \tag{1.14-7}$$

这是一个标准椭圆方程．按照合矢量旋转方向的不同，可以将椭圆偏振光分为右旋和左旋两类．通常规定，当对着光传播的方向看去，合矢量是顺时针方向时，偏振光是右旋的，反之则为左旋．

除了标准的椭圆之外，也存在其他形式的椭圆方程，这取决于相位差 δ 的取值，如图 1.14-2 所示．

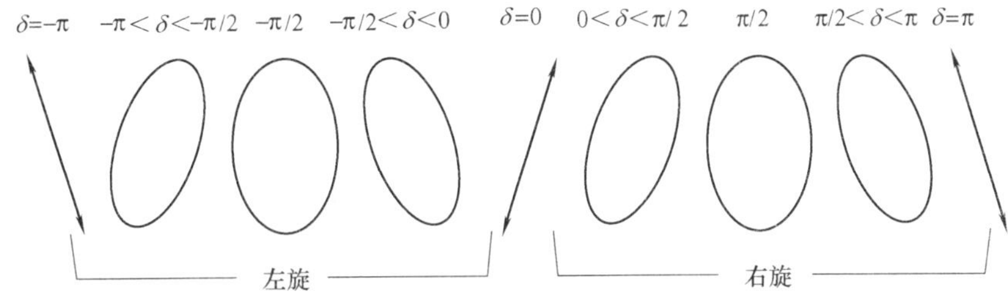

图 1.14-2　椭圆偏振光随相位的变化过程

若 $A_x=A_y$，由式（1.14-7）可看出运动轨迹是一个圆，表示此时合成的光波是圆偏振光．

若入射线偏振光与波片的光轴平行或垂直，出射光仍为线偏振光，且振动方向不改变．

3. 椭圆偏振光左旋右旋的判断

若一束正椭圆偏振光射向 $\lambda/4$ 波片，并尽量使得波片的快轴方向与偏振椭圆的长轴方向一致，它的出射光将会变为线偏振光．用检偏器结合功率计检测，测出线偏振光偏振方向后，将之平移到波片的快、慢轴坐标系内，考察二者的相对关系．若处于 1、3 象限，则为右旋偏振光；反之则为左旋偏振，如图 1.14-3 所示．

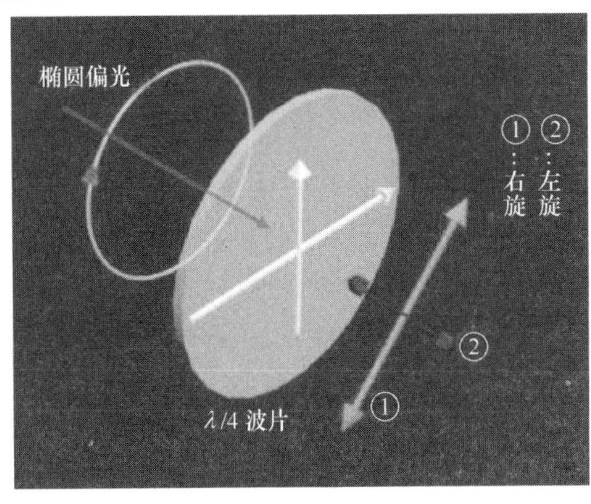

图 1.14-3　椭圆左旋右旋的判断

由图 1.14-2 可知，当 $\delta=-\frac{\pi}{2}$时，线偏振光变为左旋的椭圆偏振光，此时振动方程为

$$\boldsymbol{E}_x=A_x\cos(\omega t-kz) \tag{1.14-8}$$

$$\boldsymbol{E}_y=A_y\cos\left(\omega t-kz-\frac{\pi}{2}\right) \tag{1.14-9}$$

此椭圆偏振光通过 λ/4 波片后，再次引入 $\delta=\frac{\pi}{2}$的位相差，则振动方程变为

$$\boldsymbol{E}_x=A_x\cos(\omega t-kz) \tag{1.14-10}$$

$$\boldsymbol{E}_y=A_y\cos(\omega t-kz-\pi) \tag{1.14-11}$$

联合式（1.14-10）和式（1.14-11）得

$$\boldsymbol{E}_y=-\frac{A_y}{A_x}\boldsymbol{E}_x \tag{1.14-12}$$

由式（1.14-12）可看出，线偏振光处于 2、4 象限，是左旋偏振光．

【实验仪器】

激光器、λ/4 波片、偏振片（起偏器、检偏器）、功率计、偏振分束棱镜．

【实验内容】

根据实验装配图安装所有的配件，如图 1.14-4 所示．

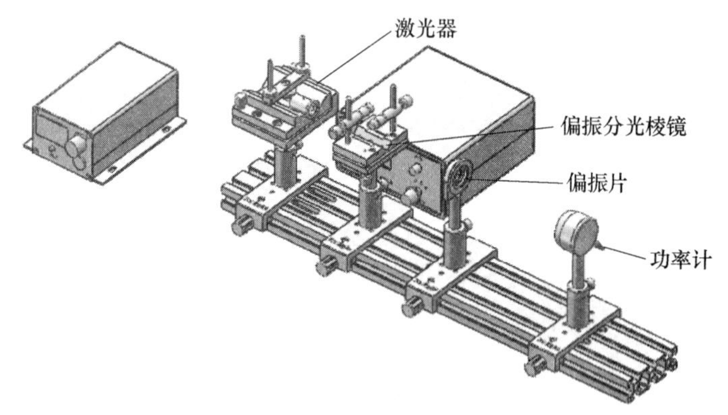

图 1.14-4　波片实验装配图

放入偏振分光棱镜、检偏器和功率计，旋转检偏器，使输出光功率最大．此时检偏器透光轴方向平行于光学平台表面，记录偏振片透光轴方向（偏振分光棱镜可产生水平偏振光）．

借助偏振分光棱镜找出波片的快慢轴所在位置．放入 λ/4 波片，旋转波片一周，可观察到 4 次光功率最大．光功率最大时波片的快轴或者慢轴与偏振光振动方向一致（即此时快轴或者慢轴处于水平方向），记录波片轴所在的角度值（可找到两个互相垂直的轴，其中一个是快轴，另一个是慢轴）．

取下 λ/4 波片，换上另一个 λ/4 波片，寻找并记录波片轴的位置．

根据图 1.14-5 进行实验，放入 2 块 λ/4 波片，使两波片的某一轴都分别与入射线偏振

光平行，然后通过检偏器找出此时线偏振光的方向．

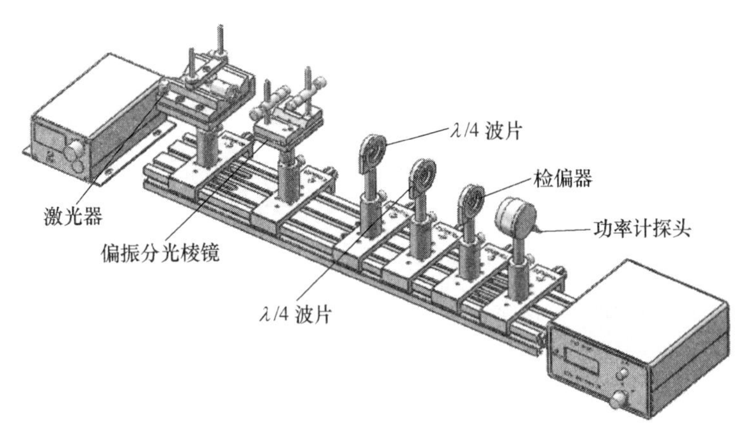

图 1.14-5　加入 2 块 λ/4 波片后的波片与偏振光实验装配图

使两个波片旋转相同的角度 N（$N<90°$），再通过检偏器寻找出射光的偏振方向．若出射光偏振方向不变，则两波片快轴与慢轴重合．若出射光角度改变 $2N$，则两波片快轴与快轴重合．

根据图 1.14-6 进行实验，先插入一个 λ/4 波片，使线偏振光方向与波片轴向不重合，产生一个椭圆偏振光．

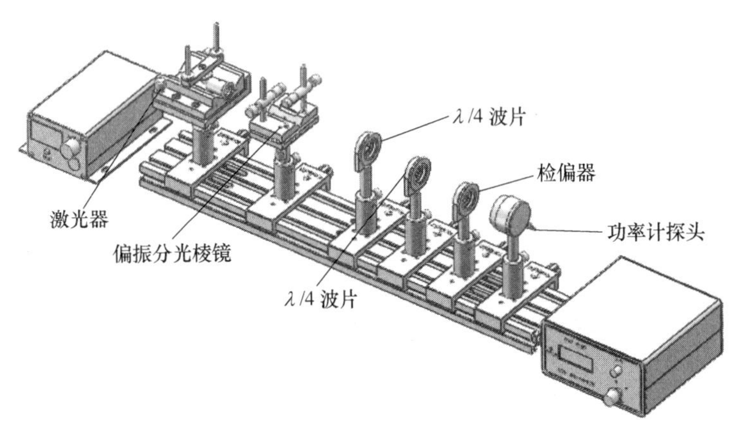

图 1.14-6　波片与偏振光实验装配图

通过检偏器和功率计配合使用，找出椭圆偏振光的长轴方向（光强最大时检偏器的透振方向与偏振光的长轴方向一致，反之则透振方向与偏振光的短轴方向一致）．

让椭圆偏振光再通过一块 λ/4 波片，并尽量使波片的快（慢）轴方向与偏振椭圆的长轴方向一致．此时出射一个线偏振光．

用检偏器确定出射线偏振光的振动方向，进而判断出其所处的象限，再根据象限判断旋向（逆着光的传播方向看去若处于 1、3 象限，则为右旋偏振光；反之则为左旋偏振光）．

电磁学部分

实验 1.15　用伏安法测电阻

【引言】

导体对电流的阻碍作用称为导体的电阻，通常用“R”表示．电阻是电子电路中使用最多的元件，其主要物理特征是变电能为热能，也可以说它是一个耗能元件．电阻在电路中通常起限流、分流、降压、分压的作用．每个电阻都有一定的阻值，它与导体的材料、尺寸、温度有关．电阻的单位是欧姆，用符号“Ω”表示，其定义为在一个电阻的两端加上 1V 电压时，如果在这个电阻中有 1A 的电流通过，则这个电阻的阻值为 1Ω. 在实验中，我们通常利用欧姆定律测出电阻两端的电压和电流，根据公式计算出电阻值．

【实验目的】

学习并掌握伏安法测电阻的原理和方法．

了解并学会修正电表的接入误差．

根据误差要求学会合理选择实验仪器．

进一步学习选择变阻器来控制电路中的电压与电流．

【实验仪器】

电压可调直流电源、直流电流表、直流电压表、滑动变阻器、待测电阻、开关、导线等．

【实验原理】

1. 伏安法

用电压表测出待测电阻两端的电压 U，用电流表测出通过该电阻的电流 I，根据公式 $R=U/I$ 可算出待测电阻的阻值 R，这种方法称为伏安法．也可以测出多组不同的电压值以及所对应的电流值，以电压值为横坐标，电流值为纵坐标作图，所得曲线称为电阻的伏安特性曲线．由欧姆定律可以看出线性电阻两端的电压与流经它的电流成正比，因此，一般电阻的伏安特性曲线是一条直线．

(1) 电表的连接方法　用伏安法测电阻时，要同时测出待测电阻两端的电压和流经它的电流，因此电表的接法有两种．如图 1.15-1 所示为电流表内接，称为内接法；图 1.15-2 所示为电流表外接，称为外接法．由于所用电压表和电流表都不是理想电表，即电压表的内阻并非趋近无穷大，电流表也存在内阻，所以实验测量出的电阻值与真实值不同，存在误差，我们把这种误差称为接入误差．为了减小实验过程中的接入误差，需根据待测电

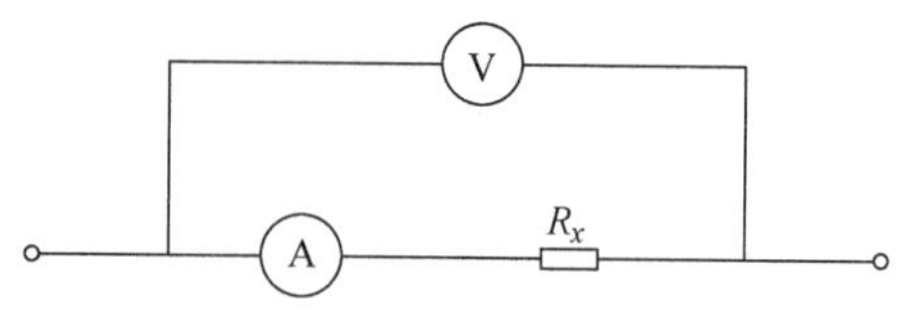

图 1.15-1　内接法测电阻

阻的大小，选取适合于该电阻的一种接法，同时为了得到待测电阻的准确值，还可以利用公式对结果修正．

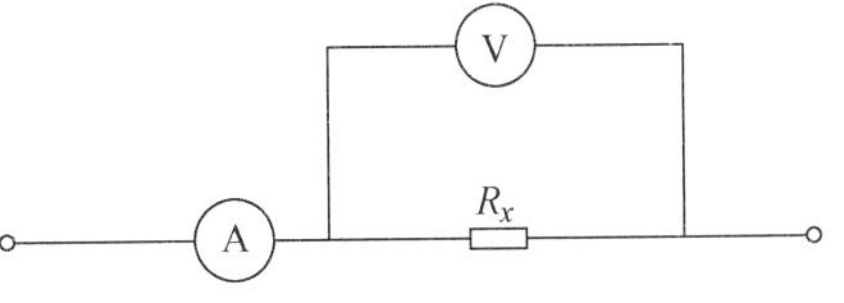

图 1.15-2　外接法测电阻

内接法：如图 1.15-1 所示，电流表的内阻为 R_A，电流表的测量值 I_x 为流过待测电阻和电流表的电流，电压表的测量值为待测电阻两端的电压 U_x 与电流表两端的电压 U_A 之和，即 $U=U_x+U_A$，由电阻定义公式可得待测电阻的测量值

$$R=\frac{U}{I_x}=\frac{U_x+U_A}{I_x}=R_x+R_A \tag{1.15-1}$$

从式（1.15-1）中可以看出 $R>R_x$，其主要原因来源于 R_A 的分压作用，此时电流表外接产生的接入误差（相对误差）为

$$\frac{\Delta R_x}{R_x}=\frac{R-R_x}{R_x}=\frac{R_A}{R_x} \tag{1.15-2}$$

如果 $R_A \ll R_x$，此时接入误差很小，R_A 的影响就可以忽略．想要得到待测电阻的准确值，可对结果进行修正，将计算结果减去电流表的内阻 R_A 即可．

外接法：如图 1.15-2 所示，电压表的内阻为 R_V，由于电压表内阻的存在，电压表的测量值 U 为待测电阻两端的电压，电流表的测量值 I_x 为流过待测电阻和电压表的电流之和，即 $I=I_x+I_V$. 由电阻定义式可得待测电阻的测量值

$$R=\frac{U}{I}=\frac{U}{I_x+I_v}=\frac{R_xR_V}{R_x+R_V} \tag{1.15-3}$$

从式（1.15-3）中可以看出 $R<R_x$，其误差主要来源于 R_V 的分流作用，此时电流表外接产生的接入误差（相对误差）为

$$\frac{\Delta R_x}{R_x}=\frac{R_x-R}{R_x}=\frac{1}{1+\frac{R_V}{R_x}} \tag{1.15-4}$$

当 $R_x \ll R_V$ 时，此时接入误差很小，R_V 的影响就可以忽略．想要得到待测电阻的准确值，同样可根据电压表的内阻 R_V 对结果进行修正，只需将 I_V 从总电流中减去即可．I_V 可由电压表的电压值 U、电压表的内阻 R_V，用公式 $I_V=\frac{U}{R_V}$ 求得．

（2）内接法与外接法的选择　由以上对伏安法测电阻电流表内、外接法的分析可知，当 $R_A \ll R$ 时，选择电流表内接法误差更小；当 $R_V \gg R$ 时，选择电流表外接法误差更小．但此分析只是定性给出了待测电阻 R 的一个大概的取值范围，在实际测量中面对具体的实验仪器和给定量值的电阻还需找出具体选择办法．由式（1.15-2）和式（1.15-4）可知，伏安法测电阻时的相对误差不仅与电流表和电压表的内阻有关，而且与待测电阻的大小也有关．设内接法和外接法分别测电阻时两相对误差相等，即

$$\frac{1}{1+\frac{R_V}{R_x}}=\frac{R_A}{R_x} \tag{1.15-5}$$

所以

$$R_x=\frac{R_A+\sqrt{R_A^2+4R_AR_V}}{2} \tag{1.15-6}$$

由于 $R_A \ll R_V$，所以有

$$R_x = \sqrt{R_A R_V} \tag{1.15-7}$$

当 $R_x = \sqrt{R_A R_V}$时，内接法和外接法测电阻的相对误差相等；

当 $R_x > \sqrt{R_A R_V}$时，采用内接法测电阻产生的误差较小；

当 $R_x < \sqrt{R_A R_V}$时，采用外接法测电阻产生的误差较小 .

2. 内、外接试触法

如果待测电阻的阻值完全未知，常采用内、外接试触法，连接方式如图 1. 15-3 所示 . 电压表右端 B 相接时两表的示数为 (U_1, I_1)，电压表右端与 C 相接时两表的示数为 (U_2, I_2)，如果$\frac{|U_1 - U_2|}{U_1} > \frac{|I_1 - I_2|}{I_1}$，即电流表的示数相对变化小，说明电流表的分压作用显著，待测电阻的阻值与电流表的内阻可以相比拟，误差主要来源于电流表，应选择电流表外接法；如果$\frac{|U_1 - U_2|}{U_1} < \frac{|I_1 - I_2|}{I_1}$，即电流表的示数相对变化大，说明电压表的分流作用显著，待测电阻的阻值与电压表的内阻可以相比拟，误差主要来源于电压表，应选择电流表内接法 .

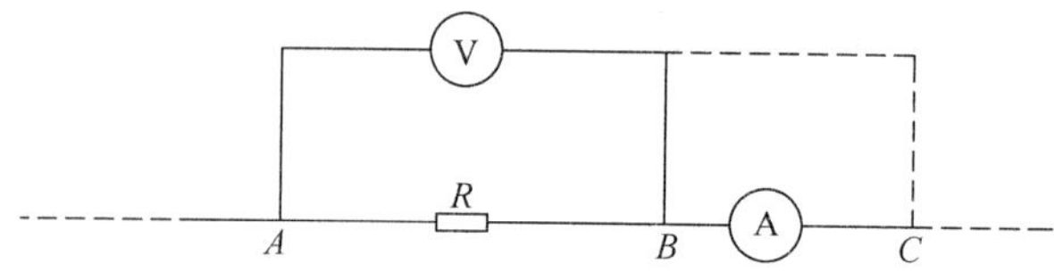

图 1. 15-3　内、外接试触法

3. 滑动变阻器的制流式接法与分压式接法的选择

由于电源的电动势一般是一个固定数值，在实验中常常需要电压连续可调，所以要在电路中接入滑动变阻器以满足实验需要 . 滑动变阻器控制电路有制流电路和分压电路两种接法，其主要内容详见本书实验 1. 16.

(1) 制流电路　如图 1. 15-4 所示，滑动变阻器电阻调到电阻值最大时，电路中仍有电流，电路中电流的变化范围为$\frac{E}{R_x + R_0}$到$\frac{E}{R_x}$，其中 E 为电源电动势（电源内阻不计）；R_0 为滑动变阻器的最大电阻 . 待测电阻 R_x 两端电压调节的范围为$\frac{ER_x}{R_x + R_0} \sim E$. 如果 $R_x \gg R_0$，电流变化范围小，变阻器起不到变阻作用，此时采用该接法就不能满足多次测量的要求 . 因此，当测量电路被等效为负载电阻 R_x，R_x 比较小时或电流、电压在测量过程要求变化范围

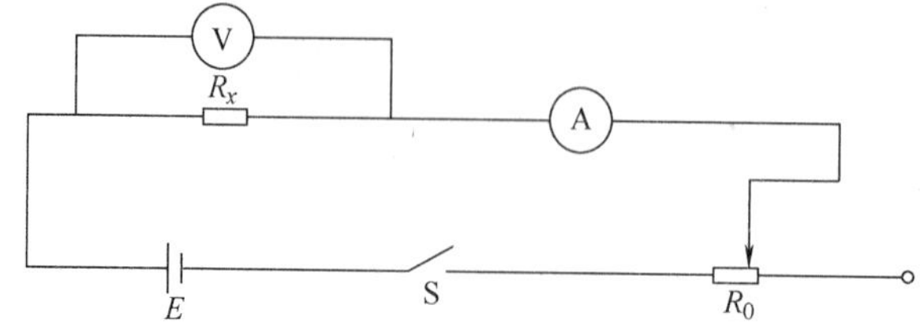

图 1. 15-4　制流电路

也比较小时，一般采用制流电路．有三种情况不采用制流电路：待测电阻值远大于变阻器的全部电阻值，即 $R_x \gg R_0$；要求待测电阻的电压、电流从零开始连续变化；电路中最小电流仍超过电流表最大量程或超过待测元件的额定电流．

（2）分压电路　如图 1.15-5 所示，待测电阻 R_x 两端电压的变化范围是 $0 \sim E$，其中 E 为电源电动势（电源内阻不计），电压调节范围比制流电路大．但是要选择分压电路还要注意以下问题：从图 1.15-5 中可得知，待测电阻 R_x 与 R_{AC} 并联，只有当 $R_{AC} \ll R_x$ 时，并联的电阻值 $\frac{R_x R_{AC}}{R_x + R_{AC}}$ 主要由 R_{AC} 决定 $\left(\frac{R_x R_{AC}}{R_x + R_{AC}} = \frac{R_{AC}}{1+\frac{R_{AC}}{R_x}} \approx R_{AC}，R_{AC} < R_0 \ll R_x\right)$，此时滑动 C 时，伏特表测得的电压 U_{AC} 才会均匀变化，调节起来方便．因此，选择分压电路时滑动变阻器的阻值 $R_S = U/I$ 必须小于待测电阻 R_x，且越小调节越均匀，

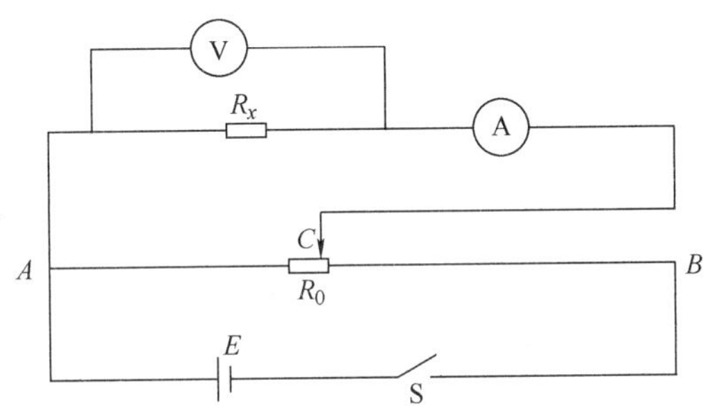

图 1.15-5　分压电路

$$U_{AC} = \frac{R_{AC} R_x}{R_0 R_x + (R_0 - R_{AC}) R_{AC}} E = \frac{R_{AC}}{R_0 + \frac{R_0 - R_{AC}}{R_x} R_{AC}} E \approx \frac{R_{AC}}{R_0} E, R_{AC} \leqslant R_0 \ll R_x$$

由于滑动变阻器的两个固定端与电源连成一个闭合回路，变阻器一直在消耗电能，所以滑动变阻器的阻值又不能太小，越小消耗的电能越多．因此，从兼顾分压均匀和减少电能消耗角度出发，一般取 $R_0 \leqslant \frac{1}{2} R_x$．滑动变阻器的额定电流要大于 $\frac{E}{R'}$，其中 R' 为 R_0 与 R_x 并联的阻值．

【实验内容】

了解各种仪器的性能并掌握使用方法．

观察、认识仪器，记录其主要规格和等级并填入表 1.15-1 中．

了解各仪器的结构，掌握它们的使用和读数方法．

根据待测电阻的大致阻值及滑动变阻器的阻值，判断测量时滑动变阻器的接法．

根据滑动变阻器及待测电阻的额定功率值，确定电源的最大工作电压．

根据待测电阻的大致阻值及额定功率，选择电表的合适量程．

在测量电阻不同测试点的伏安值时，要求在测量过程中不改变电压表、电流表的量程，因此，在测量前要进行量程的选择．选择量程的原则是：①电流表量程值 I_m 与电压表量程值 U_m 的乘积尽量接近（并小于）被测电阻的额定功率；②为了尽量利用同一量程电表的刻度值，要求电流表和电压表指针的摆角大致一致．

分别用内接法、外接法测电阻，注意电源开关应断开，检查电路并使其处于安全状态．分别用内接法和外接法测小电阻的阻值，然后再分别用内接法和外接法测大电阻的阻值，测量后把数据记入表 1.15-2 中．

分别利用所测的数据画出大、小两个电阻的伏安特性曲线．

分析测量结果，得出结论．

【实验数据记录】

表 1.15-1　仪器的规格和等级

	电　流　表	电　压　表	滑动变阻器
量程			
等级			
最大允差			
额定电流/A			
额定功率/W			

表 1.15-2　用外接法和内接法测大电阻的阻值

U/V	内　接　法			外　接　法		
	I/A	R_x/Ω	$\overline{R}_x/\Omega$	I/A	R_x/Ω	$\overline{R}_x/\Omega$

实验 1.16　制流电路与分压电路

【引言】

电路可以千变万化，但一个电路通常可以由电源、控制电路、测量电路三部分构成．测量电路一般先根据实验要求确定好．控制电路控制负载的电流和电压，使其数值和范围达到预定的要求．实验中常用的控制电路有制流电路和分压电路，其控制的元件主要是变阻器和变阻箱．

【实验目的】

熟悉电磁学实验的基本操作规程和用电安全知识．

掌握电磁学实验各种仪器的基本性能及使用方法．

研究制流与分压两种电路的连接方法、性能和特点．

【实验仪器】

滑动变阻器、直流电压表、直流电流表、万用电表、直流稳压电源、电阻箱、开关、导线．

【实验原理】

1. 制流电路

制流电路如图 1.16-1 所示，图中 E 为直流电源，R_0 为滑动变阻器，Ⓐ为电流表，R_Z 为负载，S 为电源开关．制流电路的原理是将滑动变阻器的滑动头 C 和任一固定端（如 A 端）串联在电路中，作为一个可变电阻，移动滑动头 C 的位置可以连续改变 AC 之间的电阻 R_{AC}，从而改变整个电路的电流 I，其中

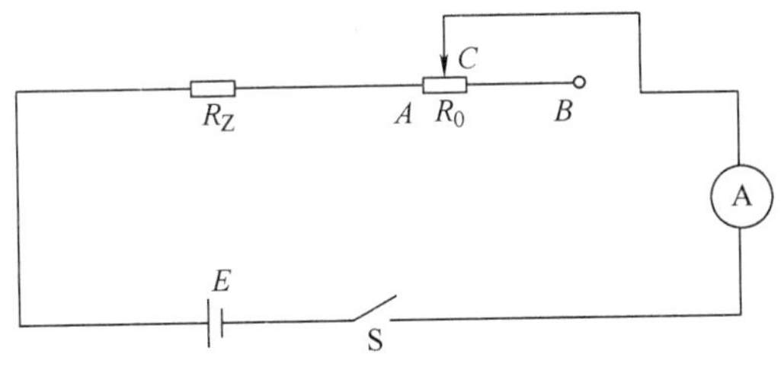

图 1.16-1　制流电路

$$I=\frac{E}{R_Z+R_{AC}}\ (E\text{ 为电源电动势}) \tag{1.16-1}$$

当滑动头 C 滑至变阻器 A 端时，$R_{AC}=0$，有

$$I_{max}=\frac{E}{R_Z} \tag{1.16-2}$$

$$U_{max}=E \tag{1.16-3}$$

当滑动头 C 滑至变阻器 B 端时，$R_{AC}=R_0$，有

$$I_{min}=\frac{E}{R_0+R_Z}$$

$$U_{min}=\frac{R_Z}{R_0+R_Z}E \tag{1.16-4}$$

这样，该电路的电压调节范围为

$$\frac{R_Z}{R_0+R_Z}E\to E \tag{1.16-5}$$

与此对应的电流变化为

$$\frac{E}{R_0+R_Z}\to\frac{E}{R_Z} \tag{1.16-6}$$

当滑动头 C 滑至任意位置时，通过负载 R_Z 的电流 I 为

$$I=\frac{E}{R_Z+R_{AC}}=\frac{\frac{E}{R_0}}{\frac{R_Z}{R_0}+\frac{R_{AC}}{R_0}}=\frac{I_{max}P}{P+X} \tag{1.16-7}$$

式中，取 $P=\frac{R_Z}{R_0}$；$X=\frac{R_{AC}}{R_0}$. 以 X 为横轴，I_{max} 为纵轴建立坐标系，作不同 P 值的制流特性曲线，如图 1.16-2 所示．从曲线可以清楚地看到制流电路有以下几个特点：

P 越大电流调节范围越小；

当 $P\geqslant 1$ 时调节的线性较好；

当 P 较小时（即 $R_0\geqslant R_Z$），越接近 0 时电流变化越大，细调程度越差；

不论 R_0 大小如何，负载 R_Z 上通过的电流都不可能为零．

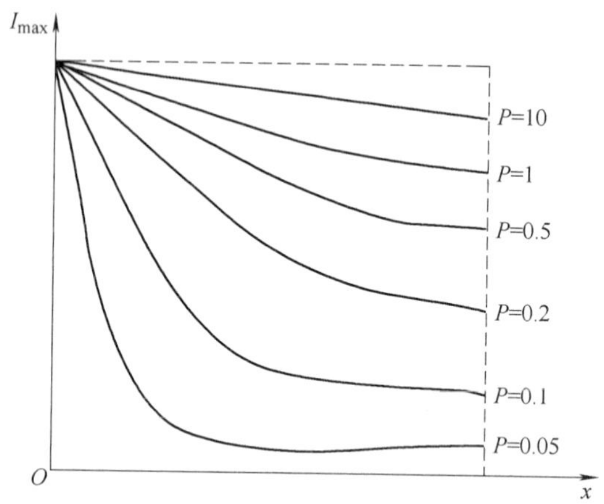

图 1.16-2　制流电路的 P 值特性

制流电路的电流是靠滑动变阻器滑动端位置移动来改变的，最少位移是一圈，因此一圈 ΔR_0 的大小就决定了电流的最小改变量．因为

$$I=\frac{E}{R_{AC}+R_Z} \tag{1.16-8}$$

对式（1.16-8）微分有

$$\Delta I=\frac{\partial I}{\partial R_{AC}}=\frac{-E}{(R_{AC}+R_Z)^2}\Delta R_{AC} \tag{1.16-9}$$

所以

$$|\Delta I|_{\min}=\frac{I^2}{E}\Delta R_0=\frac{I^2}{E}\Delta R_0=\frac{I^2}{E}\frac{R_0}{N} \tag{1.16-10}$$

在式（1.16-10）中，N 为变阻器总圈数．从式（1.16-10）可见，当电路中的 E、R_Z、R_0 确定后，ΔI 与 I^2 成正比，故电流越大，则细调越困难．假如负载的电流在最大时能满足细调要求，而小电流时也能满足要求，这就要使 $|\Delta I|_{\max}$ 变小，而 R_0 不能太小，否则会影响电流的调节范围，所以只能使 N 变大，由于 N 变大会使变阻器体积变得很大，故 N 又不能增得太多，因此经常再串联一个变阻器，采用二级制流，如图 1.16-3 所示，其中 R_{10} 阻值大，作为粗调；R_{20} 阻值小，作为细调．一般取 $R_{20}=\frac{R_{10}}{10}$，但 R_{10}、R_{20} 的额定电流必须大于

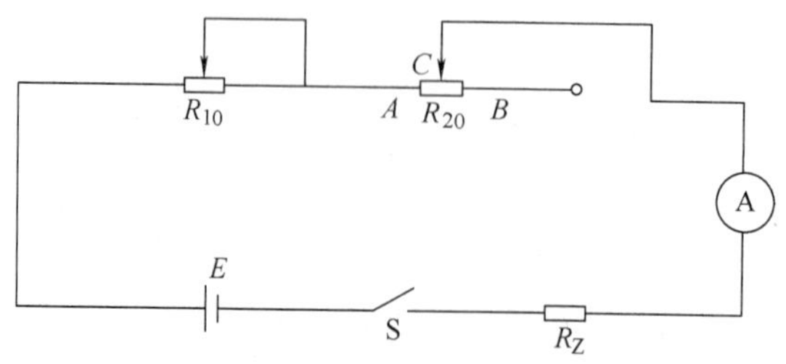

图 1.16-3　分压电路

电路中的最大电流．

2. 分压电路

分压电路如图 1.16-3 所示，电源 E 与滑动变阻器两个固定端 A、B 相接，负载连接在变阻器滑动端 C 和固定端 A（或 B）上，当滑动头 C 由 A 端滑至 B 端，负载上电压由 0 变到 E，调节的范围与变阻器的阻值无关．当滑动头 C 在任一位置时，AC 两端的分压值 U 为

$$\begin{aligned} U &= \frac{E}{\dfrac{R_Z R_{AC}}{R_Z + R_{AC}} + R_{BC}} \frac{R_Z R_{AC}}{R_Z + R_{AC}} = \frac{R_Z R_{AC}}{R_Z R_{AC} + R_{BC}(R_Z + R_{AC})} E \\ &= \frac{R_Z R_{AC}}{R_Z(R_{AC} + R_{BC}) + R_{BC} R_{AC}} E = \frac{R_Z R_{AC}}{R_Z R_0 + R_{BC} R_{AC}} E \\ &= \frac{\dfrac{R_Z}{R_0} R_{AC}}{R_Z + R_{BC} \dfrac{R_{AC}}{R_0}} E = \frac{P R_{AC}}{R_Z + R_{BC} X} E \end{aligned} \tag{1.16-11}$$

式中，$R_0 = R_{AC} + R_{BC}$；$P = \dfrac{R_Z}{R_0}$；$X = \dfrac{R_{AC}}{R_0}$. 以 x 为横轴，U_{max} 为纵轴建立坐标系，作不同 P 值的分压特性曲线，如图 1.16-4 所示．

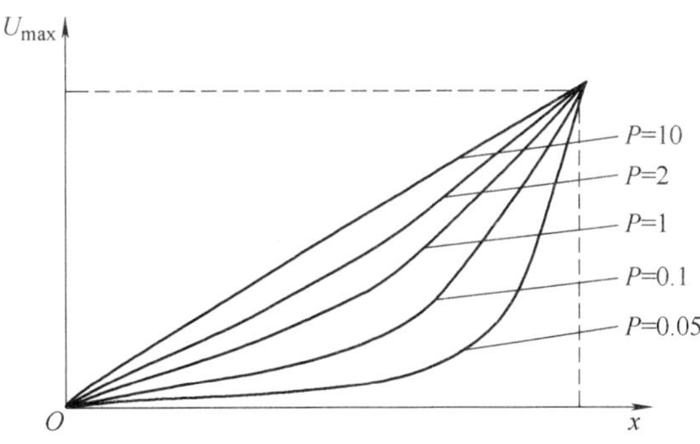

图 1.16-4　分压特性曲线

从曲线可以清楚看出分压电路有以下特点：

不论 R_0 大小如何，负载 R_Z 的电压调节范围均可以从 0 变化到 E；

P 越小电压调节越不均匀；

P 越大电压调节越均匀，因此，要使电压 U 在 $0 \sim U_{max}$ 整个范围内均匀变化，取 $P>1$ 比较合适，实际上 $P=2$ 那条曲线可近似作为直线，故取 $R_0 = \dfrac{R_Z}{2}$ 可认为电压调节已达到一般均匀的要求了．

3. 制流电路与分压电路的差别与选择

调节范围：分压电路的电压调节范围大，可以在 $0 \sim E$ 之间；而制流电路电压调节范围较小，只能在 $\dfrac{R_Z}{R_0 + R_Z} E \sim E$ 之间．

细调程度：当 $R_0 \leqslant \frac{R_Z}{2}$ 时，在整个调节范围内调节基本均匀，但制流电路可调范围小；负载上的电压值小，能调得较精细，而电压值大时调节变得很粗．

功率损耗：使用同一变阻器，分压电路比制流电路消耗的功率大．

基于以上差别，当负载电阻较大、调节范围较宽时，选分压电路；反之，当负载电阻较小、功耗较大、调节范围不太大的时，则选用制流电路．若一级电路不能达到细调的要求，则可采用二级制流（或二段分压）的方法满足细调要求．

【实验内容】

了解各种仪器的性能并掌握使用方法．

观察、认识仪器，记录其主要规格和等级并记入表 1.16-1 中．

了解各仪器的结构，掌握它们的使用和读数方法．

1．制流电路特性的研究

按照图 1.16-1 连接电路．分别取 $P=0.5$、$P=1$、$P=2\left(P=\frac{R_Z}{R_0}\right)$，移动变阻器滑动头 C，在电流从小到大的变化过程中测量 8～10 次电流值及相应滑动头 C 在标尺上的位置 L，并记下滑动变阻器绕线部分的总长度 L_0，以 $x\left(\frac{L}{L_0}=\frac{R_{AC}}{R_0}=x\right)$ 为横坐标，I 为纵坐标作制流特性曲线．相关测量数据填入表 1.16-2 中．

2．分压电路特性的研究

按照图 1.16-3 连接电路．分别取 $P=0.5$、$P=1$、$P=2$，移动滑动变阻器的滑动头 C，使加在负载 R_Z 上的电压从小到大变化，在此过程中测量 8～10 次电压值及相应滑动头 C 在标尺上的位置 L，并记下滑动变阻器绕线部分的总长度 L_0，相关测量数据填入表 1.16-3 中．以 $x\left(\frac{L}{L_0}=\frac{R_{AC}}{R_0}=x\right)$ 为横坐标，U_{AC} 为纵坐标作分压特性曲线．

【注意事项】

注意电流表和电压表的接法，不要超过电表的量程．

注意滑动变阻器连入电路的接线方法．

为保护电源和电表，在制流电路中先将滑动变阻器调到阻值最大位置；在分压电路中先将滑动变阻器调到阻值最小位置．

【实验数据记录】

表 1.16-1　仪器的规格和等级

	电流表	电压表	电阻箱
量程			
等级			
最大允差			
额定电流/A			
额定功率/W			

表 1.16-2　制流电路特性研究

$P=0.5$		$P=1$		$P=2$	
$R_Z=$ Ω	$R_0=$ Ω	$R_Z=$ Ω	$R_0=$ Ω	$R_Z=$ Ω	$R_0=$ Ω
I/A	L/mm	I/A	L/mm	I/A	L/mm

表 1.16-3　分压电路特性研究

$P=0.5$		$P=1$		$P=2$	
$R_Z=$ Ω	$R_0=$ Ω	$R_Z=$ Ω	$R_0=$ Ω	$R_Z=$ Ω	$R_0=$ Ω
U/V	L/mm	U/V	L/mm	U/V	L/mm

实验 1.17　二极管伏安特性的测量

【引言】

电路中的电学元件，按照其电流电压曲线特性（伏安特性）是否为线性，可分为线性元件和非线性元件．很多定值电阻一般为线性元件，而非线性电阻、半导体二极管和晶体管、光敏、热敏和压敏元件等为非线性电子元件，知道这些元件的伏安特性，对正确地使用它们是至关重要的．本实验利用滑动变阻器的分压接法，通过电压和电流表正确地测出非线性元件二极管的电压与电流的变化关系，从而掌握二极管的非线性特性。

【实验目的】

进一步掌握测量伏安特性的基本方法．

学会直流电源、滑动变阻器、电压表、电流表、电阻箱等仪器的正确使用方法．

了解二极管的伏安特性．

【实验仪器】

直流稳压电源、电流表、电压表、滑动变阻器、可变电阻箱、开关、待测二极管．

【实验原理】

二极管的伏安特性

在某一电学元件两端加上直流电压，元件内就会有电流通过，通过元件的电流与端电压之间的关系称为电学元件的伏安特性．电压 U 的单位为 V；电流 I 的单位为 A；电阻 R 的单位为 Ω．一般以电压为横坐标，以电流为纵坐标作出元件的电压和电流的关系曲线，称为该元件的伏安特性曲线．

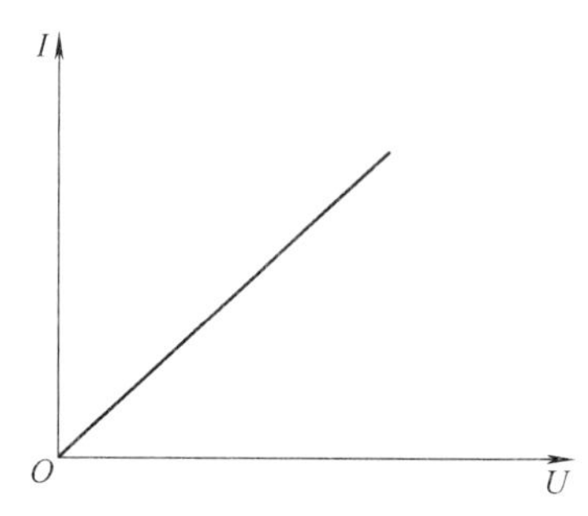

图 1.17-1　线性原件伏安特性曲线

对于碳膜电阻、金属膜电阻、线绕电阻等电学元件，在通常情况下，通过元件的电流与加在元件两端的电压成正比关系，即其伏安特性曲线为一直线，这类元件称为线性元件，其伏安特性曲线如图 1.17-1 所示．

晶体二极管又称半导体二极管．半导体的导电性能介于导体和绝缘体之间．如果在纯净的半导体材料中适当掺入极微量的Ⅲ、Ⅴ族元素作为杂质，则半导体的导电能力就会得到极大的提高。根据掺杂类型的不同，半体中的杂质可分成两种类型：n 型掺杂和 p 型掺杂．其中 p 型掺杂后半导体内存在大量的空穴，n 型掺杂后半导体内出现大量的电子，更详细的内容可参考刘恩科、罗晋生主编的《半导体物理学》教材（第 7 版，电子工业出版社，2017）．p 型掺杂和 n 型掺杂的两种半导体材料结合后，会形成 pn 结。关于 pn 结的形成和导电性能可做如下解释：

当 p 型半导体和 n 型半导体结合在一起时，在交界面处就出现自由电子和空穴的浓度差别，p 区中空穴的浓度比 n 区的大，空穴便由 p 区向 n 区扩散；同样，由于 n 区的电子浓度比 p 区大，电子便由 n 区向 p 区扩散．随着扩散的进行，p 区空穴减少，出现了一层带负电的粒子区；n 区的电子减少，出现了一层带正电的粒子区．结果在 p 型与 n 型半导体交界面的两侧附近便形成了带正、负电的薄层区，称为 pn 结．这个带电薄层内的正、负电荷产生了一个电场，其方向恰好与载流子（电子、空穴）扩散运动的方向相反，使载流子的扩散受到内电场的阻力作用，因此这个带电薄层又称为阻挡层．当扩散作用与内电场作用相等时，p 区的空穴和 n 区的电子不再减少，阻挡层也不再增加，达到动态平衡．当 pn 结加上正向电压（p 区接正，n 区接负）时，外电场与内电场方向相反，因而削弱了内电场，使阻挡层变薄，这样，载流子就能顺利地通过 pn 结，形成比较大的电流．因此，pn 结在正向导电时电阻很小．当 pn 结加上反向电压（p 区接负，n 区接正）时，外加电场与内电场方向相同，因而加强了内电场的作用，使阻挡层变厚，这样，只有极少数载流子能够通过 pn 结，形成很小的反向电流，所以 pn 结的反向电阻很大．

半导体二极管就是 p 型、n 型半导体材料制成 pn 结，经欧姆接触工艺引出电极，封装而成．两个电极分别为正极、负极．二极管的主要特点是单向导电性，其伏安特性曲线如图 1.17-2 所示，其特性是：在正向电流和反向电压较小时，伏安特性呈现为单调上升曲线；在正向电流较大时，趋近为一条直线；在反向电压较大时，电流趋近极限值 $-I_s$，I_s 称为反向饱和电流；在反向电压超某一数值 $-U_b$ 时，电流急剧增大，这种情况称为击穿，U_b 称为击穿电压．正向导通后鍺管的正向电压降为 0.2～0.3V，硅管为 0.6～0.8V.

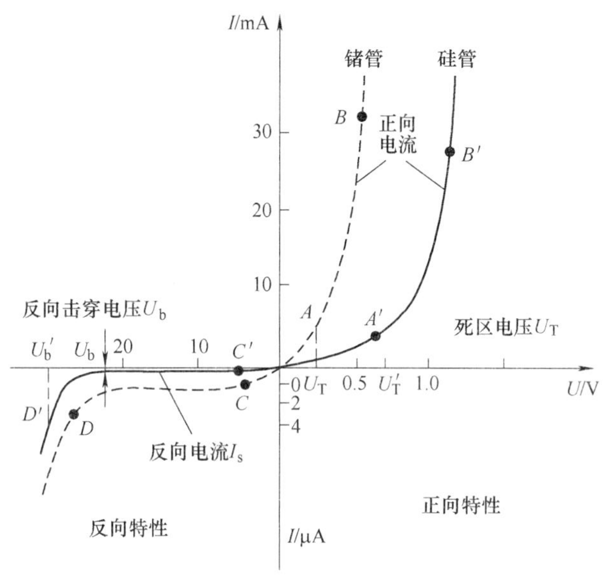

图 1.17-2　二极管的伏安特性

二极管的主要参数如下：

最大整流电流 I_f，即二极管正常工作时允许通过的最大正向平均电流．

最大反向电压 U_f，一般为反向击穿电压的一半．

反向电流 I_r，是反向饱和电流的额定值．

由于二极管具有单向导电性，它在电子电路中得到了广泛应用，常用于整流、检波、限幅、元件保护以及在数字电路中作为开关元件．

【实验内容】

1. 认识二极管的基本特性

记录所用二极管型号和主要参数（即最大正向电流和最大反向电压）.

根据二极管元件上的标志来判断其正、反向（正、负极）.

用万用表欧姆挡测量其正、反向阻值，从而判断二级管的正、负极（指针式万用表处于欧姆挡时，负笔为正电位，正笔为负电位；数字式万用表则相反）.

2. 测量二极管的伏安特性

(1) 测二极管的正向特性　因为二极管的正向电阻很小，所以按图 1.17-3 接好电路．将滑动变阻器的滑动头放在分压最小位置．图中的 R_2 为保护电阻，用以限流．

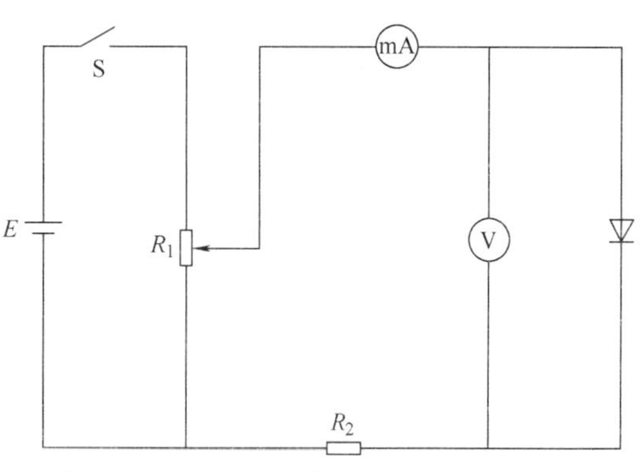

图 1.17-3　测量二极管正向特性曲线线路图

接通电源前应调节电源 E 使其输出电压约为 3V，合上开关 S，移动滑动头逐渐增加电压，记下电压表和电流表的示值，测 8 组数据，最后关断电源（在本实验中，硅管电压范围在 1V 以内，电流应小于最大正向电流，可据此选用电表量程．表格上方应注明各电表量程及相应误差)．

(2) 测二极管的反向特性　按图 1.17-4 接好线路，将滑动变阻器滑动头调到分压最小位置．

合上开关 S，移动滑动头逐渐增加电压，从 0V 开始，一直到略小于最高反向工作电压为止，记下每次的电压表和电流表的示值，测 8 组数据．

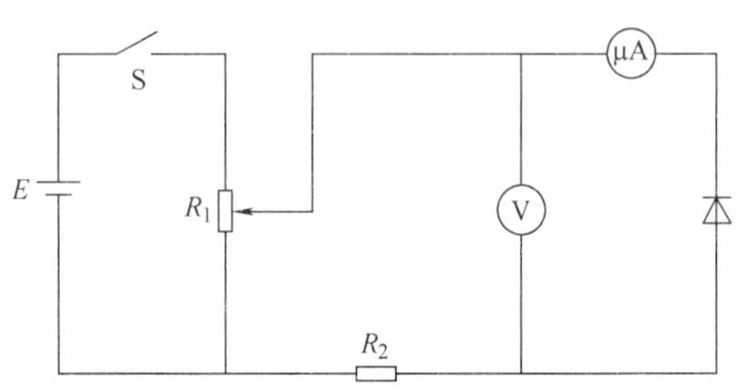

图 1.17-4　测量二极管反向特性曲线线路图

按表 1.17-1 和表 1.17-2 的数据进行等精度作图，画出二极管正向伏安特性曲线．

对正向特性表 1.17-1 的数据进行线性拟合，验证二极管特性方程 $I_D=10I_C(e^{\frac{U}{U_T}}-1)(k\Omega)$．(常温下，$U_T=26mV$)

【实验数据记录】

表 1.17-1　二极管正向伏安特性曲线测定

测量序数	1	2	3	4	5	6	7	8
U/V								
I/mA								

表 1.17-2　二极管反向伏安特性曲线测定

测量序数	1	2	3	4	5	6	7	8
U/V								
I/mA								

实验 1.18　静电场的描绘

【引言】

静止的带电物体周围存在静电场，电场的分布是由电荷的分布决定的．如果带电物体的大小、形状、位置和所带的电荷量确定之后，那么电场的分布，即空间各点的电场强度和电位就完全确定了．除极简单的情况可以从理论上计算之外，大多数情况下求不出电场分布的解析解，因此只能靠数值解法求出或用实验方法测出电场分布．模拟法本质上就是利用几何形状和物理规律在形式上相似的原理，把不便于直接测量的物理量在相似条件下间接地反映出来．

【实验目的】

学习用模拟方法来测绘具有相同数学形式的物理场．

描绘出分布曲线及场量的分布特点．

加深对各物理场概念的理解．

初步学会用模拟法测量和研究二维静电场．

【实验原理】

（以模拟长同轴圆柱形电缆的静电场为例）

稳恒电流场与静电场是两种不同性质的场，但是它们两者在一定条件下具有相似的空间分布，即两种场遵守的规律在形式上相似，都可以引入电位 V，电场强度 $E=-\nabla V$，都遵守高斯定律．对于静电场，电场强度在无源区域内满足以下积分关系

$$\oint_S \overline{E}\ \overline{\mathrm{d}S}=0 \tag{1.18-1}$$

$$\oint_S \overline{E}\ \overline{\mathrm{d}l}=0 \tag{1.18-2}$$

对于稳恒电流场，电流密度矢量 $\boldsymbol{j}$ 在无源区域内也满足类似的积分关系

$$j\ \overline{\mathrm{d}S}=0 \tag{1.18-3}$$

$$j\ \overline{\mathrm{d}l}=0 \tag{1.18-4}$$

由此可见 $\boldsymbol{E}$ 和 $\boldsymbol{j}$ 在各自区域中满足同样的数学规律．在相同边界条件下具有相同的解析解．因此，可以用稳恒电流场来模拟静电场．

在模拟的条件上，要保证电极形状一定，电极电位不变，空间介质均匀，在任何一个考察点，均应有“$V_{稳恒}=V_{静电}$”或“$\boldsymbol{E}_{稳恒}=\boldsymbol{E}_{静电}$”．下面具体到本实验来讨论这种等效性．

1. 同轴电缆及其静电场分布

如图 1.18-1a 所示，在真空中有一半径为 r_a 的长圆柱形导体 A 和一内半径为 r_b 的长圆筒形导体 B，它们同轴放置，分别带等量异号电荷．由高斯定理知，在垂直于轴线的任一截面 S 内，都有均匀分布的辐射状电场线，这是一个与坐标 z 无关的二维场．在二维场中，电场强度 $\boldsymbol{E}$ 平行于 xy 平面，其等位面为一簇同轴圆柱面．因此，只要研究 S 面上的电场分布即可．

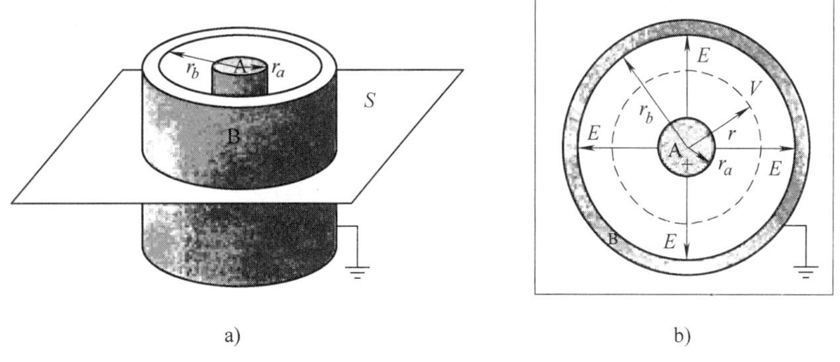

图 1.18-1　同轴电缆及其静电场分布

由静电场中的高斯定理可知，距轴线的距离为 r 处（见图 1.18-1b）各点电场强度为

$$E=\frac{\lambda}{2\pi\varepsilon_0 r}$$

式中，λ 为柱面每单位长度的电荷量；ε_0 为介电常数．其电位为

$$V_r=V_a-\int_{r_a}^{r}\boldsymbol{E}\mathrm{d}\boldsymbol{r}=V_a-\frac{\lambda}{2\pi\varepsilon_0}\ln\frac{r}{r_a} \tag{1.18-5}$$

当 $r=r_b$ 时，$V_b=0$，则有

$$\frac{\lambda}{2\pi\varepsilon_o}=\frac{V_a}{\ln\frac{r}{r_a}} \tag{1.18-6}$$

代入式（1.18-5），得

$$V_r=V_a\frac{\ln\frac{r_b}{r}}{\ln\frac{r_b}{r_a}} \tag{1.18-7}$$

$$E_r=-\frac{\mathrm{d}V_r}{\mathrm{d}r}=\frac{V_a}{\ln\frac{r_b}{r_a}}\frac{1}{r} \tag{1.18-8}$$

2. 同柱圆柱面电极间的电流分布

若上述圆柱形导体 A 与圆筒形导体 B 之间充满了电导率为 σ 的不良导体，A、B 与电源正负极相连接（见图 1.18-2），A、B 间将形成径向电流，建立稳恒电流场 E'_r，可以证明，在均匀的导体中的电场强度 E'_r 与原真空中的静电场 E_r 的分布规律是相似的 .

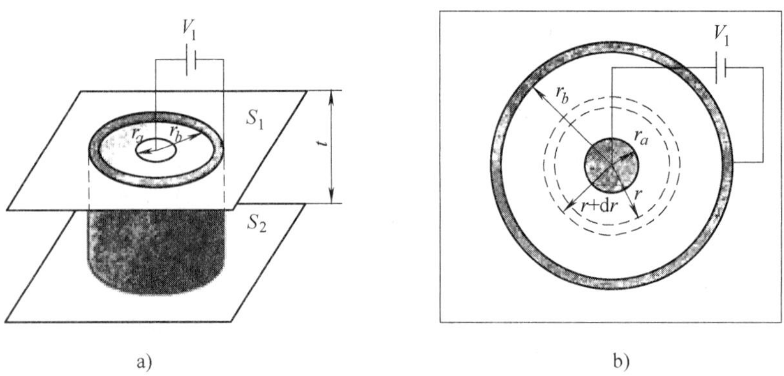

图 1.18-2　同轴电缆的模拟模型

取厚度为 t 的圆轴形同轴不良导体片为研究对象，设材料电阻率为 ρ（$\rho=1/\sigma$），则任意半径 r 到 $r+\mathrm{d}r$ 的圆周间的电阻是

$$\mathrm{d}R=\rho\frac{\mathrm{d}r}{s}=\rho\frac{\mathrm{d}r}{2\pi rt}=\frac{\rho}{2\pi t}\frac{\mathrm{d}r}{r} \tag{1.18-9}$$

则半径为 r 到 r_b 之间的圆柱片的电阻为

$$R_{rr_b}=\frac{\rho}{2\pi t}\int_r^{r_b}\frac{\mathrm{d}r}{r}=\frac{\rho}{2\pi t}\ln\frac{r_b}{r} \tag{1.18-10}$$

总电阻为（半径 r_a 到 r_b 之间圆柱片的电阻）

$$R_{r_ar_b}=\frac{\rho}{2\pi t}\ln\frac{r_b}{r_a} \tag{1.18-11}$$

设 $V_b=0$，则两圆柱面间所加电压为 V_a，径向电流为

$$I=\frac{V_a}{R_{r_ar_b}}=\frac{2\pi tV_a}{\rho\ln\frac{r_b}{r}} \tag{1.18-12}$$

距轴线 r 处的电位为

$$V_r' = IR_{r_a r_b} = V_a \frac{\ln \frac{r_b}{r}}{\ln \frac{r_b}{r_a}} \tag{1.18-13}$$

则 E_r' 为

$$E_r' = -\frac{\mathrm{d}V_r'}{\mathrm{d}r} = \frac{V_a}{\ln \frac{r_b}{r_a}} \frac{1}{r} \tag{1.18-14}$$

由以上分析可见，V_r 与 V_r'、$\boldsymbol{E}_r$ 与 $\boldsymbol{E}_r'$ 的分布函数完全相同．为什么这两种场的分布相同呢？我们可以从电荷产生场的观点加以分析．在导电介质中没有电流通过时，其中任一体积元（宏观小、微观大、其内仍包含大量原子）内正负电荷数量相等，没有净电荷，呈电中性．当有电流通过时，单位时间内流入和流出该体积元内的正或负电荷数量相等，净电荷为零，仍然呈电中性．因而，整个导电介质内有电流通过时也不存在净电荷．这就是说，真空中的静电场和有稳恒电流通过时导电介质中的场都是由电极上的电荷产生的．事实上，真空中电极上的电荷是不动的，在有电流通过的导电介质中，电极上的电荷一边流失，一边由电源补充，在动态平衡下保持电荷的数量不变．因此，这两种情况下电场分布是相同的．表 1.18-1 给出了几种典型静电场的模拟电极形状及相应的电场分布．

表 1.18-1　几种典型静电场的模拟电极形状及相应的电场分布

极　　型	模拟板形式	等位线、电力线理论图形
长平行导线 （输电线）		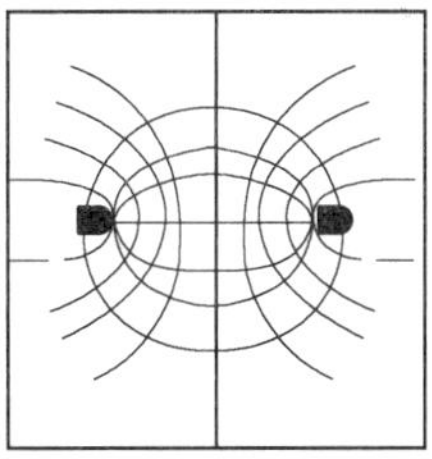
长同轴圆筒 （同轴线缆）	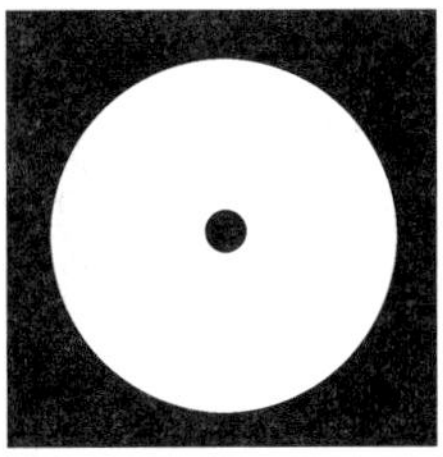	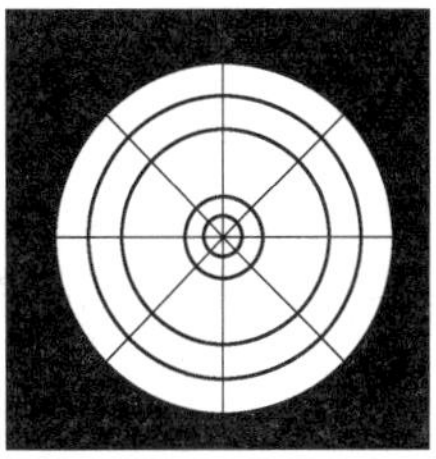
劈尖型电极		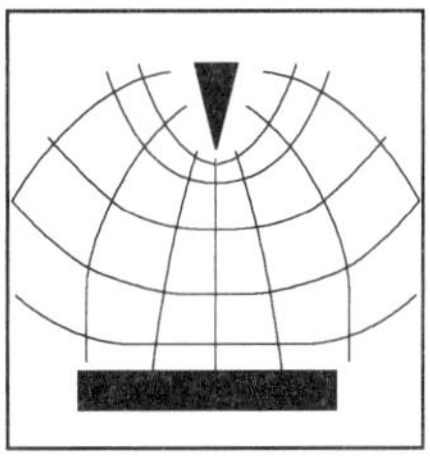

（续）

极　　型	模拟板形式	等位线、电力线理论图形
模拟聚焦电极	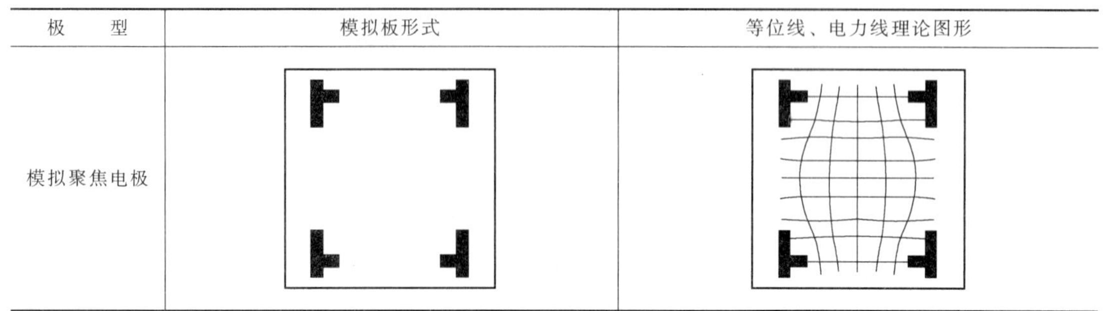	

【实验仪器】

GVZ-4 型导电微晶静电场描绘仪（包括四种导电微晶电极板，在箱体内上下固定，单笔探针），同心圆采用极坐标，其他电极采用直角坐标，电极已直接制作在导电微晶上，并将电极引线直接接到外接线柱上，电极间有电导率远小于电极且各向均匀的导电介质．接通直流电源（10V）就可以进行实验．在导电微晶上用测试笔找到测点后，并在坐标纸上留下一个对应的标记．移动测试笔在导电微晶上，找出若干电位相同的点，由此即可描绘出等位线．

【实验内容】

电场强度 $\boldsymbol{E}$ 在数值上等于电位梯度，方向指向电位降落的方向．考虑到 $\boldsymbol{E}$ 是矢量，而电位 V 是标量，从实验测量来讲，测定电位比测定电场强度容易实现，所以可先测绘等位线，然后根据电场线与等位线正交的原理，画出电场线，这样，就可由等位线的间距确定电场线的疏密和指向，将抽象的电场形象地反映出来．

1. 描绘同轴电缆的静电场分布

利用图 1.18-2b 所示模拟模型，将导电微晶上内外两电极分别与直流稳压电源的正负极相连接，电压表正负极分别与同步探针及电源负极相连接，电源电压调到 10V，将记录纸铺在上层平板上，从 1 V 开始，平移同步探针，用导电微晶上方的探针找到等位点后，按一下记录纸上方的探针，测出一系列等位点，共测 9 条等位线，在每条等位线上找 10 个以上的点．以每条等位线上各点到原点的平均距离 r 为半径画出等位线的同心圆簇，然后根据电场线与等位线正交原理画出电场线，并指出电场强度的方向，得到一张完整的电场分布图．在坐标纸上作出相对电位 V_R/V_a 和 $\ln r$ 的关系曲线，并与理论结果比较，再根据曲线的性质说明等位线是以内电极中心为圆心的同心圆．

若测出内、外两圆柱形电极半径 r_a 和 r_b，就可以在半对数坐标纸上把各等（势位）线的电（势位）与其半径的关系进行定量分析．

2. 描绘一个劈尖电极和一个条形电极形成的静电场分布（见图 1.18-3）

将电源电压调到 10V，将坐标纸铺在平板上，从 1 V 开始，测试笔开始在导电微晶上方找到等位点后，在坐标纸上留下一个对应的标记，测出一系列等位点，共测 9 条等位线，每条等位线上找 10 个以上的点，在电极端点附近应多找几个等位点，画出等位线，再作出电场线．在作电场线时要注意：电场线与等位线正交，导体表面是等位面，电场线垂直于导体

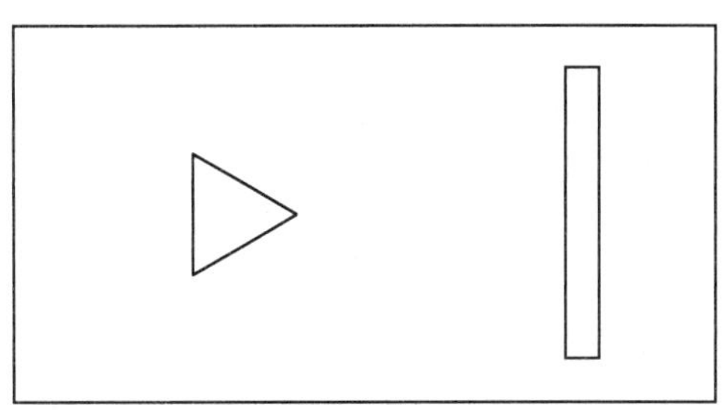

图 1.18-3　劈尖形电极

表面，电场线发自正电荷而中止于负电荷，疏密要表示出电场强度的大小，根据电极正、负画出电场线方向 .

描绘模拟聚焦电极和长平行导线间的电场分布图（方法与上面类似，略 .）.

将从上实验数据填入表 1.18-2 中 .

【实验数据记录】

$R_A=$________Ω（测量值），$R_B=$________Ω（测量值），$V_A=$________V.

表 1.18-2　静电场的描绘数据记录

V_r/V_A						
$r_{测}$/mm						
$\ln r_{测}$						
$\Delta r=\lvert r_{理}-r_{测}\rvert$/mm						
$E_r=\Delta r/r_{理}$						
R'_A（理论值）/Ω						
R'_B（理论值）/Ω						
$\Delta R_A=\lvert R'_A-R_A\rvert$/Ω						
$\Delta R_B=\lvert R'_B-R_B\rvert$/Ω						
$E_{RA}=\Delta R_A/R'_A$						
$E_{RB}=\Delta R_B/R'_B$						

第 2 章　专业物理实验

力 学 部 分

实验 2.1　在气垫导轨上测量滑块的速度和加速度

【引言】

在力学实验中，人们设计了各种各样的气垫，将物体（滑块）悬浮起来，最大限度地减小摩擦阻力，使之近似地做无摩擦的运动．常见的气垫有圆柱状气垫、二维平面气垫和一维直线气垫．一维直线气垫常常又被称为气垫导轨，简称气轨．

应用气垫导轨装置可以测量运动物体的速度、匀加速运动的加速度；可以研究匀速直线运动、重力势能和平动能的转换；可以研究弹簧振子的运动、谐振动；还可以验证一些力学定律，如牛顿第二定律、动量守恒定律等．

【实验目的】

熟悉气垫导轨装置并掌握 MUJ-6B 电脑通用计数器的使用方法．

学习测定速度与加速度的方法，在斜面上验证匀加速直线运动的公式．

【实验仪器】

气垫导轨、MUJ-6B 电脑通用计数器、滑块、托盘、砝码．

【实验原理】

1. 速度的测量

如图 2.1-1 所示，在滑块上装一宽度为 Δx 的挡光片（见图 2.1-2），当滑块经过放置在气垫导轨上的光电门时，挡光片将遮住照在光电元件上的光．因为挡光片的宽度是一定的，所以遮光时间的长短与物体通过光电门的速度成反比．测出挡光片的宽度 Δx 和遮光时间 Δt，就可算出滑块通过光电门的平均速度为

$$v=\frac{\Delta x}{\Delta t} \tag{2.1-1}$$

由于 Δx 比较小，在 Δx 范围内滑块的速度变化小，故可以把 v 看成是滑块经过光电门的瞬时速度．如果滑块做匀速直线运动，则瞬时速度与平均速度处处相等，滑块通过气垫导轨上任一位置的光电门时，数字毫秒计上显示的时间应近似相等．

2. 加速度的测量

在导轨上相距 s 的两处放置两光电门，滑块与系有砝码盘的细线通过导轨定滑轮相连

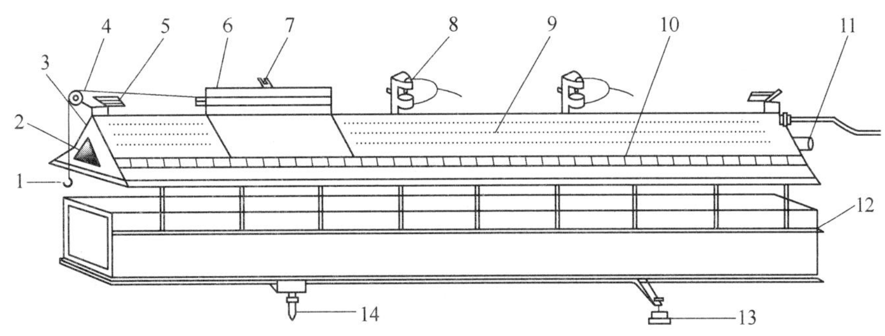

图 2.1-1　气垫导轨示意图

1—挂钩　2—封闭口　3—导轨　4—滑轮　5—弹性碰撞器　6—滑块　7—挡光片　8—光电门
9—喷气小孔　10—标尺　11—进气嘴　12—底座　13—支脚螺钉　14—支点螺钉

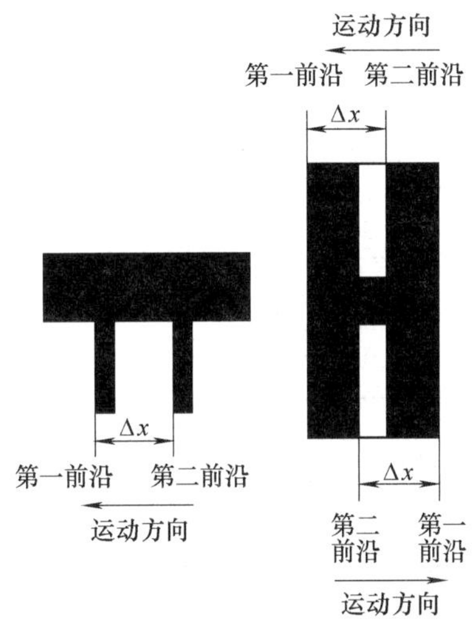

图 2.1-2　挡光片

接，在拉力的作用下滑块将在导轨上做匀加速直线运动，测出滑块通过两光电门时的速度 v_1 和 v_2，则滑块的加速度 a 等于

$$a=\frac{v_2^2-v_1^2}{2s} \tag{2.1-2}$$

【实验内容】

1. 气垫导轨的调平

接通气源，将 MUJ-6B 电脑通用计数器选在“s”挡，测量单位选在“ms”挡，推动滑块后让其在气轨上运动，若计时器显示通过两光电门的时间近似相等，说明气轨已调平；若相差较大，则需调节气轨支架的支角螺钉，重复上面的步骤，直到计时器显示通过两光电门的时间近似相等为止 .

2. 观察匀速直线运动，测量滑块的速度

轻轻推动滑块，让滑块从左向右运动 2～3 次，分别记下通过两个光电门的时间 Δt_1 和 Δt_2，再让滑块从右向左运动 2～3 次，记下通过两个光电门的时间 $\Delta t_1'$ 和 $\Delta t_2'$，将测量结果填入表 2.1-1. 根据式（1.1-1）计算滑块在做匀速直线运动时的速度 .

3. 观察匀加速直线运动，测量滑块的加速度

在调平的气垫导轨上将系有砝码盘的细线通过导轨定滑轮与滑块相连，把滑块移至远离滑轮的一端，释放滑块后，可看到滑块由静止开始做匀加速直线运动.

使两个光电门之间的距离为一定值，如分别取 30.00cm、40.00cm、50.00cm，调节好计时器（选择功能和上一过程相同），重复移动、释放滑块步骤，将结果填入表 2.1-2，计算滑块的加速度.

【注意事项】

防止碰伤轨面和滑块.

在气轨未供气时，严禁在轨上推动滑块.

实验后，先取下滑块，再关闭气源.

【实验数据记录】

表 2.1-1 Δx= cm

滑块向左方运动					
次数	Δt_1/ms	Δt_2/ms	v_1/(cm/ms)	v_2/(cm/ms)	v_2-v_1/(cm/ms)
1					
2					
3					
滑块向右方运动					
次数	Δt_1/ms	Δt_2/ms	v_1/(cm/ms)	v_2/(cm/ms)	v_2-v_1/(cm/ms)
1					
2					
3					

表 2.1-2 Δx= cm

次数	$s=$______ cm				
	Δt_1/ms	Δt_2/ms	v_1/(cm/ms)	v_2/(cm/ms)	$\frac{v_2^2-v_1^2}{2s}$/(cm/ms^2)
1					
2					
3					
次数	$s=$______ cm				
	Δt_1/ms	Δt_2/ms	v_1/(cm·ms)	v_2/(cm·ms)	$\frac{v_2^2-v_1^2}{2s}$/(cm·ms^2)
1					
2					
3					
次数	$s=$______ cm				
	Δt_1/ms	Δt_2/ms	v_1/(cm·ms)	v_2/(cm·ms)	$\frac{v_2^2-v_1^2}{2s}$/(cm/ms^2)
1					
2					
3					

实验 2.2 牛顿第二运动定律的验证

【引言】

验证性实验是实验者针对已知的实验结果而进行的、以验证实验结果、巩固和加强有关知识内容，培养实验操作能力、掌握实验原理为目的重复性实验活动．验证性实验是在已知某一理论的条件下进行的．所谓验证是指实验结果与理论结果的完全一致，这种一致实际上是实验装置、方法在误差范围内的一致．由于实验条件和实验水平的限制，有时可以使实验结果与理论结果之差超出实验误差的范围，因此，验证性实验是属于难度很大的一类实验，要求具备较高的实验条件和实验水平．本实验通过直接测量牛顿第二定律所涉及的各物理量的值、并研究它们之间的定量关系来进行直接验证．

【实验目的】

学习在气垫导轨上验证牛顿第二定律．

【实验仪器】

气垫导轨、MUJ-6B 电脑通用计数器、滑块、托盘、砝码．

【实验原理】

采用控制变量法，即当研究的某个物理量与两个以上的其他物理量的变化有关时，分别研究该物理量与其中一个物理量之间的变化关系，而设法控制其他物理量不发生变化的一种方法．牛顿第二定律是动力学的最基本定律，其内容为物体受到外力作用时，该物体获得的加速度大小与所受合外力大小成正比，与物体质量成反比．在气垫导轨上要验证牛顿第二定律时，选取质量为 $m_{滑}$ 的滑块，忽略滑块和导轨之间的滑动摩擦，细线和定滑轮质量不计，定滑轮摩擦忽略不计，以滑块、细线和砝码（砝码盘和砝码质量为 m）组成的系统为研究对象，依据牛顿第二定律进行受力分析，如图 2.2-1 所示，有

$$\begin{cases} mg-F_{\mathrm{T}}=ma \\ F_{\mathrm{T}}=m_{滑}\,a \end{cases} \tag{2.2-1}$$

解方程可得系统所受合外力为

$$F=mg=(m_{滑}+m)a \tag{2.2-2}$$

由式（2.2-2）可以看出，当滑块系统质量（$m_{滑}+m$）一定时，系统的加速度 a 正比于系统所受合外力 F，即 $a\propto F$；当系统所受合外力 F 一定时，$a\propto\frac{1}{m_{滑}+m}$. 在实验中，测量一组在不同外力 F 作用下滑块的加速度值 a，以 F 为横坐标，a 为纵坐标，作 $F-a$ 曲线，若绘制的曲线为过原点的直线，即可验证物体的加速度的大小与所受合外力的大小成正比．同理，保持砝码盘和砝码的质量不变（m 不变），即合外力大小不变，改变滑块的质量，测量

一组不同滑块质量的加速度值 a，以 a 为纵坐标，$\frac{1}{m+m}$ 为横坐标，作 $a\ \frac{1}{m_{滑}+m}$ 曲线，若绘制的曲线为过原点的直线，即可验证物体加速度的大小与物体的质量成反比．

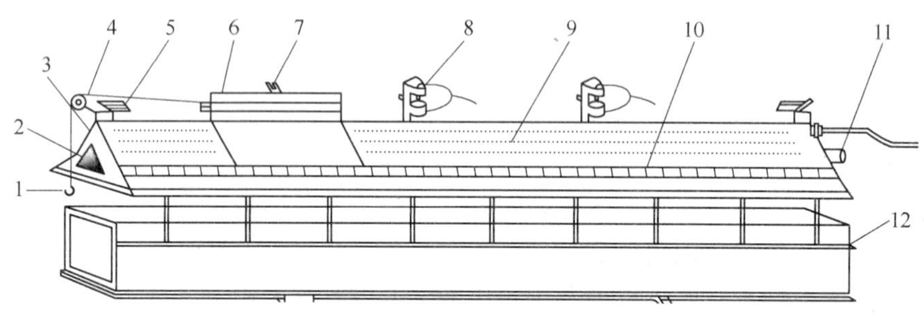

图 2.2-1　气垫导轨示意图

1—挂钩　2—封闭口　3—导轨　4—滑轮　5—弹性碰撞器　6—滑块　7—挡光片　8—光电门　9—喷气小孔　10—标尺　11—进气嘴　12—底座

【实验内容】

(1) 接通气源，首先对气垫导轨进行调平．调平方法如下：将 MUJ-6B 计算机通用计数器选在“S_2”挡，测量单位选在“ms”挡，推动滑块后让其在气轨上运动，若计时器显示通过两光电门的时间近似相等，说明气轨已调平；若相差较大，则需调节气轨支架的支角螺钉，重复上面的步骤，直到计时器显示通过两光电门的时间近似相等为止，这类调平方法为动态调平．

(2) 在调平的气垫导轨上将系有砝码盘的细线通过气垫导轨定滑轮与滑块相连，把滑块移至远离动滑轮的一端，释放滑块后，可看到滑块由静止开始做匀加速运动．分别记下挡光片通过两光电门的时间 Δt_1 和 Δt_2，重复 2～3 次，测出挡光片的宽度以及相对应两光电门之间的距离 s，分别算出 $v_1=\frac{\Delta x}{\Delta t_1}$，$v_2=\frac{\Delta x}{\Delta t_2}$，代入公式 $a=\frac{v_2^2-v_1^2}{2s}$ 便可得到加速度．

(3) 在滑块上加三个砝码，通过步骤 (2) 测定滑块的加速度；再将滑块上的三个砝码依次移到砝码盘中，重复上述步骤，将结果填入表 2.2-1 中，并作 F-a 曲线，验证物体加速度的大小与所受合外力的大小成正比．

(4) 保持砝码盘与砝码的总质量不变，通过步骤 (2) 测量滑块的加速度；再将三个砝码依次加到滑块上，改变滑块的质量，重复上述步骤，将结果填入表 2.2-2 中，作 $a-\frac{1}{m_{滑}+m}$ 曲线，验证物体加速度的大小与物体的质量成反比．

【注意事项】

防止碰伤轨面和滑块，在气垫导轨未供气时，严禁在导轨上推动滑块．

实验后，先取下滑块，再关闭气源．

随着砝码盘内砝码数量的增多，滑块在运动时速度会非常快，这时需要在滑块运动到导轨尽头时人为地进行保护，防止滑块速度过快撞击弹簧减震器从而脱离导轨而摔落．

【实验数据记录】

表 2.2-1　实验数据记录表

$s=$______ cm			$\Delta x=$______ cm			滑块质量 $m_{滑}=$　　g			砝码盘质量 $m_0=$　　g		
次数	$F=m_0a=$　　N					次数	$F=(m_0+m_1)a=$　　N				
	Δt_1	Δt_2	v_1	v_2	a		Δt_1	Δt_2	v_1	v_2	a
1											
2											

次数	$F=(m_0+m_1+m_2)a=$　　N					次数	$F=(m_0+m_1+m_2+m_3)a=$　　N				
	Δt_1	Δt_2	v_1	v_2	a		Δt_1	Δt_2	v_1	v_2	a
1											
2											

表 2.2-2　实验数据记录表

$s=$______ cm			$\Delta x=$______ cm			砝码盘和砝码的质量 $m_0+m=$　　g					
次数	$m_{滑}=$　　g					次数	$m_{滑}+m_1=$　　g				
	Δt_1	Δt_2	v_1	v_2	a		Δt_1	Δt_2	v_1	v_2	a
1						1					
2						2					
次数	$m_{滑}+m_1+m_2=$　　g					次数	$m_{滑}+m_1+m_2+m_3=$　　g				
	Δt_1	Δt_2	v_1	v_2	a		Δt_1	Δt_2	v_1	v_2	a
1						1					
2						2					

实验 2.3　动量守恒定律的实验研究

【引言】

动量守恒定律是物理学最普遍、最基本的定律之一，它既适用于宏观物体，也适用于微观粒子；既适用于低速运动物体，也适用于高速运动物体，因此，动量守恒定律比牛顿运动定律更加基本．在实验室我们主要通过在气垫导轨上研究两个滑块的碰撞来验证动量守恒定律，因为在两物体碰撞的过程中，它们之间相互作用的内力较之其他物体对它们作用的外力要大得多，符合系统动量守恒的条件．

【实验目的】

了解气垫导轨结构，学会调节使用气垫导轨及光电计时测速系统．

验证一维方向上的动量守恒定律．

了解完全弹性碰撞和完全非弹性碰撞的特点．

【实验仪器】

气垫导轨、MUJ-6B计算机通用计数器、滑块、托盘、砝码、电子天平．

【实验原理】

1. 动量守恒定律

如果系统不受外力作用或所受外力作用的矢量和为零，则系统的总动量保持不变，这一结论称为动量守恒定律．本实验研究两个滑块在水平导轨上沿直线运动而发生的碰撞．由于气垫的漂浮作用，滑块受到的摩擦力很小，可忽略不计．这样，当两滑块发生碰撞时，系统所受内力远大于外力，故系统在水平方向动量守恒．设两个滑块的质量分别为 m_1 和 m_2，它们碰撞前的速度分别为 $\boldsymbol{v}_{10}$ 和 $\boldsymbol{v}_{20}$，碰撞后的速度分别为 $\boldsymbol{v}_1$ 和 $\boldsymbol{v}_2$．按动量守恒定律有

$$m_1 \boldsymbol{v}_{10} + m_2 \boldsymbol{v}_{20} = m_1 \boldsymbol{v}_1 + m_2 \boldsymbol{v}_2 \tag{2.3-1}$$

在给定速度的正方向后，上述矢量式可写成下面的标量式：

$$m_1 v_{10} + m_2 v_{20} = m_1 v_1 + m_2 v_2 \tag{2.3-2}$$

以下分完全弹性碰撞和完全非弹性碰撞来讨论．

2. 完全弹性碰撞

如果在碰撞后，两物体的动能之和完全没有损失，那么这种碰撞称为完全弹性碰撞．完全弹性碰撞的特点是碰撞前后系统的动量守恒，机械能也守恒．将装有弹性碰撞器的两个滑块放到气垫导轨上，让两个滑块发生碰撞，由于弹性碰撞器的弹簧发生形变后恢复了原状，所以系统的机械能没有损失，两个滑块碰撞前后总动能不变，故有

$$\frac{1}{2}m_1 v_{10}^2 + \frac{1}{2}m_2 v_{20}^2 = \frac{1}{2}m_1 v_1^2 + \frac{1}{2}m_2 v_2^2 \tag{2.3-3}$$

若两个滑块质量相等，即 $m_1 = m_2 = m$，且 $v_{20} = 0$，由式（2.3-2）和式（2.3-3）得 $v_1 = 0$，$v_2 = v_{10}$，则两滑块相碰撞后彼此交换速度．

若两滑块质量不相等，仍令 $v_{20} = 0$，则有

$$m_1 v_{10} = m_1 v_1 + m_2 v_2 \tag{2.3-4}$$

3. 完全非弹性碰撞

在两物体碰撞时，实际上由于非保守力（完全非弹性碰撞所产生的相互作用力）的作用，致使机械能转换为热能、化学能等其他能量形式，或者其他形式的能量转换为机械能，这种碰撞称为非弹性碰撞．如果两个物体在非弹性碰撞以后以同一速度共同运动，这种碰撞称为完全非弹性碰撞．完全非弹性碰撞的特点是碰撞前后动量守恒，但机械能不守恒且损失最大．

在上述相同的条件下，如果两个滑块碰撞后，以同一速度运动而不分开，一起运动的速度为 v，即 $v_1 = v_2 = v$，则有

$$m_1 v_{10} + m_2 v_{20} = (m_1 + m_2) v \tag{2.3-5}$$

【实验内容】

接通气源，对气垫导轨进行调平．

调平方法如下：将MUJ-6B计算机通用计数器选在“S_2”挡，测量单位选在“ms”挡，

推动滑块后让其在气垫导轨上运动，若计时器显示通过两光电门的时间近似相等，说明气轨已调平；若相差较大，则需调节气轨支架的支角螺钉，重复上面的步骤，直到计时器显示通过两光电门的时间近似相等为止．

1. 在完全弹性碰撞情形下验证动量守恒定律

(1) 在质量相等 ($m_1=m_2$) 的两个滑块上分别装上挡光片，接通气源后，一个滑块 (m_2) 置于两个光电门中间，并令它静止，即 $v_{20}=0$.

(2) 将另外一滑块 (m_1) 放在气轨的任一端，轻轻将它推向滑块 m_2，记下 m_1 经过第一个光电门的时间 Δt_{10}.

(3) 两滑块相碰后，滑块 m_1 静止，而滑块 m_2 以速度 v_2 向前运动，记下 m_2 经过第 2 个光电门所需的时间 Δt_2. 按上述步骤重复 3 次，利用测得数据分别验证每次碰撞前后的动量是否守恒（此过程将 MUJ-6B 电脑通用计数器选在“S_2”挡，测量单位选在“ms”挡，滑块的质量可利用实验室电子天平测量).

(4) 改变其中一个滑块的质量，这时 $m_1\neq m_2$，我们取 $m_1>m_2$. 重复步骤 (1)、(2)、(3)，记下滑块 m_1 在碰撞前经过光电门 1 的时间 Δt_{10}，以及碰撞后 m_2 和 m_1 先后通过第 2 个光电门所用的时间 Δt_2 和 Δt_1，重复 3 次，将实验数据记入表格，验证碰撞前后动量是否守恒．

2. 在完全非弹性碰撞情形下验证动量守恒定律

在两个滑块上，分别装上挡光片．一个滑块 (m_2) 置于两个光电门中间，并令它静止，即 $v_{20}=0$.

将另外一滑块 (m_1) 放在气轨的任一端，在此滑块的碰撞面放一块橡皮泥，轻轻将它推向滑块 m_2，记下 m_1 经过第 1 个光电门的时间 Δt_{10}.

两滑块相碰后，滑块 m_1 和滑块 m_2 粘在一起以速度 v_2 向前运动，记下 m_2 经过第 2 个光电门所需的时间 Δt_2. 按上述步骤重复 3 次，利用测得数据分别验证每次碰撞前后的动量是否守恒．MUJ-6B 电脑通用计数器此时选在“S_2”挡，测量单位选在“ms”挡．

【实验数据记录】

自拟表格记录数据．

实验 2.4 转动惯量的测量

【引言】

转动惯量是表征刚体转动时惯性大小的物理量，它与刚体的质量、质量分布以及转轴的位置有关．在外力的作用下，物体的形状是要发生变化的，但如果在外力的作用下，物体的形状和大小不发生变化，也就是说物体内任意两点间的距离保持恒定，这种理想化的物体模型就称为刚体．刚体的运动分为平动和转动，它与刚体的体密度、几何形状及转轴位置有关．正确测定物体的转动惯量在工程技术中具有十分重要的意义．用三线摆法测定刚体的转动惯量是高校理工科物理实验教学大纲中的一个重要基本实验．

【实验目的】

掌握用三线摆测量转动惯量的原理和方法．

测定圆环绕中心轴的转动惯量．

验证转动惯量的平行轴定理．

【实验仪器】

三线摆、激光器、计数计时仪、米尺、水准仪、待测物（质量相等的圆盘和圆环）．

【实验原理】

三线摆是将一个匀质圆盘B盘以等长的三条细线对称地悬挂在一个水平的小圆盘A盘下面构成的．每个圆盘的三个悬点均构成一个等边三角形．如图2.4-1所示，当B盘调成水平，三线等长时，B盘可以绕垂直于它并通过两盘中心的轴线 O_1O_2 做扭转摆动，扭转的周期与B盘（包括其上物体）的转动惯量有关，三线摆法正是通过测量它的扭转周期来求已知质量物体的转动惯量的．当在摆角很小、三悬线很长且等长、悬线张力相等、A、B圆盘平行、且只绕 O_1O_2 轴扭转的条件下，B盘对 O_1O_2 轴的转动惯量 J_0 为

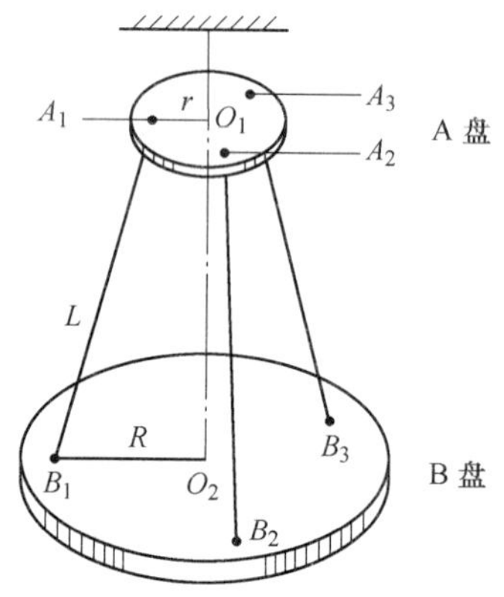

图2.4-1　三线摆

$$J_0=\frac{m_0gRr}{4\pi^2H}T_0^2 \tag{2.4-1}$$

式中，m_0 为B盘的质量；r 和 R 分别为A盘和B盘上线的悬点到各自圆心 O_1 和 O_2 的距离（注意 r 和 R 不是圆盘的半径）；H 为两盘之间的垂直距离；T_0 为下圆盘扭转的周期．若要测量质量为 m 的待测物体对于 O_1O_2 轴的转动惯量 J，只需将待测物体置于B盘上，设此时扭转周期为 T，待测物体和B盘对于 O_1O_2 轴的转动惯量为

$$J_1=J+J_0=\frac{(m+m_0)gRr}{4\pi^2H}T^2 \tag{2.4-2}$$

于是得到待测物体对于 O_1O_2 轴的转动惯量

$$J=\frac{(m+m_0)gRr}{4\pi^2H}T^2-J_0 \tag{2.4-3}$$

此式表明，各物体对同一转轴的转动惯量具有相叠加的关系，这是三线摆方法的优点．为了将测量值和理论值比较，在安置待测物体时，要使其质心恰好和B盘的轴心重合．

本实验还可验证平行轴定理．如把一个已知质量的圆柱体放在B盘中心，质心在 O_1O_2 轴，测得其转动惯量为 J_2；然后把其质心移动距离 d，为了不使A盘倾翻，用两个完全相同的圆柱体对称地放在圆盘上，如图2.4-2所示．设两圆柱体质心离开 O_1O_2 轴的距离均为 d（即两圆柱体的质心间距为 $2d$），对于 O_1O_2 轴的转动惯量为 J_3．设一个圆柱体质量为 m，则由平行轴定理可得

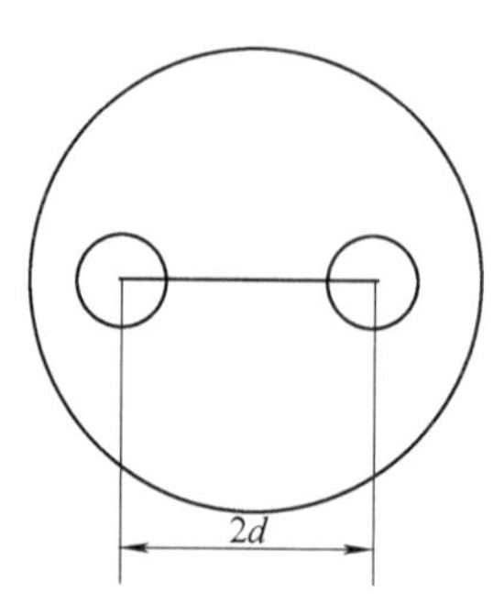

图2.4-2　平行轴定理

$$md^2=\frac{J_3}{2}-J_2 \tag{2.4-4}$$

由此测得的 d 值和用长度器实测的值比较，若在实验误差允许范围内两者相符的话，就验证了转动惯量的平行轴定理（平行轴定理能够很简易地从对于一个以质心为原点的坐标系统的惯性张量，转换至另外一个平行的坐标系统）.

【实验内容】

1. 调节三线摆

调节上盘（启动盘）水平．将圆形水平仪放到旋臂上，调节底板调节脚，使其水平．

调节下悬盘水平．将水平仪放至悬盘中心，调节摆线锁紧螺栓和摆线调节旋钮，使悬盘水平．

2. 调节激光器和计数计时仪

先将光电接收器放到一个适当位置，然后调节激光器位置，使其和光电接收器在一个水平线上．此时可打开电源，将激光束调整到最佳位置，即让激光打到光电接收器的小孔上，计数计时仪右上角的低电平指示灯状态为暗．注意此时切勿直视激光光源．

再调整启动盘，使一根摆线靠近激光束（此时也可轻轻旋转启动盘，使其在5°内转动起来）.

设置计数计时仪的预置次数．预置计数值，此时计数显示屏上将显示设定值，仪器处于等待状态，仪器右上角的低电平指示灯为暗状态（使用在激光光电传感器上时，等待状态为暗，每接收到一个触发信号，低电平指示灯就亮一次；用在其他传感器上时，此灯等待状态为亮，接收到一个触发信号，低电平指示灯就暗一次），接收到触发信号后，计数计时仪开始计时．当计数至设定值后，可读出所用时间．这时再按“设定/阅览”键，转换为阅览功能，可阅览每次触发间隔的时间值．

3. 测量下悬盘的转动惯量 J_0

测量上下圆盘悬点到盘心的距离 r 和 R，此过程用游标卡尺分别测出上下圆盘三个悬点中每两个悬点间的距离，记为 a_1、a_2、a_3；b_1、b_2、b_3，则

$$r=\frac{\sqrt{3}}{3}a,\quad R=\frac{\sqrt{3}}{3}b \tag{2.4-5}$$

如图 2.4-3 所示．

用米尺测量摆线的长度 l，则上下圆盘之间的距离为

$$H=\sqrt{l_2-(R-r)^2} \tag{2.4-6}$$

记录悬盘的质量 m_0.

测量下悬盘摆动周期 T_0，轻轻旋转启动盘，使下悬盘做扭转摆动（摆角<5°)，记录 20 个周期的时间．此过程重复 3 次．

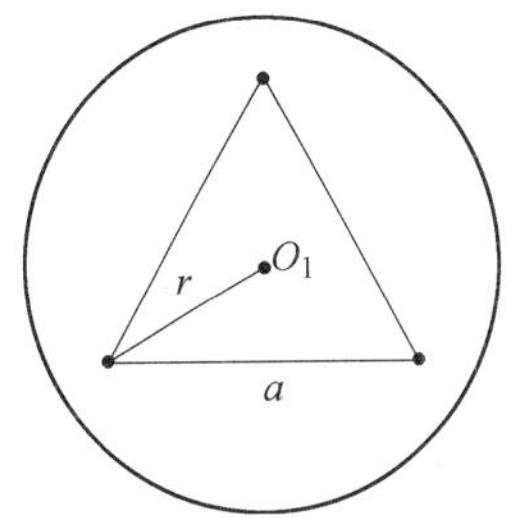

图 2.4-3　悬点到盘心的距离示意图

4. 测量悬盘加圆环的转动惯量 J

在下悬盘上放上圆环并使它的中心对准悬盘中心．

测量悬盘加圆环的扭转摆动周期 T_1，重复 3 次．

测量并记录圆环质量 m_1（实验室已给出），圆环的内、外直径 $D_{内}$ 和 $D_{外}$（用游标卡尺在不同方位测 3 次，求平均值）.

运用式（2.4-2）计算 J_1.

5. 测量悬盘加圆盘的转动惯量 J_3

在下悬盘上放上圆盘并使它的中心对准悬盘中心.

测量悬盘加圆盘的扭转摆动周期 T_3，重复 3 次.

测量并记录圆盘质量 m_3、盘直径 $D_{盘}$（用游标卡尺在不同方位测三次，求平均值）.

运用式（2.4-2）计算 J_3.

6. 验证平行轴定理

将两个直径为 $D_{圆柱}$ 的圆柱体放置在悬盘上，使它们的间距为 $2d$，d 为圆柱体中心轴线与转轴间的距离，两圆柱体中心连线通过转轴．测得 J_2 和 J_3，按式（2.4-4）计算 md^2 值，并与理论值进行比较.

【仪器的结构及组成】

转动惯量测试仪器结构及组成如图 2.4-4 所示.

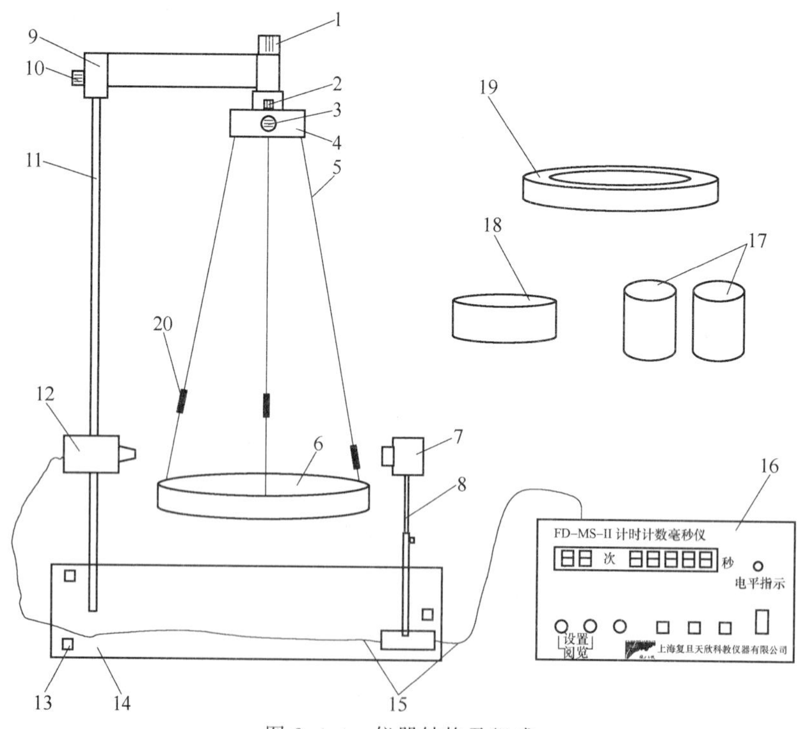

图 2.4-4　仪器结构及组成

1—启动盘锁紧螺母　2—摆线调节锁紧螺栓　3—摆线调节旋钮　4—启动盘　5—摆线（其中一根线挡光计时）　6—悬盘　7—光电接收器　8—接收器支架　9—悬臂　10—悬臂锁紧螺栓　11—支杆　12—半导体激光器　13—调节脚　14—底板　15—连接线　16—计数计时仪　17—小圆柱样品　18—圆盘样品　19—圆环样品　20—挡光标记

【注意事项】

每一次测量，一定先使下圆盘静止，然后轻轻转动上圆盘使下圆盘转动.

等到圆盘转动稳定后再设定计数计时器的预置次数．

对每一个待测物的周期测量一般重复 2～3 次．

实验值和理论值的比较．理论值公式为：圆盘（或圆柱体）$J=\frac{1}{8}mD_{盘}^2$（$D_{盘}$ 为圆盘或圆柱体直径）；圆环 $J=\frac{1}{8}m({D_{内}}^2+{D_{外}}^2)$．

切勿直视激光光源或将激光束直射入人眼．

做完实验后，要把样品放好，不要划伤表面，以免影响以后的实验．

移动接收器时，请不要直接搬上面的支杆，要拿住下面的小盒子移动．

启动盘及悬盘上各有平均分布的三只小孔，实验时用于测量两悬点间距．

【实验数据记录】

在实验中将实验数据分别填入表 2.4-1 和表 2.4-2.

表 2.4-1　实验数据记录

测量项目		D/cm	l/cm	a/cm	b/cm	$r=\frac{\sqrt{3}}{3}\bar{a}$	$R=\frac{\sqrt{3}}{3}\bar{b}$
次数	1						
	2						
	3						
平均值							

测量项目		$D_{内}$/cm	$D_{外}$/cm	$D_{盘}$/cm	$D_{圆柱}$/cm	$D_{槽}$/cm	$2d=D_{槽}-D_{圆柱}$/cm
次数	1						
	2						
	3						
平均值							

表 2.4-2　实验数据记录

测量项目		悬盘质量 $m_0=$　　g	圆环质量 $m_1=$　　g	圆柱体总质量 $2m_2=$　　g	圆盘质量 $m_3=$　　g
摆动周期次数 n					
n 次周期时间 t/s	1				
	2				
	3				
平均值 $\bar{t}$/s					
平均周期 $T=\bar{t}/n$/s					

【数据处理】

实验计算得转动惯量值：

下悬盘的转动惯量为

$$J_0=\frac{m_0 g\overline{Rr}}{4\pi^2 H}\overline{T}_0^2,\quad H=\sqrt{l^2-(R-\overline{r})^2} \tag{2.4-7}$$

圆环的转动惯量为

$$J_1=\frac{(m+m_0)gRr}{4\pi^2 H}\overline{T}_1^2-J_0 \tag{2.4-8}$$

其余量的计算同上；

圆盘的转动惯量为

$$J_2=\frac{(m+m_0)gRr}{4\pi^2 H}\overline{T}_2^2-J_0 \tag{2.4-9}$$

其余量的计算同上．

理论计算值：

下悬盘的转动惯量为

$$J_0'=\frac{1}{8}\overline{mD_1^2} \tag{2.4-10}$$

圆环的转动惯量为

$$J_1'=\frac{1}{8}m_0(\overline{D}_{内}^2+\overline{D}_{外}^2) \tag{2.4-11}$$

圆盘的转动惯量为

$$J_2'=\frac{1}{8}m_0\overline{D}_2{}^2 \tag{2.4-12}$$

实验 2.5　黏度的测量（落球法）

【引言】

液体的黏度又称为内摩擦系数，是描述液体内摩擦力性质的一个重要物理量．它表征液体反抗形变的能力，只有在液体内存在相对运动时才表现出来．黏度除了因材料而异之外，对温度依赖的还比较敏感，液体的黏度随着温度升高而减小，气体则反之，大体上按正比的规律增长．当金属小球在液体中运动时，将受到与运动方向相反的摩擦阻力的作用，这种阻力称为黏滞力．黏滞力并不是由小球和液体之间的摩擦产生的，而是由于黏附在小球表面的液层与邻近液层的流速不同，互相接触的两层液体之间相互作用产生的．这种作用力表现为使流速较快的液层减速，又使流速较慢的液层加速，我们把两相邻液层间的这一作用力称为内摩擦力或黏滞力．黏度是反映流体黏性阻力大小的指标，不同流体有不同的黏度．测量黏度在工业生产、科学研究中有着重要的意义．

【实验目的】

根据斯托克斯公式用落球法测定液体的黏度．

【实验仪器】

玻璃圆筒、计时器、外径千分尺、游标卡尺、蓖麻油、小钢球、镊子．

【实验原理及仪器介绍】

当直径为 d 的金属小球在黏性液体中下落时，它受到三个垂直方向的力，如图 2.5-1 所示．小球的重力 $m\boldsymbol{g}$，其中 $mg=\frac{1}{6}\pi d^3\rho_0 g$（$m$ 为小球质量，ρ_0 为小球的密度），液体作用于小球的浮力 $\boldsymbol{F}$（V 是小球体积，ρ 是液体密度），其中 $F=\rho gV=\frac{1}{6}\pi d^3\rho g$ 和黏滞力 $\boldsymbol{F}_{黏}$（其方向与小球运动方向相反）．如果液体无限广阔，则在小球的体积很小，在下落速度 v 较小情况下，有

$$F_{黏}=3\pi\eta vd \tag{2.5-1}$$

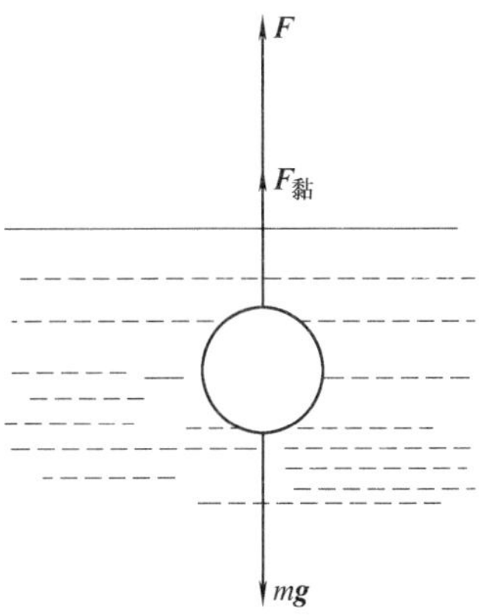

此式称为斯托克斯公式，是由英国数学家和物理学家斯托克斯于 1851 年提出的，斯托克斯是传统流体力学的奠基人之一．在式（2.5-1）中 d 是小球的直径，η 为液体的黏度，其单位是 Pa·s. 小球开始下落时，由于速度尚小，所以阻力也不大，小球做加速运动，随着下落速度的增大，黏滞阻力也随之增大．最后，三个力达到平衡，即

图 2.5-1　受力示意图

$$mg=\rho gV+3\pi\eta v_0 d \tag{2.5-2}$$

于是，小球开始做匀速直线运动，v_0 为小球开始做匀速运动时的速度，也称其为极限速度或收尾速度，如果知道小球做匀速运动的距离 l 以及与此距离对应的时间 t，则有 $v_0=\frac{l}{t}$. 由式（2.5-2）得

$$\frac{1}{6}\pi d^3(\rho_0-\rho)g=3\pi\eta v_0 d \tag{2.5-3}$$

$$\eta=\frac{gd^2(\rho_0-\rho)}{18v_0} \tag{2.5-4}$$

式（2.5-4）成立的条件是小球在无限宽广的均匀液体中下落，但实验中小球是在内直径为 D 的玻璃圆筒中的液体里下落．如图 2.5-2 所示，筒的直径 D 和液体深度 h 都是有限的，故实验中作用在小球上的黏滞阻力与斯托克斯公式给出的条件有所不同．这时实际测量的小球的收尾速度 v 和理想速度 v_0 之间的关系为

$$v_0=v\left(1+2.4\frac{d}{D}\right)\left(1+3.3\frac{d}{h}\right) \tag{2.5-5}$$

$$\eta=\frac{(\rho_0-\rho)gd^2}{18v\left(1+2.4\frac{d}{D}\right)\left(1+3.3\frac{d}{h}\right)} \tag{2.5-6}$$

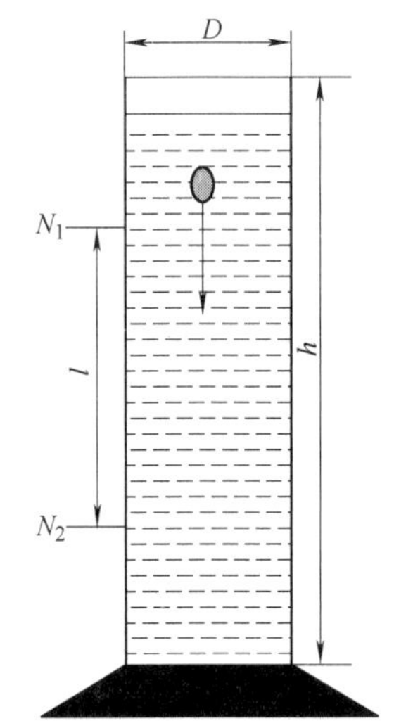

图 2.5-2　落球法测黏滞系数

【实验内容】

用游标卡尺测量玻璃筒的直径 D3 次，米尺测量液体深度 h3 次．

用外径千分尺测量实验用小钢球的直径 d3 次，共测 5 个小球，记录测量结果并编

号待用．

在玻璃圆筒油面的下方 7～8cm 和筒底上方 7～8cm 处分别标记 N_1、N_2，N_1、N_2 间距为 l，用米尺测量 3 次．

调整好计时装置，实验几次，保证计时功能正常．

用镊子夹起编好号的小钢球，在蓖麻油中浸一下，使小钢球表面完全被油浸润，然后将小钢球移至油面中心位置释放，用计时装置记下小钢球通过距离 l 所用的时间．小钢球的密度 ρ_0 和鹿麻油的密度 ρ 可查，同时用温度计测量油温．将测量结果填入表 2.5-1，依据每个小球的数据，按照式（2.5-6）计算蓖麻油的黏度 η，并计算不确定度．

【注意事项】

小钢球在使用前应保持干净和干燥．

选定 N_1 位置时要确保小球已达到收尾速度，N_2 的位置不要太靠近油底．

液体的黏度和温度有密切关系，实验中严禁用手长时间抓握玻璃圆筒．

【实验数据记录】

表 2.5-1　实验数据记录

蓖麻油的密度 $\rho=$　　kg/m^3	小钢球的密度 $\rho_0=$　　kg/m^3	蓖麻油的温度 $T=$　　℃	
项　目	1	2	3
玻璃筒直径 D/mm			
液体深度 h/mm			
N_1、N_2 间距离 l/mm			

	直径测量 1/mm	直径测量 2/mm	直径测量 3/mm	下落时间 t/s
编号小球 1				
编号小球 2				
编号小球 3				
编号小球 4				
编号小球 5				

热 学 部 分

实验 2.6　水的比汽化热的测量

【引言】

物质由液态向气态转化的过程称为汽化．在物质的自由表面上进行的汽化称为蒸发；如果液体内部的饱和气泡膨胀，以致上升到液面后破裂，这样的汽化过程称为沸腾．不管是哪种汽化过程，它的物理过程都是液体中一些热运动动能较大的分子飞离表面成为气体分子，而随着这些热运动较大分子的逸出，液体的温度将要下降，若要保持温度不变，在汽化过程中就要供给热量．通常定义单位质量的液体在温度保持不变的情况下转化为气体时所吸收的热量称为该液体的比汽化热．液体的比汽化热不但和液体的种类有关，而且和汽化时的温度有关，因为温度升高，液相中分子和气相中分子的能量差别将逐渐减小，因而温度升高液体的比汽化热减小．

物质由气态转化为液态的过程称为凝结，凝结时将释放出在同一条件下汽化所吸收的相同的热量，因而，可以通过测量凝结时放出的热量来测量液体汽化时的比汽化热．

【实验目的】

了解集成电路温度传感器的原理和测温方法．

用量热器测定水在沸腾时的比汽化热．

【实验仪器】

FI－YBQR 液体比汽化热测量仪、物理天平．

【实验原理】

本实验采用混合法测定水的比汽化热．具体方法如下：将质量为 $m_{蒸}$、沸点温度为 T_3 的水蒸气，通过短的玻璃管加接一段很短的橡胶管（或乳胶管）和量热器内杯连通．当质量为 $m_{蒸}$ 的水蒸气进入量热器内杯的水中被凝结成水并降温至 T_2 时，水蒸气放出的热量使量热器整体温度从 T_1 升至 T_2，在此过程中，水蒸气放出的热量为 $m_{蒸}L+m_{蒸}c_w(T_3-T_2)$，式中 L 为水的比汽化热；c_w 为水的比热容．

$[mc_w+(m_1+m_2)c](T_2-T_1)$ 为量热器整体吸收的热量，式中 m 为原先在量热器中水的质量，c 为量热器内筒和搅拌器的比热容；m_1 和 m_2 分别为量热器和搅拌器的质量．如果在此过程中没有热量损失，可根据热平衡方程得到

$$m_{蒸}L+m_{蒸}c_w(T_3-T_2)=[mc_w+(m_1+m_2)c](T_2-T_1)$$

$$L=\frac{[mc_w+(m_1+m_2)c](T_2-T_1)-m_{蒸}c_w(T_3-T_2)}{m_{蒸}} \tag{2.6-1}$$

【实验仪器描述】

FI－YBQR 液体比汽化热测量仪如图 2.6-1 所示，该仪器的优点是在水蒸气进入量热器内筒的过程中，先经过处于水沸点温度的玻璃管，再经过很短的橡胶管直接进入水中，避免了水蒸气在输送过程中先凝结成水滴后被带入量热器所引起的误差．对加热电炉增加温度控制电路，便于控制水过激沸腾，并保证水蒸气输入量热器的速率达到实验要求．对温度测量采用集成电路温度传感器 AD590（线性温度传感器），实现了液体比汽化热的非电量测量，可较准确地测量水和其他液体的比汽化热．

集成电路温度传感器 AD590 由多个参数相同的晶体管和电阻组成．该器件的两引出端当加有某一定直流工作电压时（一般工作电压可在 4.5～20V），如果该温度传感器的温度升高或降低 20℃，那么传感器的输出电流增加或减少 1μA，它的输出电流的变化与温度变化满足如下关系：

$$I=BT+A \tag{2.6-2}$$

式中，I 为 AD590 的输出电流，单位为μA/℃；B 为斜率，表示温度传感器的灵敏度；A 为摄氏零度时的电流值，该值恰好与冰点的热力学温度 273.5K 相对应（实际使用时，应放在冰点温度时进行确定）.

利用集成电路温度传感器 AD590 的上述特性，可以制成各种用途的温度计．在通常实验时，采取测量取样电阻 R 上的电压求得电流 I.

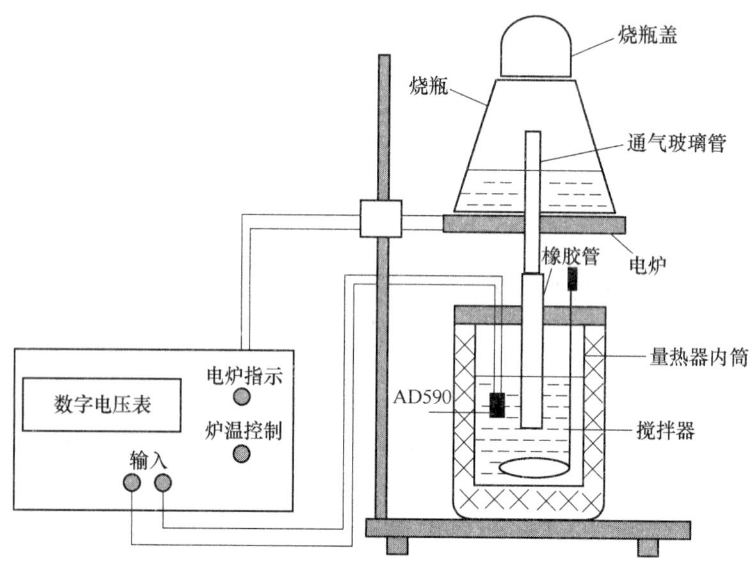

图 2.6-1　FI—YBQR 液体比汽化热测量仪

【实验内容】

集成电路温度传感器 AD590 的定标．每个集成电路温度传感的灵敏度有所不同，在实验前，应将其定标，按图 2.6-1 要求连接（实际在我们提供的测量仪器中已经接好电阻为 $1000\times(1\pm1\%)\Omega$，数字电压表为四位半，传感器加电源电压为 6V. 只要把 AD590 的红黑接线分别插入面板中的输入孔即可进行定标或测量）．把实验数据用最小二乘法进行直线拟合，求得斜率 B、截距 A 和相关系数 r.

用物理天平称量热器和搅拌器的质量 m_1、m_2，然后在量热器内筒中加一定量的水，再称量出盛有水的量热器内筒和搅拌器的质量 m' 并减去 m_1+m_2，得到水的质量 m，用温度计测量室温 T.

将盛有水的量热器内杯放在冰块上，预冷却到室温以下较低的温度．但被冷却水的温度须高于环境的露点，如果低于露点，则实验过程中量热器内筒外表有可能凝结上薄水层，从而释放出热量，影响测量结果．

将预冷过的内筒放回量热器内并放在水蒸气管下，使通汽橡胶管插入水中约 1cm 深，注意汽管不宜插入太深以防止通汽管被堵塞．

将盛有水的烧瓶加热，开始加热时可以将温控电位器顺时针调到底，此时瓶盖移去，使低于沸点的水蒸气从瓶口逸出．当烧瓶内水沸腾时，可以由温控器调节，保证水蒸气输入量热器的速率符合实验要求．这时要首先读一下温度仪的数值 T_1，接着把瓶盖盖好继续让水沸腾，向量热器的水中通蒸汽并轻轻搅拌量热器内的水．通汽时间的长短可依据条件 $T_2-T\approx T-T_1$ 是否达到来控制，这样可使实验过程中量热器内筒与外界热交换相抵消．

停止电炉通电，并打开瓶盖不再向量热器通汽，继续搅拌量热器内杯的水，读出水和内杯的末温度 T_2，再一次称量量热器内筒水的总质量 $m_{总}$．经过计算，求得量热器中水蒸气的质量 $m_{蒸}=m_{总}-m'$（m'为未通汽前量热器内筒、搅拌器和水的总质量）.

将所得到的测量结果代入式（2.6-1），求得水在沸点时的比汽化热．由于水的沸点和压强有关，实验时要测得当地大气压值，查表得到水的沸点．将实验数据填入表 2.6-1.

【注意事项】

注意安全，小心高温烫伤．

电炉加热时确保烧瓶内有水．

【实验数据记录】

表 2.6-1　液体比汽化热的测量记录数据

测量项目	测量次数				
	1	2	3	4	5
内筒＋搅拌器的质量 m_1+m_2/g					
内筒＋搅拌器＋水的质量 m'/g					
U_1/mV					
T_1/℃					
U_2/mV					
T_2/℃					
量热器内筒水的总质量 $m_{总}$/g					
水蒸气的质量 $m_{蒸}$/g					

水的比热容 c_w=______J/(kg·℃)，量热器小桶和搅拌器的比热容 c_1=______J/(kg·℃)，环境温度 T=________℃，大气压强 p=________Pa，水的沸点 T_3=________℃.

实验 2.7　空气比热容比的测定

【引言】

气体的比定压热容与比定容热容之比称为气体的比热容比，它是一个重要的热力学常数，在热力学方程中经常用到，本实验用新型扩散硅压力传感器测空气的压强，用电流型集成温度传感器测量空气的温度变化，从而得到空气的比热容比．

【实验目的】

用绝热膨胀法测定空气的比热容比．

观测热力学过程中状态变化及基本物理规律．

了解压力传感器和电流型集成温度传感器的工作原理及使用方法．

【实验原理】

对 1mol 理想气体，其比定压热容 c_p 和比定容热容 c_V 之间关系如下：

$$c_p - c_V = R \qquad (R\text{ 为摩尔气体常数}) \tag{2.7-1}$$

气体的比热容比 γ 为

$$\gamma = c_p / c_V \tag{2.7-2}$$

气体的比热容比 γ 也称为气体的等熵指数，在热力学过程特别是绝热过程中是一个很重要的物理量．

如图 2.7-1 所示，我们以储气瓶内空气（近似为理想气体）作为研究对象，定义 p_0 为环境大气压强，T_0 为室温，V_2 为储气瓶体积，进行如下实验过程：

1）首先打开放气阀 A，使储气瓶与大气相通，再关闭 A，则瓶内将充满与周围空气等温等压的气体．

2）打开充气阀 B，用充气球向瓶内打气，充入一定量的气体，然后关闭充气阀 B. 此时瓶内空气被压缩，压强增大，温度升高．等待内部气体温度稳定，且达到与周围环境温度相等，定义此时的气体处于状态 Ⅰ（p_1, V_1, T_0）（此时 $V_1 > V_2$）．

3）迅速打开放气阀 A，使瓶内气体与大气相通，当瓶内压强降至 p_0 时，立刻关闭放气阀 A，由于放气过程较快，瓶内气体来不及与外界进行热交换，可以近似认为是一个绝热膨胀的过程．此时，气体由状态 Ⅰ（p_1, V_1, T_0）转变为状态 Ⅱ（p_0, V_2, T_1）．

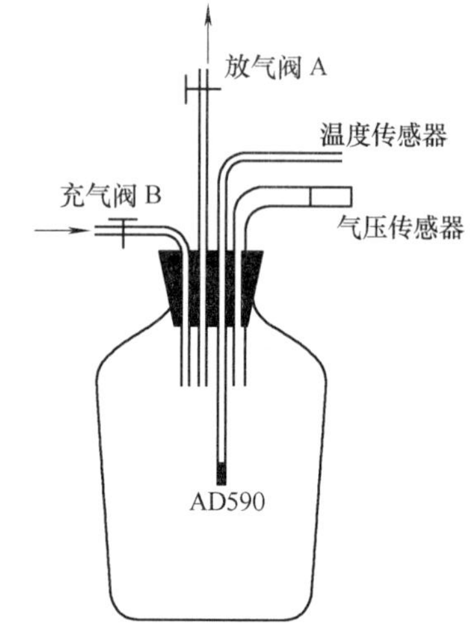

图 2.7-1　实验仪器简图

4）由于瓶内气体温度 T_1 低于室温 T_0，所以瓶内气体慢慢从外界吸热，直至达到室温 T_0 为止，此时瓶内气体压强也随之增大为 p_2，气体状态变为 Ⅲ（p_2, V_2, T_0）. 从状态 Ⅱ→状态 Ⅲ 的过程可以看作是一个等容吸热的过程．

气体由状态 Ⅰ→Ⅱ→Ⅲ 的变化过程如图 2.7-2 所示．

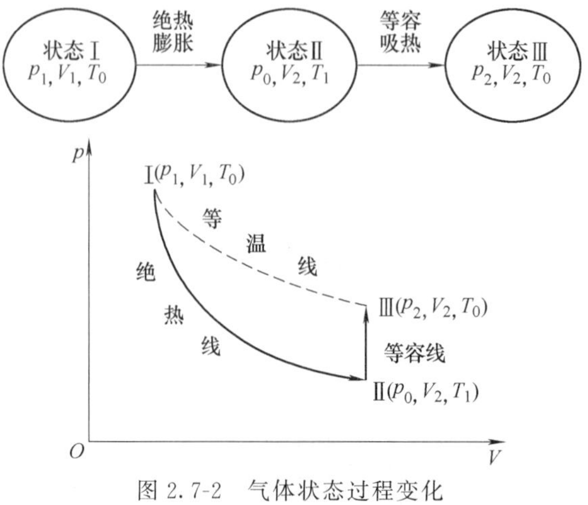

图 2.7-2　气体状态过程变化

状态Ⅰ→状态Ⅱ是绝热过程，由绝热过程方程得

$$p_1V_1^\gamma = p_0V_2^\gamma \tag{2.7-3}$$

状态Ⅰ和状态Ⅲ的温度均为 T_0，由气体状态方程得

$$p_1V_1 = p_2V_2 \tag{2.7-4}$$

合并式（2.7-3）、式（2.7-4），消去 V_1、V_2 得

$$\gamma = \frac{\ln p_1 - \ln p_0}{\ln p_1 - \ln p_2} = \frac{\ln(p_1/p_0)}{\ln(p_1/p_2)} \tag{2.7-5}$$

由式（2.7-5）可以看出，只要测得 p_0、p_1、p_2 就可求得空气的比热容比 γ.

【实验仪器】

1. DH-NCD-Ⅱ 空气比热容比测定仪

本实验仪器由测试仪、扩散硅压力传感器、集成温度传感器 AD590、充气阀、放气阀、充气球、玻璃储气瓶，如图 2.7-3 所示 .

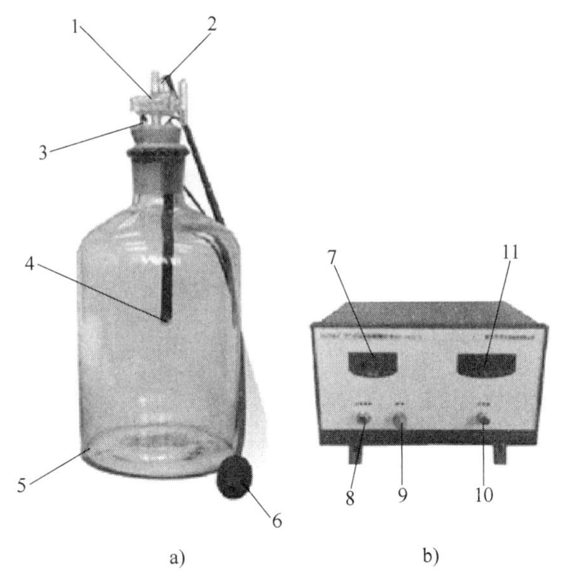

图 2.7-3 空气比热容比测试仪

1—放气阀 A 2—充气阀 B 3—扩散硅压力传感器 4—集成温度传感器 AD590 5—玻璃储气瓶 6—充气球 7—压强显示电压表 8—扩散硅压力传感器接口 9—调零电位器 10—温度传感器接口 11—温度显示电压表

a）储气瓶组件 b）测试仪

2. 扩散硅压力传感器

扩散硅压阻式压力传感器是利用单晶硅的压阻效应制成的器件，也就是在单晶硅的基片上用扩散工艺（或离子注入及溅射工艺）制成一定形状的应变元件，当它受到压力作用时，应变元件的电阻发生变化，从而使输出电压变化．本仪器将输出电压进行放大，与三位半 200mV 数字电压表相连，它显示的是容器内的气体压强大于容器外环境大气压的压强差值，灵敏度为 20mV/kPa，测量精度为 5Pa，测量范围为 0～10kPa. 设外界环境大气压为 P_0，容

器内气体压强为 p，则：

$$p = p_0 + U/2000 \tag{2.7-6}$$

式中，电压 U 的单位为 mV，压强 p、p_0 的单位为 10^5 Pa.

3. 集成温度传感器 AD590

AD590 是一种新型的半导体温度传感器，测温范围为 −50～150℃，由于 AD590 精度高、价格低、不需辅助电源、线性好，常用于测温和热电偶的冷端补偿．该传感器的工作电压为 4～30V，输出阻抗＞10MΩ. 当加上电压后，这种传感器起恒流源的作用，其输出电流与传感器所处的温度呈线性关系．如用 t 表示摄氏温度，则输出电流为

$$I = Kt + I_0 \tag{2.7-7}$$

式中，$K = 1\mu A/℃$；I_0 的标称值为 273.2μA，实际略有差异．

AD590 的测温原理图如图 2.7-4 所示，在回路中串接一个适当阻值的电阻 R，转化为电压 U，由公式 $I = U/R$ 算出输出的电流，从而得出温度值．

仪器内部串接 $R = 5k\Omega$，精度为 0.1% 的标准取样电阻，可产生 5mV/℃ 的电压信号，将此电压接 2V 量程四位半数字电压表（最小分辨率为 0.1mV），则测温最小分辨率为 0.02℃.

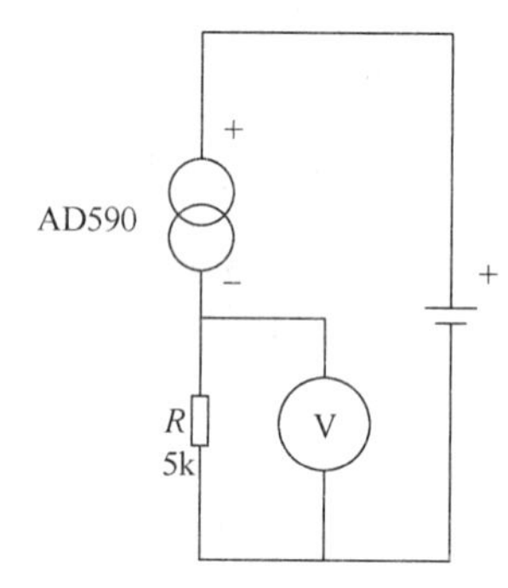

图 2.7-4　AD590 测温原理图

【实验内容】

1）按图 2.7-4 原理连接实验电路，电源机箱后面的开关拨向“内接”，即测温传感器取样标准电阻内接 5kΩ. 打开放气阀 A，使储气瓶内空气压强与外界环境空气压强相等．开启电源，让测试仪预热 20min，然后调节调零电位器，使测量空气压强的三位半数字电压表 U_p 显示为“000.0”，并记录此时测量温度的四位半数字电压表 U_{T_0}（mV）（也可以用实验室标准气压计测定环境大气压强 p_0，用水银温度计测量环境温度 T_0.）.

2）关闭放气阀 A，打开充气阀 B，用充气球向瓶内注气，使压强测试电压表示值升高到 100～150mV. 然后关闭充气阀 B，观察 U_T 和 U_p 的变化，经历一段时间后，当 U_T 和 U_p 指示值均不变时，记下此时的 U_{p_1} 和 U_{T_1}（单位为 mV），此时瓶内气体近似为状态Ⅰ(p_1，T_1)（T_1 近似为 T_0，但往往略高于 T_0，因为稳态平衡时间很长）.

3）迅速打开放气阀 A，当瓶内空气压强降至环境大气压强 p_0 时（放气声结束），立刻关闭放气阀 A，这时瓶内气体温度降低，状态变为Ⅲ(p_0，V_2，T_1).

4）当瓶内空气的温度上升至温度 T_0 时，且压强稳定后，记下此时的 U_{p_2} 以及 U_{T_2}（单位为 mV），此时瓶内气体近似为状态Ⅲ(p_2，V_2，T_2)（T_2 近似为 T_0）.

5）打开放气阀 A，使储气瓶与大气相通，以便下一次测量．

6）把测得的电压值 U_{p_1}、U_{T_1}、U_{p_2}、U_{T_2}（以 mV 为单位）填入表 2.7-1，对应的气体压强按照 $p_1 = p_0 + U_{p_1}/2000$ 和 $p_2 = p_0 + U_{p_2}/2000$ 计算得出．

依公式 $\gamma = \dfrac{\ln(p_1/p_0)}{\ln(p_1/p_2)}$，计算空气的比热容比 γ 值．

表 2.7-1　实验数据记录表

$p_0/10^5$Pa	U_{p_1}/mV	U_{T_1}/mV	U_{p_2}/mV	U_{T_2}/mV	$p_1/10^5$Pa	$p_2/10^5$Pa	γ

7）重复步骤 2）～6），再进行 2 次测量，比较多次测量中气体的状态变化有何异同，并计算比热容比的平均值 $\overline{\gamma}$.

根据表 2.7-1 的数据测得的 $\overline{\gamma}=1.363$，理论值为 $\gamma=1.402$，测量值与理论值百分比误差为

$$\delta=\frac{\gamma-\overline{\gamma}}{\gamma}\times 100\%=2.78\%$$

【注意事项】

1）妥善放置储气玻璃瓶以及玻璃阀门，避免破损.

2）实验前应检查系统是否漏气，方法是关闭放气阀 A，打开充气阀 B，用充气球向瓶内打气，使瓶内压强升高一定值，关闭充气阀 B，观察压强是否稳定，若始终下降，则说明系统有漏气之处.

3）打开放气阀 A，当放气结束后要迅速关闭放气阀，提前或推迟关闭阀门都将引入较大误差. 一般放气时间约零点几秒，可以通过放气声音进行判断.

4）请不要在阳光照射或者温度变化较快的环境中开展实验.

5）充气或放气后，储气瓶中气体温度恢复至室温需要较长时间，且需保证此过程中环境温度不发生变化. 当储气瓶温度变化趋于停止时，此时温度已接近环境温度.

6）扩散硅压力传感器参数存在差异，需与测试仪配套对应.

7）注意充气球与充气阀之间的接口安全.

实验 2.8　用稳态法测量不良导体的热导率

【引言】

热导率又称导热系数，是表征物质热传导性质的物理量. 材料结构的变化与所含杂质的不同对材料热导率数值都有明显的影响，因此，材料的热导率常常需要由实验去具体测定.

测定不良导体的导热系数需要测出传热速率，利用稳态法可将传热速率的测量转换为测量散热铝盘的冷却速率，并给出了用稳态法测定热导率的方案.

1882 年法国科学家傅里叶（J. Fourier）建立了热传导理论，目前各种测量热导率的方法都是建立在傅里叶热传导定律的基础之上的. 测量热导率的实验方法一般分为稳态法和动态法两类. 在稳态法中，先利用热源对样品加热，样品内部的温差使热量从高温处向低温处传导，样品内部各点的温度将随加热快慢和传热快慢的影响而变动；当适当控制实验条件和实验参数使加热和传热的过程达到平衡状态时，待测样品内部可能形成稳定的温度分布，根

据这一温度分布就可以计算出热导率．而在动态法中，最终在样品内部所形成的温度分布是随时间变化的，如呈周期性的变化，变化的周期和幅度也受实验条件和加热快慢的影响，与热导率的大小有关．本实验应用稳态法测量不良导体（橡胶样品）的热导率．

【实验目的】

学习测量不良导体热导率的原理和方法．

学习用物体散热速率求传导速率．

研究改变哪些实验条件将对实验结果产生影响．

【实验仪器】

FD-TC-B 型热导率测定仪、导热硅脂、游标卡尺、外径千分尺、物理天平．

【实验原理】

1898 年，C. H. Lees 首先使用平板法测量不良导体的热导率，这是一种稳态法．实验中，将样品制成平板状，其上端面与一个稳定的均匀发热体充分接触，下端面与一均匀散热体相接触．由于平板样品的侧面积比平板平面小很多，可以认为热量只沿着上下方向垂直传递，横向由侧面散去的热量可以忽略不计，即可以认为样品内只有在垂直样品平面的方向上有温度梯度，在同一平面内各处的温度相同．

设稳态时，样品的上、下平面温度分别为 T_1、T_2，根据傅里叶热传导方程，在 Δt 时间内通过样品的热量 ΔQ 满足下式：

$$\frac{\Delta Q}{\Delta t}=\lambda \frac{T_1-T_2}{h_B}S \tag{2.8-1}$$

式中，$\Delta Q/\Delta t$ 为散热速率；h_B 为样品的厚度；S 为样品的平面面积；$(T_1-T_2)/h_B$ 为与面积 S 相垂直方向上的温度梯度；λ 为样品的热导率，单位为 W/(m·K)，表示物体导热能力的大小．

实验中样品一般为圆盘状，设圆盘样品的直径为 d_B，则由式（2.8-1）得

$$\frac{\Delta Q}{\Delta t}=\lambda \frac{T_1-T_2}{4h_B}\pi d_B^2 \tag{2.8-2}$$

实验装置如图 2.8-1 所示．固定于底座的三个支架上，支撑着一个铜散热盘 P，散热盘 P 可以借助底座内的风扇达到稳定有效的散热．散热盘上安放面积相同的圆盘样品盘 B，样品盘 B 上放置一个圆盘状加热盘 C，其面积也与样品盘 B 的面积相同，加热盘 C 是由单片机控制的自适应电加热，可以设定加热盘的温度．当传热达到稳定状态时，样品上、下表面的温度 T_1 和 T_2 不变，这时可以认为加热盘 C 通过样品盘 B 传递的热流量与散热盘 P 向周围环境的散热量相等．因此可以通过散热盘 P 在稳定温度 T_2 时的散热速率求出样品的传热速率．实验时，当测得稳态时的样品上、下表面温度 T_1 和 T_2 后，将样品盘 B 抽去，让加热盘 C 与散热盘 P 接触，当散热盘的温度上升到高于稳态温度 10℃后，移开加热盘，让散热盘在电风扇作用下冷却，记录散热盘温度 T 随时间 t 的下降情况，求出散热盘在 T_2 时的冷却速率 $\left.\frac{\Delta T}{\Delta t}\right|_{T_1=T_2}$，则散热盘 P 在 T_2 时的散热速率为

$$\frac{\Delta Q}{\Delta t}=mc\left.\frac{\Delta T}{\Delta t}\right|_{T=T_2} \tag{2.8-3}$$

式中，m 为散热盘 P 的质量；c 为其比热容．

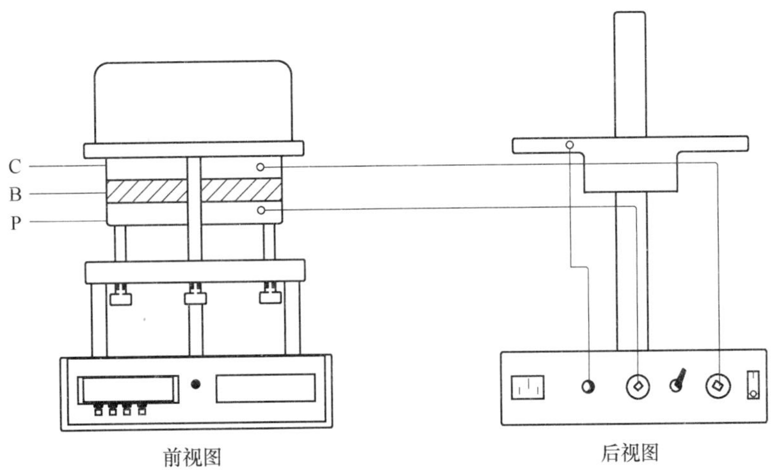

图 2.8-1　FD-TC-B 型热导率测定仪

对于散热盘 P，当加热盘 C 向其稳态传热时，散热盘的散热外表面积为 $\pi R^2+2\pi Rh_p$，移去加热盘 C 后，散热盘散热外表面积为 $2\pi R^2+2\pi Rh_p$，由于物体的冷却速率与它的散热表面积成正比，所以稳态时散热盘 P 的散热速率的表达式应做面积修正．设稳态时，散热盘 P 的散热速率为 $\Delta Q/\Delta t$，移开加热盘 C 后散热盘 P 的散热速率为 $\Delta Q'/\Delta t$，则有

$$\frac{\Delta Q}{\Delta t}=\frac{\pi R^2+2\pi Rh_P}{2\pi R^2+2\pi Rh_P}\frac{\Delta Q'}{\Delta t}=mc\left.\frac{\Delta T}{\Delta t}\right|_{T=T_2}\frac{\pi R^2+2\pi Rh_P}{2\pi R^2+2\pi Rh_P} \tag{2.8-4}$$

式中，R 为散热盘 P 的半径；h_P 是其厚度．由式（2.8-2）和式（2.8-4）可得

$$\lambda\frac{T_1-T_2}{4h_B}\pi d_B^2=mc\left.\frac{\Delta T}{\Delta t}\right|_{T=T_2}\frac{\pi R^2+2\pi Rh_P}{2\pi R^2+2\pi Rh_P} \tag{2.8-5}$$

所以样品的热导率 λ 为

$$\lambda=mc\left.\frac{\Delta T}{\Delta t}\right|_{T=T_2}\frac{R+2h_P}{2R+2h_P}\frac{4h_B}{T_1-T_2}\frac{1}{\pi d_B^2} \tag{2.8-6}$$

【实验仪器描述】

FD-TC-B 型热导率测定仪装置如图 2.8-1 所示，它由电加热器、铜加热盘 C，橡胶样品圆盘 B，铜散热盘 P、支架及调节螺钉、温度传感器以及控温与测温器组成．

【实验内容】

用物理天平称量散热盘 P 的质量，用外径千分尺测量其厚度 h_P 及待测样品盘 B 的厚度 h_B，用游标卡尺测量散热盘 P 的直径 $2R$ 以及样品盘 B 的直径 d_B．测量数据填入表 2.8-1.

取下 FD-TC-B 型导热系数测定仪的固定螺钉，将橡胶样品放在加热盘与散热盘中间，橡胶样品要求与加热盘、散热盘完全对准，要求上下绝热薄板对准加热和散热盘．调节底部的三个微调螺钉，使样品与加热盘、散热盘接触良好，但注意不宜过紧或过松．

按照图 2.8-1 所示，插好加热盘的电源插头，再将两根连接线的一端与机壳相连，另一传感器端插在加热盘和散热盘小孔中，要求传感器完全插入小孔中，并在传感器上抹一些硅油或者导热硅脂，以确保传感器与加热盘和散热盘接触良好．在安放加热盘和散热盘时，还应注意使放置传感器的小孔上下对齐（注意：加热盘和散热盘两个传感器要一一对应，不可互换）.

接上导热系数测定仪的电源，开启电源后，左边表头首先显示“FDHC”，然后显示当时温度，当转换至“b==・=”，用户可以设定控制温度．设置完成按“确定”键，加热盘即开始加热；右边显示散热盘的当时温度．

当加热盘的温度上升到设定温度值时，开始记录散热盘的温度，每隔 1min 可记录一次，当在 10min 或更长的时间内加热盘和散热盘的温度值基本不变时，可以认为已经达到稳定状态．

按“复位”键停止加热，取走样品，调节三个螺钉使加热盘和散热盘接触良好，再设定温度到 80℃，加快散热盘的温度上升，使散热盘温度上升到高于稳态时的 T_2 值 10℃左右即可．

移去加热盘，让散热盘在风扇作用下冷却，每隔 10s（或者 30s）记录一次散热盘的温度示值，测量数据记入表 2.8-2 中．由临近值的温度数据中采用逐差法计算冷却速率 $\left.\frac{\Delta\theta}{\Delta t}\right|$，也可以根据记录数据作冷却曲线，用镜尺法作曲线在 T_2 点的切线，根据切线斜率计算冷却速率．

根据测量得到的稳态时的温度值 T_1 和 T_2，以及在温度 T_2 时的冷却速率，由式（2.8-6）计算不良导体样品的热导率．

【注意事项】

为了准确测定加热盘和散热盘的温度，实验中应该在两个传感器上涂些导热硅脂或者硅油，以使传感器和加热盘、散热盘充分接触；另外，加热橡胶样品时，为达到稳定的传热，调节底部的三个微调螺钉，使样品与加热盘、散热盘紧密接触，注意不要使中间有空气隙，也不要将螺钉旋得太紧，以影响样品的厚度．

热导率测定仪铜盘下方的风扇做强迫对流换热用，减小样品侧面与底面的放热比，增加样品内部的温度梯度，从而减小实验误差，因此，实验过程中风扇一定要打开．

【实验数据记录】

室温：________℃，散热盘 P 的比热容：________ J/(kg・K).

表 2.8-1　用稳态法测量不良导体的热导率数据记录表一

测量项目	测量次数			平均值
	1	2	3	
散热盘 P 的质量 m/kg				
散热盘 P 的厚度 h_P/mm				
散热盘 P 的直径 $2R$/mm				
样品盘 B 的厚度 h_B/mm				
样品盘 B 的直径 d_B/mm				

稳态时样品盘上表面的温度 $T_1=$________℃，下表面的温度 $T_2=$________℃.

散热盘 P 自然冷却时温度记录：时间间隔________ s.

表 2.8-2　用稳态法测量不良导体的热导率数据记录表二

次数	1	2	3	4	5	6	7	8	9
T/℃									
次数	10	11	12	13	14	15	16	17	18
T/℃									
次数	19	20	21	22	23	24	25	26	27
T/℃									

实验 2.9　水的沸点与压强关系的研究

【引言】

沸点是指液体发生沸腾时的温度．当液体沸腾时，在其内部所形成的气泡中，其饱和蒸汽压必须与外界施予的压强相等，气泡才有可能长大并上升，因此，沸点也就是液体的饱和蒸汽压等于外界压强时的温度．液体的沸点跟外部压强有关．当液体所受的压强增大时，它的沸点升高；当压强减小时，沸点降低．本实验以水为研究对象，分别对水表面压强小于大气压和大于大气压时沸点与压强的关系进行研究．

【实验目的】

研究水的沸点随压强变化的规律．

【实验仪器】

低于大气压力时：烧瓶、压强计、温度计、冷凝器、抽气机．

高于大气压力时：高压锅、压强计、温度计、滑轮、砝码．

【实验原理】

低于大气压力时，实验装置如图 2.9-1 所示，其中 1 为烧瓶；2 为温度计；3 为冷凝器，其作用是将水蒸气凝结成水送回烧瓶中，以保持系统内的压强不变；4 为压强计；5 为起稳压作用的玻璃瓶；6 为三通阀，其三个端口分别通测量系统、接抽气机和通大气，如图 2.9-2 所示．

当实验开始时，先用抽气机降低密闭系统 1、3、4、5 内的压强到某一数值，给烧瓶加热使烧瓶内的水汽化．此时密闭系统中由于水蒸气的增加其压强增大．为了使系统的压强稳定在某一数值，给冷凝器中注入冷水，将进入其中的水蒸气凝结再回流到烧瓶中．继续加热烧瓶使其中的水沸腾，利用压强计和温度计测出沸腾时的压强和温度．转动三通阀，系统压强随之改变，再次测量其相应的沸点温度，得出水表面压强小于大气时，沸点随外压强变化的规律．

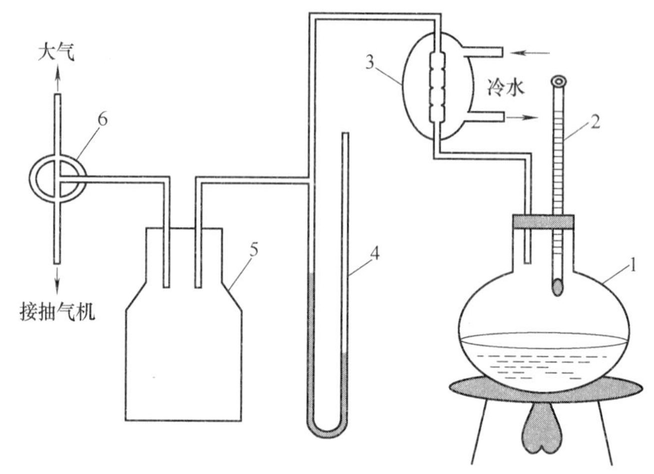

图 2.9-1 水的沸点与压强关系的研究装置

1—烧瓶 2—温度计 3—冷凝器 4—压强计 5—玻璃瓶 6—三通阀

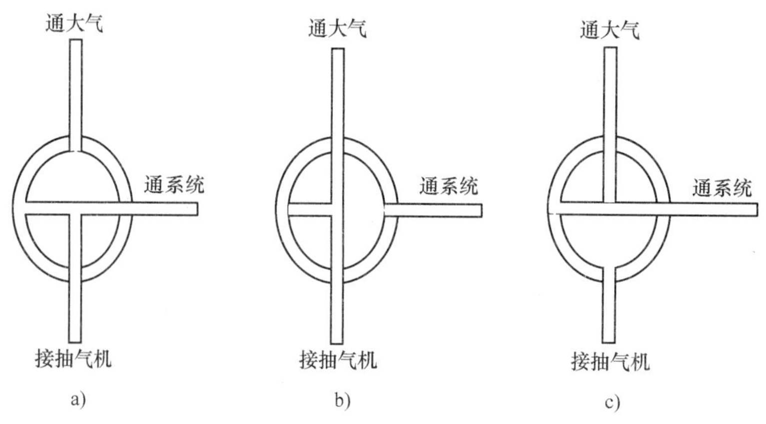

图 2.9-2 三种不同的三通阀

当高于大气压时实验装置如图 2.9-3 所示．压强计和温度计安装在高压锅锅盖上，限压阀和砝码分别挂在定滑轮两侧，高压锅内的压强由限压阀的压力控制．当高压锅内汽体压强增大到能顶起限压阀时，高压锅内液体开始沸腾．改变滑轮上所挂砝码的数值，就可以改变限压阀的压力，从而改变锅内饱和蒸汽的压强．这样测得不同外界压强下的数值，便得出液体表面压强大于大气时，沸点随外压强变化的规律．

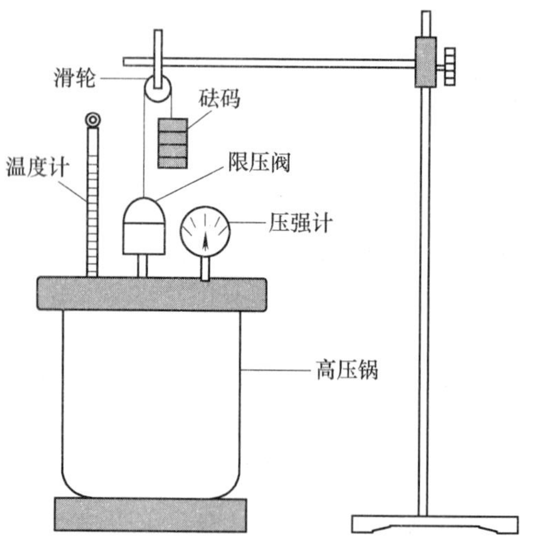

图 2.9-3 水的沸点与压强关系的研究装置

【实验内容】

做液体表面压强小于大气压强的实验时，按图 2.9-1 所示安装好仪器，烧瓶中装半瓶水，用高真空硅脂对仪器接口处进行密封处理．

接通电源，旋转三通阀到图 2.9-2a 的位置，用抽气机对密闭系统抽气，当内外压强差达 70cmHg 时，停止抽气，旋转三通阀到图 2.9-2b 的位置．观察密封系统内压强是否稳定，如有漏气要检查出漏气点，重新密封后才能进行实验．给烧瓶加热，并给冷凝器中通冷水，当烧瓶中的水沸腾时，记下压强及温度计的读数．

旋转三通阀到图 2.9-2c 的位置，使系统内与外界压强差减小 5cmHg，及时旋转三通阀到图 2.9-2b 的位置，再测出沸腾时的温度及压强值．逐次减少压强差 5cmHg，重复上述测量，直至内外压强差为 0 时为止．把所测数据填入自拟的数据表中，作出水表面压强低于大气压强的 $p-T$ 图线．

做液体表面压强大于大气压强的实验时，按图 2.9-3 所示安装好仪器，高压锅内部装有约 1/3 的水，盖好锅盖后，用适量砝码平衡限压阀，然后给高压锅加热．当高压锅内的水沸腾时，记下压强和温度值．

每减小 20g 砝码测一次压强和温度的值，直至全部砝码取下为止．把所测数据填入自拟的表中，作出水表面压强高于大气压强的 $p-T$ 图线．

【注意事项】

在加热烧瓶时，绝不能开动抽气机抽气，以防水蒸气进入机械泵．

使用高压锅要注意安全，高压锅中加水不能太少，以防烧干．

减压阀上不允许再加负载，以防超压发生危险．

在实验过程中不要把头探到高压锅上方，在压强计的数值不为零以前，不准随便取下限压阀，以免高温蒸汽喷出发生危险．

【实验数据记录】

自拟表格记录数据．

光 学 部 分

实验 2.10　自组显微镜并测量放大率

【引言】

显微镜主要是用来帮助人眼观察近处的微小物体，显微镜与放大镜的区别是二级放大．通过本实验，学生应更了解显微镜的原理，自己搭建显微镜，测量相关参数．

【实验目的】

学习显微镜的原理及使用显微镜观察微小物体的方法．

学习测定显微物镜的放大率及显微系统视角放大率的方法．

测量显微系统线视场．

【实验原理】

最简单的显微镜是由两个凸透镜构成．其中，物镜的焦距很短，目镜的焦距较长．它的光路如图 2.10-1 所示．

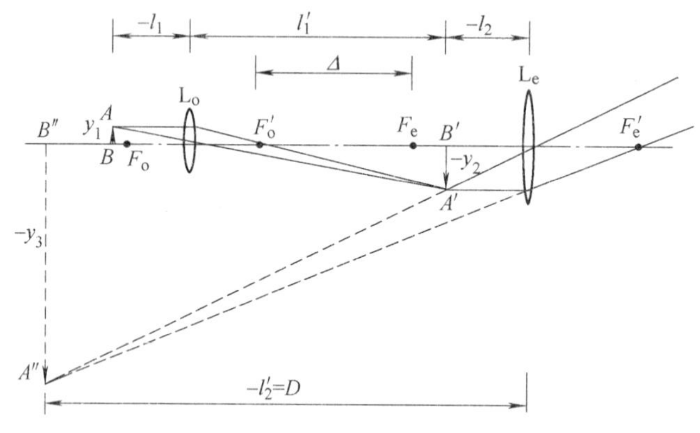

图 2.10-1　简单显微镜的光路图

图中的 L_o 为物镜（焦点在 F_o 和 F_o'），其焦距为 f_o；L_e 为目镜，其焦距为 f_e，将长度为 y_1 的被观测物体 AB 放在 L_o 的焦距外且接近焦点 F_o 处，物体通过物镜成一放大倒立实像 $A'B'$（其长度为 y_2），此实像在目镜的焦点以内，经过目镜放大，结果在明视距离 D 上得到一个放大的虚像 $A''B''$（其长度为 y_3）．虚像 $A''B''$ 对于被观测物 $A'B'$ 来说是倒立的．由图 2.10-1 可见，显微镜的放大率为

$$\gamma=\frac{\tan\psi}{\tan\phi}=\frac{\dfrac{-y_3}{-l_2'}}{\dfrac{y_1}{-l_2'}}=\frac{-y_3}{-y_2}\,\frac{-y_2}{y_1} \tag{2.10-1}$$

式中，ϕ 为明视距离处物体对眼睛所张的视角；Ψ 为通过光学仪器观察时在明视距离处的成像对眼睛所张的视角（图中 ϕ 和 Ψ 未标出）．

其中，$\dfrac{-y_3}{-y_2}=\dfrac{-l_2'}{-l_2}\approx\dfrac{D}{f_o}=\beta_e$，为目镜的放大率．

$\dfrac{-y_2}{y_1}=-\dfrac{l_1'}{l_1}\approx-\dfrac{\Delta}{f_o}=\beta_o$（因 l_1' 比 f_0 大得多），为物镜的放大率．

Δ 为显微物镜焦点 F_o' 到目镜焦点 F_e 之间的距离，称为物镜和目镜的光学间隔．因此，式（2.10-1）可改写成

$$\gamma=-\frac{D}{f_e}\,\frac{\Delta}{f_o}=-\beta_e\beta_o \tag{2.10-2}$$

由式（2.10-2）可见，显微镜的放大率等于物镜放大率和目镜放大率的乘积．在 f_o、f_e、Δ 和 D 为已知的情形下，可以利用式（2.10-2）算出显微镜的放大率．

分辨力板广泛用于光学系统的分辨率、景深、畸变的测量及机器视觉系统的标定中．本实验用到的是国标 A 型分辨力板 A3，如图 2.10-2 和图 2.10-3 所示，它是根据国家分辨力板相关标准设计的分辨力测试图案．一套 A 型分辨力板由图形尺寸按一定倍数关系递减的七块分辨力板组成，其编号为 A1～A7．每块分辨力板上有 25 个组合单元，每一线条组合单

元由相邻互成 45°、宽等长的 4 组明暗相间的平行线条组成，线条间隔宽度等于线条宽度．分辨力板相邻两单元的线条宽度的公比为 $1/\sqrt[12]{2}$（近似 0.94），如图 2.10-3 所示．在分辨力板各单元中，每一组的明暗线条总数以及 A3 分辨力板的所有单元的线条宽度详见表 2.10-1 国标分辨力对照表．

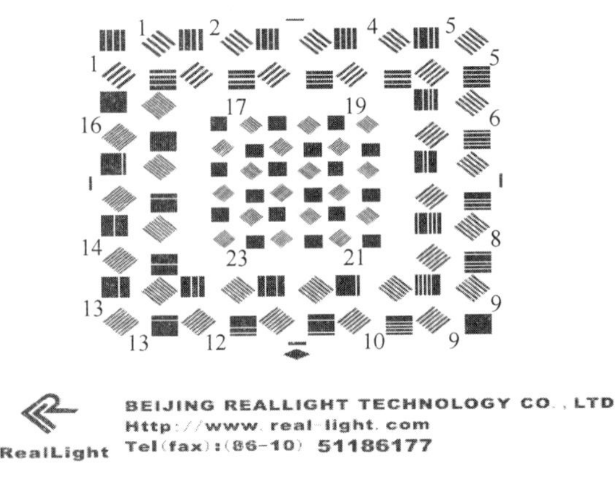

图 2.10-2　国标 A3 分辨力板

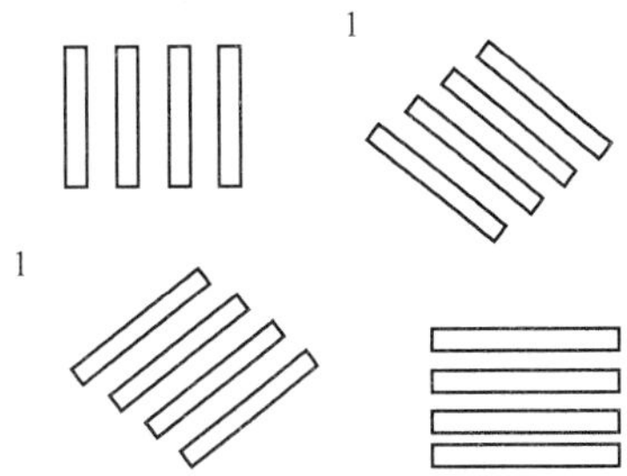

图 2.10-3　国标 A3 分辨力板部分放大图

【实验内容】

调整物镜．打开光源，依次放置 A3 国标分辨力板、显微物镜和白屏．之后，调整显微物镜的高度，使得国标 A3 分辨力板中的图案能够清晰成像在白板上．在调整的过程中，可将白屏放置在国标 A3 分辨力板后观察．前后小心移动显微物镜，待白板上的图案清晰可见，即物镜调整完毕．

调整目镜．取下白板，在显微物镜后加入目镜，调整目镜高度使之同轴．人眼通过目镜观察 A3 国标分辨力板的图案．前后移动目镜使成像最清晰即调整完毕．旋转 Y 向旋钮，让 A3 国标分辨力板上的一个或多个数字出现在视野中，直至可以分辨出所测量的是哪一个编号的图案，以便查出对应的线宽．

旋转显微目镜，使叉丝其中一轴与待测图案的线条平行，另一轴穿过待测图案．记录像高 h. 物镜放大率实验装配图如图 2.10-4 所示．

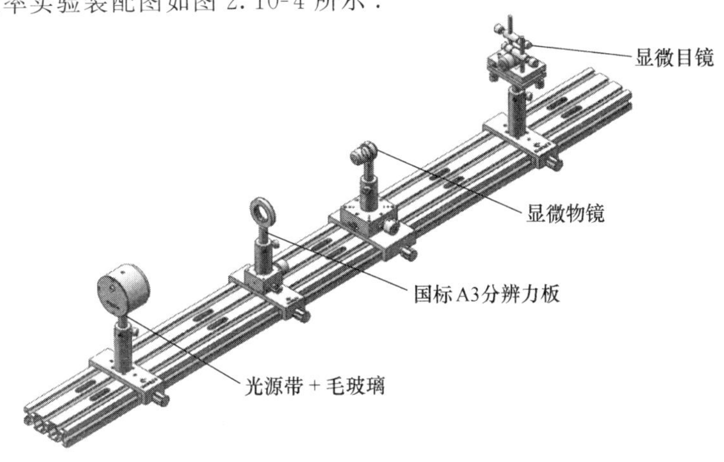

图 2.10-4　显微系统的物镜放大率测量实验装配图

目镜的放大率 β_e 从目镜上可直接读出．

根据式（2.10-2），物镜的放大率 $\beta_o=\frac{\Delta}{f_o}$，即光学间隔与物镜焦距的比值．通过系统读取物体的像，利用像高比物高近似得到显微系统的视角放大率（物体的实际尺寸可根据国标分辨力板的序号查表得到单个线宽），物镜的放大率也可根据目镜的放大率和系统的视角放大率计算得到．

线视场．用一维测微尺更换国标 A3 分辨力板．松开滑块旋钮，小心将夹持国标 A3 分辨力板的滑块移动到远离显微物镜的位置，然后将国标 A3 分辨力板取下，换上一维测微尺．该器件由干板夹夹持．夹好测微尺后，小心移动滑块到刚才放置国标 A3 分辨力板位置的附近．小心调整一维测微尺的高度，使之穿过显微物镜镜头的中心区域，再通过目镜观察并缓慢调整一维测微尺，得到清晰成像并且横穿视场的中心为止．读取视场两边刻度小格数（0.025mm/格）即可得到显微系统的线视场 L. 为了保证系统的一致性，在更换一维测微尺的过程中，尽量避免碰触或调整显微物镜及目镜．线视场测量实验装配图如图 2.10-5 所示．将实验数据填入表 2.10-2.

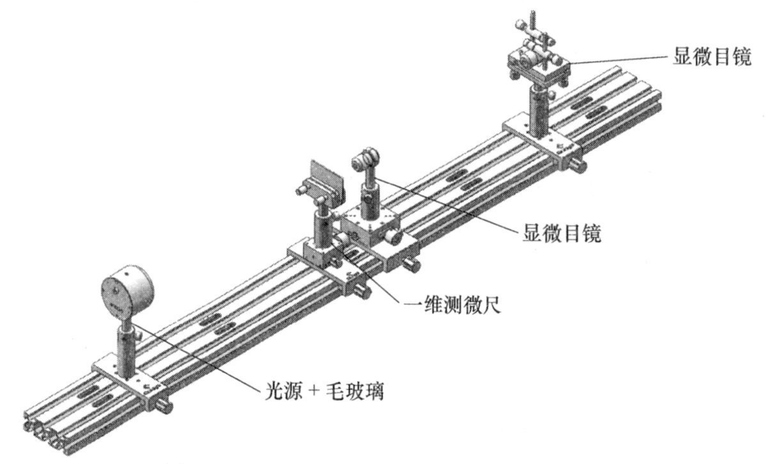

图 2.10-5　显微系统线视场测量实验装配图

表 2.10-1　国标 A3 分辨力对照表

单元 / 编号	国标 A3 分辨力 线宽/μm	单元 / 编号	国标 A3 分辨力 线宽/μm
1	40	14	18.9
2	37.8	15	17.8
3	35.6	16	16.8
4	33.6	17	15.9
5	31.7	18	15
6	30	19	14.1
7	28.3	20	13.3
8	26.7	21	12.6
9	25.2	22	11.9
10	23.8	23	11.2
11	22.4	24	10.6
12	21.2	25	10
13	20		

【实验数据记录】

表 2.10-2　显微系统线视场实验数据

序　　号	像高 h/mm	目镜的放大率 β_e	物镜的放大率 β_o	线视场 L/mm
1				
2				
3				

实验 2.11　光学透镜组基点的测量

【引言】

对于一个已知的共轴光学系统，利用近轴光学的基本公式可以求出物体理想像的大小和位置，但是当物面的位置发生变化的时候，需要重复计算，十分烦琐．而高斯光学则可以不涉及光学系统的具体结构，而采用一些特殊的点和面来表示一个光学系统的成像性质，我们称这些特殊的点为基点，这些特殊的面为基面．根据基点和基面就能够确定其他任意点的物像关系，从而使成像过程变得简单．每个厚透镜及共轴球面透镜组都有六个基点，即两个焦点 F、F'，两个主点 H、H'，两个节点 N、N'．对应的就有焦平面、主平面和节平面．

【实验目的】

了解透镜组的基点的一般特性．

学习测定光组基点的方法．

【实验原理】

1. 焦点和焦面

一个实际的高斯光学系统通常有两个焦点，即物方焦点及像方焦点．相应的有两个焦平面，即物方焦平面和像方焦平面．平行于系统光轴的光线入射系统，光线会交于光轴上一点(设为 F')，显然 F' 为物方无限远处轴上点所成的像，我们称 F' 点为光学系统的像方焦点(或后焦点、第二焦点)，过像方焦点 F' 作一垂直光轴的平面即为像方焦平面．物方无限远轴外点发出的倾斜于光轴的平行光束，经过系统后必定会交于像方焦平面上一点．

同理，在系统光轴上也可以找到一个具体的位置点 F，从 F 点发出的光经过系统后均为平行于光轴的光，该点 F 即为物方焦点（或称为前焦点、第一焦点)，过物方焦点 F 作垂直于光轴的平面称为物方焦平面，它与像方无限远处的垂轴平面相共轭，物方焦平面上的任一点发出的光束经光学系统后均以平行光射出．

2. 主点和主面

在光学系统中，放大率 β 不是一个定值，它随物体位置的变化而变化，但总可以找到这样一个位置，在该位置处这对共轭面的放大率 $\beta=+1$，我们称这对共轭面为主平面，位于物方的主平面称为物方主平面，位于像方的主平面称为像方主平面．主平面与光轴的交点称为主点，物方主平面与光轴的交点称为物方主点 H，像方主平面与光轴的交点称为物方主点 H'．严格说来，主平面是个相对于光轴对称的曲面，只有在近轴区才可以看作是垂直于光轴的平面．图 2.11-1 中的 MH 和 $M'H'$ 就分别是物方主平面和像方主平面．

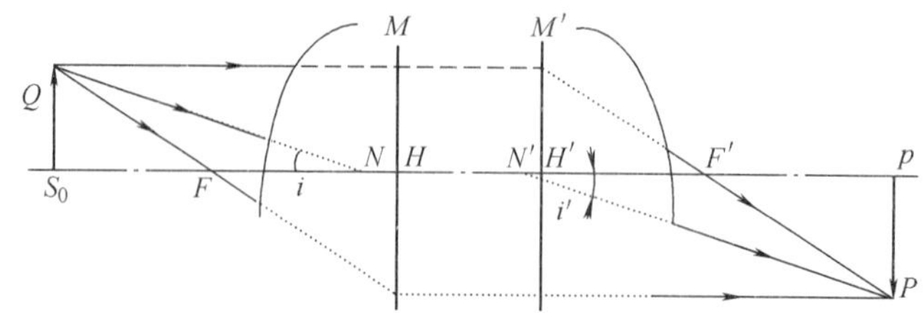

图 2.11-1　透镜组光路示意图

3. 节点和节面

除了主点和焦点之外，在实际应用中还存在另外一对共轭点，那就是节点．节点是指角放大率 $\gamma=+1$ 的一对共轭点，物方节点用字母 N 表示，像方节点用字母 N' 表示．入射光线（或其延长线）通过第一节点 N 时，出射光线（或其延长线）必通过第二节点 N'，并与 N 的入射光线平行，如图 2.11-2 所示，过节点垂直于主光轴的平面分别称为第一和第二节面．当共轴球面系统处于同一媒质时，两主点分别与两节点重合．

综上所述，薄透镜的两主点和节点与透镜的光心重合，而共轴球面系统两主点和节点的位置，将随各组合透镜或折射面的焦距和系统的空间特性而异．在实际使用透镜组时，多数场合透镜组两边都是空气，物方和像方媒质的折射率相等，此时节点和主点重合．

如何用节点镜头测定节点的所在？设有一束平行光入射于由两片薄透镜组成的光具组，光具组与平行光束共轴，光线通过光具组后，会聚于白屏上的 Q 点，如图 2.11-2 所示，此 Q 点即光组的像方焦点 F'．以经过节点且垂直于平行光的某一方向为轴，将光具组转动一小角度，如图 2.11-3 所示，回转轴恰好通过光具组的第二节点 N'，因为入射第一节点 N 的光线必从第二节点 N' 射出，而且出射光平行于入射光，现在 N' 未动，入射光方向未变，所以通过光具组的光束仍然会聚于焦平面上的 Q 点，但是这时光具组的像方焦点 F' 已离开 Q 点．严格讲，回转后像的清晰度稍差．

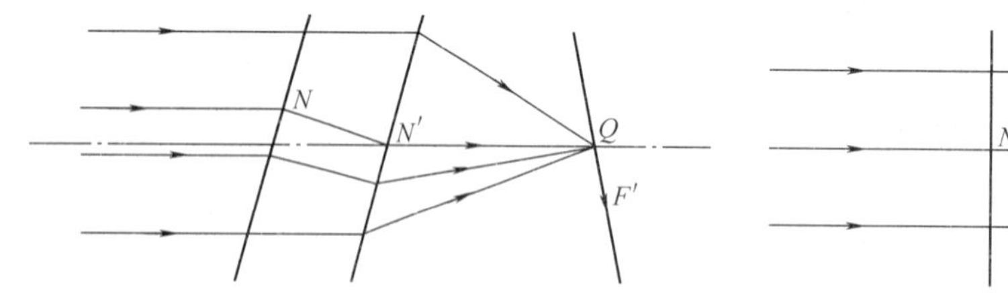

图 2.11-2　回转轴通过光具组节点

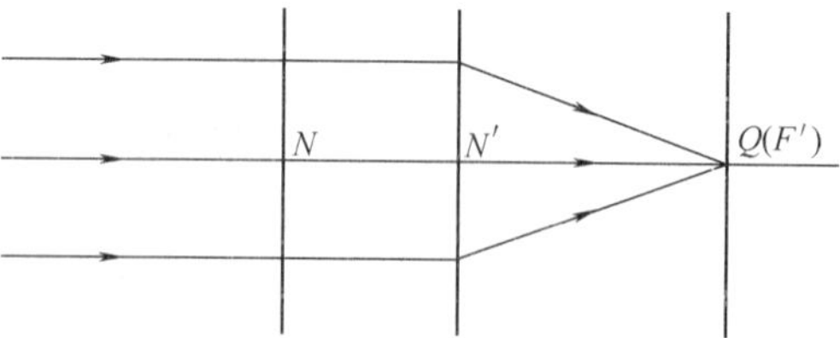

图 2.11-3　节点位置判定

本实验以两个薄透镜组合为例，主要讨论如何测定透镜组的节点，并验证节点同主点重合．双光组组合是光组组合中最常遇到的组合，也是最基本的组合，如图 2.11-4 所示．L-S 为待测透镜组，设 L 为已知透镜焦距为 $-f_1$ 的凸透镜，S 为已知透镜焦距为 $-f_2$ 的凸透镜，它们的焦距分别为 f_1、f_1' 和 f_2、f_2'，透镜 L 的主点（节点）为 H_1、$H_1'(N_1$、$N_1')$，像方焦点为 F_1'，透镜 S 的主点（节点）为 H_2、$H_2'(N_2$、$N_2')$，像方焦点为 F_2'，两光组光学间隔为 Δ.

则透镜组焦距为

$$f=\frac{f_1 f_2}{\Delta} \tag{2.11-1}$$

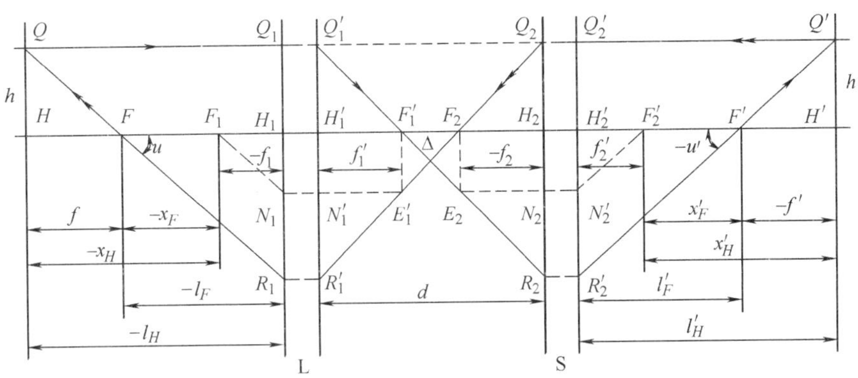

图 2.11-4　双光组组合光路示意图

式中，

$$\Delta = d - f_1' + f_2 \tag{2.11-2}$$

$$x_F' = \frac{f_2 f_2'}{\Delta} \tag{2.11-3}$$

式中，x_F'是透镜组后透镜像方焦点 F_2'到等效系统的像方焦点 F'的距离．

L-S 透镜组 S 透镜后焦点到系统像方主点的距离为

$$x_H' = \frac{f_2'(f_1' - f_2')}{\Delta} \tag{2.11-4}$$

式中，Δ 为透镜组的光学间隔．x_H'满足 $x_H' = x_F' - f'$．所以，可以根据在节点镜头中读出的两透镜的距离 d，由式（2.11-2）和式（2.11-4）计算出 x_H'，从而可知像方主点的位置，然后可与实验得出的节点位置进行比较．当满足以下公式时，可检验主点和节点是否重合．

$$|X_H'| = |f_2' + L_{b-a}| \tag{2.11-5}$$

式中，b 是节点透镜 S 的位置，a 是节点器支杆的位置，L_{b-a}就是透镜 S 和节点器支杆之间的距离，f_2'是节点透镜 S 的焦距．当满足 $x_H' = X_H'$时，可检验主点和节点重合，如图 2.11-5 所示．

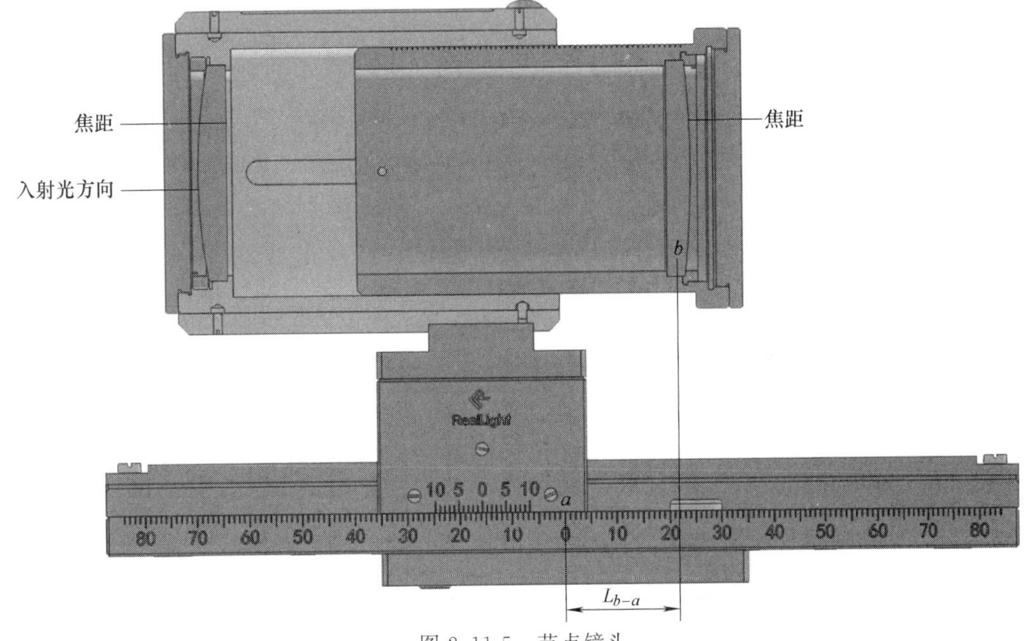

图 2.11-5　节点镜头

【实验内容】

按照实验装配图 2.11-6 安装实验器件．

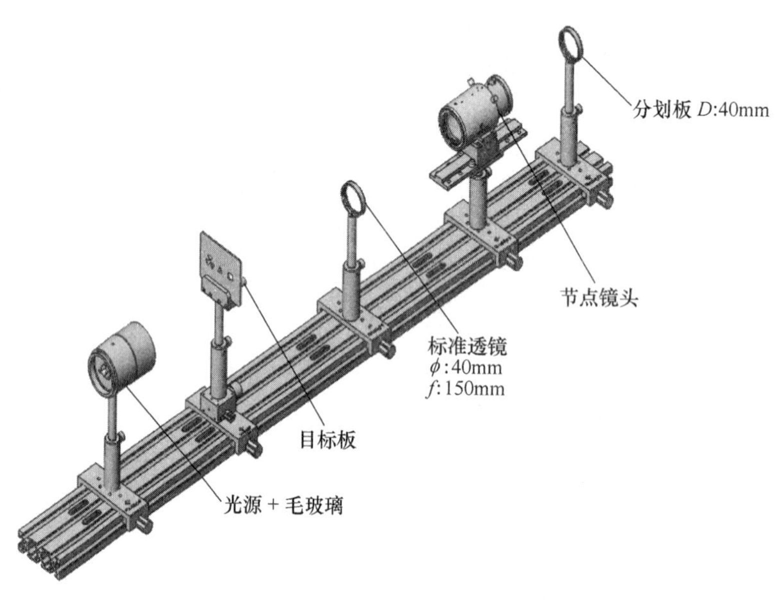

图 2.11-6　透镜基点测量实验装配图

调整各光学元件同轴等高，借助反射镜调节目标板与标准透镜之间的距离，使目标板位于标准透镜的前焦面（自准直法）.

借助分划板找到节点器后方清晰像，然后以节点器支杆为轴旋转节点器，观察分划板上的成像位置是否发生变化．若发生变化，则旋转节点器上的调节旋钮，改变节点器的位置，直至旋转节点器时，分划板上的成像位置不会发生改变，此时支杆的位置就是节点器节点所在的位置．记录节点器支杆的位置 a、节点器透镜 S（后透镜）与支杆之间的距离 L_{b-a} 和节点器两透镜距离 d，并记录在表 2.11-1 中．

移动分划板，找到此时清晰成像的位置，记录清晰成像的位置．

验证主点是否与节点重合（即验证节点位置是否正确）：

方法 1：根据式（2.11-2）和式（2.11-4）计算出 x'_H. 代入式（2.11-5）计算出的 X'_H，来判断主点和节点是否重合．

方法 2：由于光源经过准直后，光束为平行光或准平行光，光束经过透镜组后成像于该系统的后焦面，故根据式（2.11-1）、式（2.11-2）计算出系统焦距 f，此时与该光学系统后焦面相距 f 的位置为主面，与光轴相交的点为主点．比较主点与节点位置．

附：节点器透镜刻度读法

如图 2.11-7 所示，齿轮齿条长轴刻度的零点就是支杆的位置所在，节点器零刻度与齿轮齿条短轴零点在垂直光轴的同一个平面上（见图 2.11-8).

图 2.11-7　节点镜头

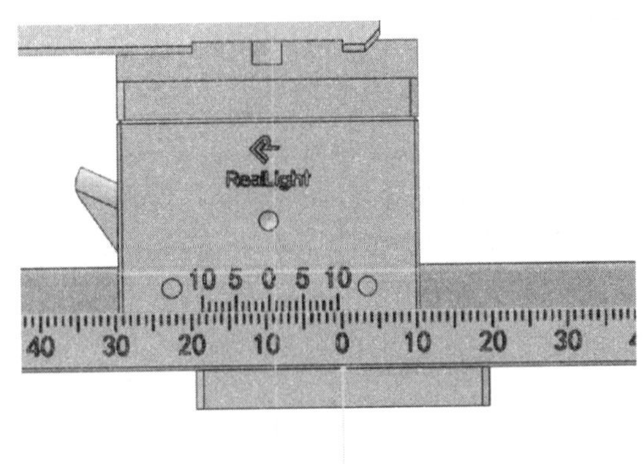

图 2.11-8　节点器局部图

【实验数据记录】

表 2.11-1　节点测量实验数据

编　号	支杆位置 a/mm	透镜 S 位置 b/mm	支杆间距 L_{b-a}/mm	透镜距离 d/mm
1				
2				
3				

实验 2.12　半导体激光器泵浦源特性的测量

【引言】

半导体激光器是以一定的半导体材料作为工质而产生激光的器件．其工作原理是通过一定的激励方式，在半导体物质的能带（导带与价带）之间，或者半导体物质的能带与杂质（受主或施主）能级之间，实现非平衡载流子的粒子数反转，当处于粒子数反转状态的大量电子与空穴复合时，便产生受激辐射作用．

【实验目的】

了解半导体激光器的工作原理.
测量半导体激光泵浦源工作特性.

【实验原理】

1. 半导体激光器的原理

半导体激光器（Semiconductor Laser）是利用半导体中的电子跃迁引起光子受激辐射而产生的光振荡器和光放大器的总称. 早在1957年这种想法就被提了出来，1962年在最早的半导体激光器GaAs激光器中观察到了低温脉冲激射. 1970年完成了室温连续激射，半导体激光器得到了显著发展.

爱因斯坦从辐射与原子相互作用的量子论观点出发提出，该相互作用应包括原子的自发辐射跃迁、受激辐射跃迁和受激吸收跃迁3种过程.

(1) 自发辐射　处于高能级 E_2 的原子是不稳定的，即使没有任何外界的激励，也总会自发地向 E_1 跃迁，并发射一个频率为 ν、能量为 $h\nu=E_2-E_1$ 的光子，这种过程称为自发跃迁，由原子自发跃迁发出的光波为自发辐射（见图2.12-1).

(2) 受激吸收　处在低能级 E_1 的原子受到能量为 $h\nu=E_2-E_1$ 的光子的照射时，会吸收这一光子而跃迁到高能级 E_2，这一过程称为受激吸收跃迁（见图2.12-2).

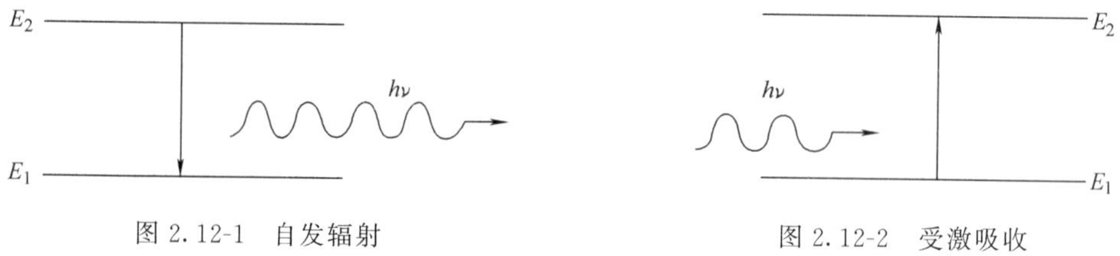

图2.12-1　自发辐射　　图2.12-2　受激吸收

(3) 受激辐射　受激吸收跃迁的反过程就是受激辐射跃迁. 处于上能级 E_2 的原子在频率为 $\nu=\dfrac{E_2-E_1}{h}$ 的辐射场作用下，跃迁至低能级 E_1 并辐射一个能量为 $h\nu$ 的光子. 受激辐射跃迁发出的光波称为受激辐射. 此光子与入射光状态相同，即频率相同、传播方向相同（见图2.12-3).

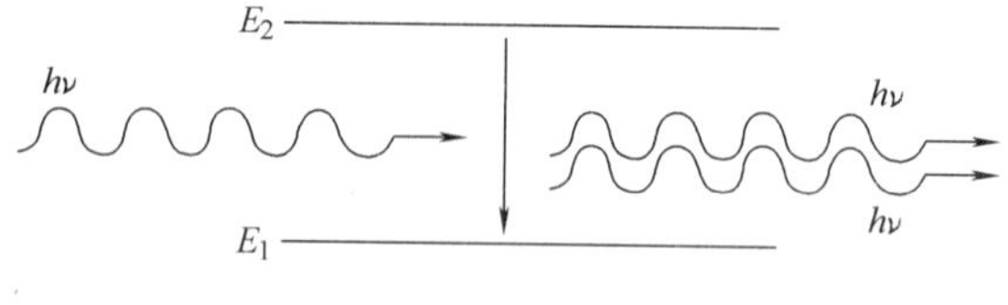

图2.12-3　受激辐射

半导体激光器是以一定的半导体材料作为工质而产生激光的器件，其工作原理是通过一定的激励方式，在半导体物质的能带（导带与价带）之间，或者半导体物质的能带与杂质（受主或施主）能级之间实现非平衡载流子的粒子数反转，当处于粒子数反转状态的大量电子与空穴复合时，便产生受激辐射作用. 半导体激光器的激励方式主要有三种：电注入式、光泵式和高能电子束激励式.

电注入式半导体激光器，一般是由砷化镓（GaAs）、硫化镉（CdS）、磷化铟（InP）、硫化锌（ZnS）等材料制成的半导体面结型二极管，沿正向偏压注入电流进行激励，在结平面区域产生受激发射.

光泵式半导体激光器一般用 N 型或 P 型半导体单晶（如 GaAS、InAs、InSb 等）作为工质，以其他激光器发出的激光做光泵激励.

高能电子束激励式半导体激光器，一般也是用 N 型或者 P 型半导体单晶（如 PbS、CdS、ZhO 等）作为工质，通过由外部注入高能电子束进行激励.

半导体的能带结构多是晶体结构，当大量原子规则而紧密地结合成晶体时，晶体中那些价电子都处在晶体能带上. 价电子所处的能带称为价带（对应较低能量）. 与价带最近的高能带称为导带，能带之间的空域称为禁带. 当外加电场时，价带中电子跃迁到导带中去，在导带中可以自由运动起导电作用. 同时，价带中失掉一个电子，则相当于出现一个带正电的空穴，这种空穴在外电场的作用下也能起导电作用. 因此，价带中空穴和导带中的电子都有导电作用，统称为载流子. 根据固体的能带理论，半导体材料中电子的能级形成能带. 高能量的为导带，低能量的为价带，两带被禁带分开. 引入半导体的非平衡电子-空穴对复合时，把释放的能量以发光形式辐射出去，这就是载流子的复合发光.

并不是有辐射就一定能产生激光，产生激光的必要条件是：要产生足够的粒子数反转分布，即高能态中粒子数足够多，多于处于低能态的粒子数；有一个合适的谐振腔能够起到反馈作用，使受激辐射光子增生，从而产生激光振荡；要满足一定的阈值条件，使谐振腔内光子增益等于或大于光子的损耗.

2. 半导体激光器的 *P-I* 特性

激光二极管的总发射光功率 P 与注入电流 I 的关系曲线称为 P-I 曲线. 随注入电流的增加，激光二极管首先是渐渐地增加自发辐射，直至它开始受激辐射. 我们最关心的参数是开始发射受激辐射时的精确电流值，即阈值电流I_{th}. 对一个 LD 来说，总是希望有低的I_{th}. LD 的注入电流I_f从 0 增加到某设定值，在流过 LD 的I_f大于I_{th}时，LD 开始发光，随着电流的增大，功率迅速变大，其输出特性曲线如图 2.12-4 所示.

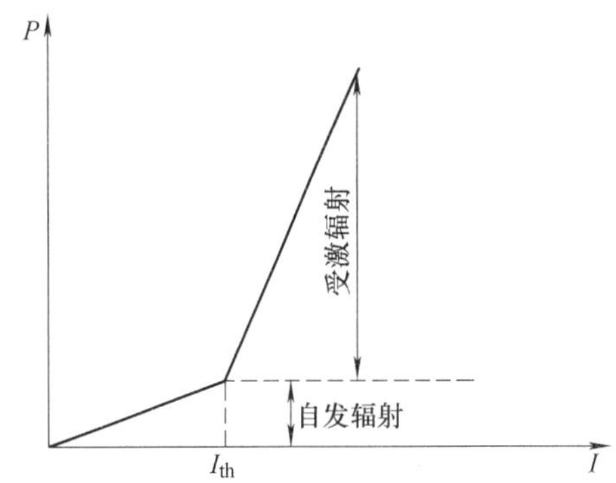

图 2.12-4　半导体激光器的 P-I 特性曲线

从理论上讲，当半导体激光器工作在额定功率范围内时，输出光功率 P 与注入电流I_f应该是严格的线性关系，其一阶微分曲线应该是一条近似水平的直线. 如果在一阶微分曲线上出现了明显的拐点，或者说该曲线不够平滑，那么我们就认为该半导体激光器有缺陷. 也就是说，当该半导体激光器工作在出现拐点的驱动电流点时，其输出光功率与驱动电流值不成线性比例关系. 由于注入电流与输出光功率呈线性关系，半导体激光器具有易于调制的重要特性，即可以通过调制注入电流，对半导体激光器的输出光功率进行直接调制. 半导体激光器的光功率电流调制率根据半导体激光器种类的不同而有所差异.

3. 半导体激光器的阈值特性

正向偏置的半导体激光器有注入电流时就会有光输出，一开始输出光功率随着注入电流的增加而线性增加，但发光功率很低，即曲线斜率很小. 注入电流增加到一定值之后，发光功率开始增加，光输出功率随电流陡峻上升. 阈值电流用I_{th}表示，阈值电流密度用J_{th}表示，阈值增益用g_{th}表示.

阈值是所有激光器的属性，它标志着激光器的增益与损耗（包括内部损耗和输出损耗）

的平衡点，即阈值以后激光器才开始出现净增益．半导体激光器是直接注入电流的电子-光子转换器件，其阈值电流密度用J_{th}来表示，常用于不同结构性能的比较，电流I_{th}是一个直接可测量的参数．J_{th}等于I_{th}和激光器面积之比．J_{th}是直接衡量制作器件材料的质量好坏的参数之一，对于一个半导体激光器来说，总是希望它具有低的J_{th}. 但在计算半导体激光器的J_{th}时，必须精确测量正在注入电流的激光器的面积．这给测量J_{th}带来了一些难度，所以也常用可以直接测量的参数阈值电流I_{th}来评定激光器的性能．

【实验内容】

按照实验装配图 2.12-5 搭建光路，功率计紧贴耦合镜，最大限度地保证所有光都进入功率计．

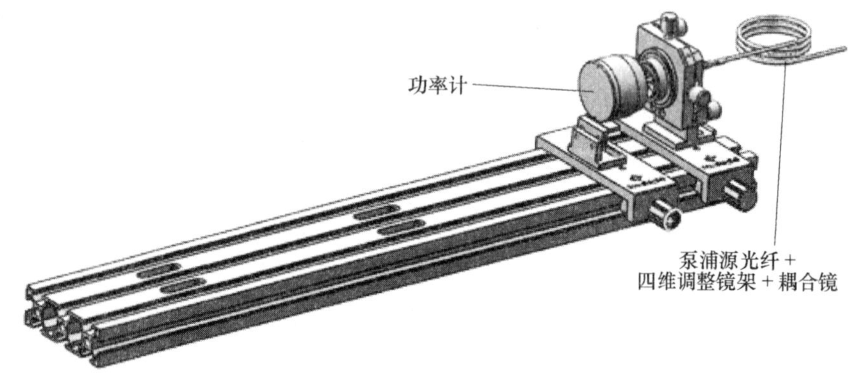

图 2.12-5　泵浦源特性测量装配图

逆时针旋转调节泵浦源旋钮，确保开启电源后输出电流为零．打开泵浦源的电源开关和钥匙开关．缓慢调节电流旋钮，观察功率计的示数，找出激光器功率开始明显增大时的电流值．在后续测量 P-I 特性曲线时，此电流值附近的电流取样点要密集．

激光器重新调零，自拟表格，记录在不同的电流下激光功率计的示数（表 2.12-1 是激光器阈值为 0.26A 的参考表格，不同激光器的阈值会不一样，需要学生根据实际阈值拟定表格）.

表 2.12-1　泵浦源 P-I 特性规律

电流/A	0	0.10	0.14	0.16	0.18	0.20	0.22	0.24	0.25
功率/mW									
电流/A	0.26	0.27	0.28	0.29	0.30	0.31	0.32	0.33	0.34
功率/mW									
电流/A	0.35	0.36	0.37	0.38	0.39	0.40	0.45	0.50	0.55
功率/mW									
电流/A	0.60	0.70	0.80	0.90	1.00	1.20	1.40	1.60	1.80
功率/mW									
电流/A	2.00	2.20	2.40	2.60					
功率/mW									

【实验数据记录】

根据记录的数据（表 2.12-2），绘制泵浦源的 P-I 曲线图，根据功率的转折点找出激光器的阈值电流．

表 2.12-2　泵浦源 P-I 特性规律

电流/A									
功率/mW									
电流/A									
功率/mW									
电流/A									
功率/mW									
电流/A									
功率/mW									
电流/A									
功率/mW									

实验 2.13　半导体泵浦固体激光器的搭建与最佳腔长

【引言】

激光二极管泵浦固体激光器（laser-diode-pumped solid-state laser，DPSSL）是采用激光二极管（Laser diode，LD）作为泵浦源，以掺杂的晶体等固体材料作为增益介质的激光器．它具有结构紧凑、电光转换效率高、光束质量好、可靠性高等优点，成为当前激光技术发展的主要方向之一．DPSSL 按照所用工作物质的形状可以分为：圆棒、板条、薄片等；按照泵浦方式可以分为：端面泵浦和侧面泵浦．

【实验目的】

掌握搭建半导体泵浦固体激光器光路的方法．

学会选取半导体泵浦固体激光器最佳腔长．

【实验原理】

1. 半导体泵浦固体激光器概述

近几年来，高功率半导体激光器技术的飞速发展使得在高功率二极管泵浦固体激光器研究方向上的重大突破成为可能．使用半导体激光器作为固体激光器的泵浦源，自从半导体激光器发明以来一直都是研究的热点，由于它具有效率高、光束质量好、结构紧凑等特点，所以研发出高功率全固态激光器成为可能，这种全固态激光器以其优异的性能在许多方面将会得到广泛的应用．虽然半导体泵浦固体激光器的优点很早以前就被人们认识到了，但是其泵浦源——半导体激光器在可靠性、可操作性、使用寿命、输出功率等方面上的限制，使它一直未能得到充分的发展，直到近几年来高功率半导体激光器的出现才使它的优点真正得以充分体现．随着高稳定性和高可靠性高功率半导体激光器的发展，二极管泵浦的固体激光器也同时取得了巨大的进步．

在过去的四十年里，人们发现了许多种高效的激光材料．一般而言，这些被用作固体激光增益介质的激光材料必须具备特定的物理化学和光学特性，这些性质是由晶体材料本身的特性、掺杂的激活离子以及晶体材料和掺杂离子相互作用等共同决定的．理论上，许多种激光材料都可以用半导体激光器作为泵浦源，而最常用的激光材料的激活离子则是 Nd^{3+} 离子，Nd^{3+} 离子在 808nm 谱线附近有一个吸收峰，这恰好与高功率 AIGaAs 半导体激光器输出光谱能很好地匹配．

作为最常用的稀土元素离子，Nd^{3+} 也是第一个应用于激光器中的三价稀土元素离子，直到现在，它仍然是最受欢迎的激光材料掺杂离子．受激辐射一直都是采用掺有正离子的激光材料来实现的，现在至少有 40 多种激光材料能够用来掺杂，其中包括掺钕 YAG 或钕玻璃以及其他各种掺铬晶体．在二极管泵浦固体激光器中用得最多的几种晶体是 YAG、$YV0_4$ 和 YLF 等，根据激光器应用要求的不同，激光晶体材料的选择也不一样．

半导体泵浦固体激光器的众多优势：

1）转换效率高：由于半导体激光的发射波长与固体激光工作物质的吸收峰相吻合，加之泵浦光模式可以很好地与激光振荡模式相匹配，从而光光转换效率很高，已达 50%以上，比灯泵固体激光器高出一个量级．

2）性能可靠、寿命长：激光二极管的寿命大大长于闪光灯，达 100000h. 另外，泵浦光的功率稳定性好，比闪光灯泵浦优一个数量级，性能可靠，为全固化器件，激光系统无须维护．

3）输出光束质量好：二极管泵浦激光的转换效率高，激光介质中产生的热量少，从而减少了激光介质的热透镜效应，大大改善了激光器的输出光束质量，激光光束质量已接近极限．

4）激光系统结构紧凑：灯泵需要庞大的冷却系统，而二极管泵浦的固体激光器可以通过端泵结构，非常紧凑．

5）安全可靠：由于没有弧光灯泵浦中出现的高压脉冲、高温和紫外辐射，所以激光二极管泵浦的系统有利于安全．此外，由于灯泵浦的不稳定性，产生了维护要求，而二极管泵浦源从根本上消除了这些问题．

6）和气体灯相比，激光二极管发射的激光方向性好，亮度高，辐射波长和激光介质吸收吻合，这些特征大大降低了激光材料的激光阈值．

2. 半导体泵浦固体激光器结构

在二极管泵浦固体激光器中最常被采用的两种典型的泵浦方式为端面泵浦与侧面泵浦．

端面泵浦：如图 2.13-1 所示，在端面泵浦方式中，半导体激光器的输出光在经过一组准直聚焦透镜后从晶体的端面入射到晶体中，泵浦光的入射方向与产生的激光振荡方向一致．

在端面泵浦结构中，可以把尽可能多的泵浦光有效地耦合到基模激光 TEM_{00} 模体积中，这使得激光器效率很高，光束质量很好．在精密工业应用中，往往要求激光输出光束质量好，光束质量因子 M^2 低，这种基模光可以聚焦得到接近衍射极限的光斑，有利用提高加工精度．高光束质量基模高斯光束也有利于有效地实现倍频和三倍频．

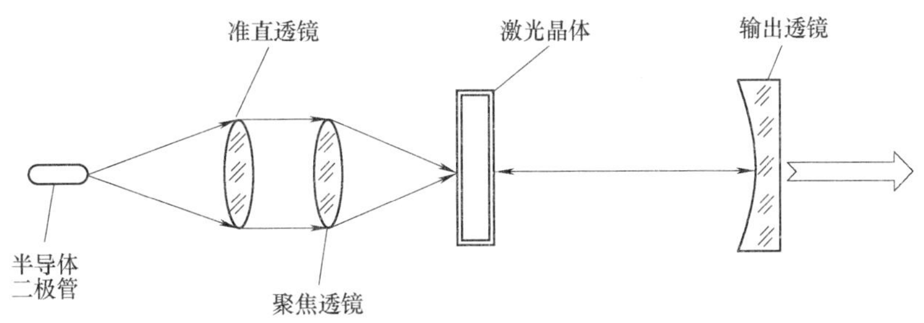

图 2.13-1　端面泵浦激光器结构

侧面泵浦：如图 2.13-2 所示，在侧面泵浦结构中，半导体激光器沿激光晶体轴向方向排列，泵浦光的入射方向与产生的激光振荡方向垂直．在这种泵浦方式下，泵浦光可以直接或者通过光学微透镜，也可以通过光纤耦合到激光晶体中．相对于端面泵浦，侧面泵浦产生的激光输出功率大，但是光束质量较差，一般为多横模输出．

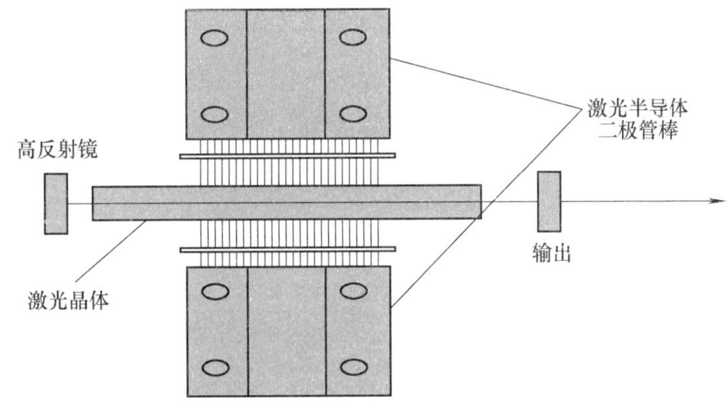

图 2.13-2　侧面泵浦激光器结构

在使用中，由于泵浦源 LD 的光束发散角较大，为使其聚焦在增益介质上，必须对泵浦光束进行光束变换（耦合）．端面泵浦耦合通常有直接耦合和间接耦合两种方式．

直接耦合：将半导体激光器的发光面紧贴增益介质，使泵浦光束在尚未发散开之前便被增益介质吸收，泵浦源和增益介质之间无光学系统，这种耦合方式称为直接耦合方式．直接耦合方式结构紧凑，但是在实际应用中较难实现，并且容易对 LD 造成损伤．

间接耦合：指先将 LD 输出的光束进行准直、整形，再进行端面泵浦．常用方法有：

组合透镜系统聚光：用球面透镜组合或者柱面透镜组合进行耦合．

自聚焦透镜耦合：由自聚焦透镜取代组合透镜进行耦合，优点是结构简单，准直光斑的大小取决于自聚焦透镜的数值孔径．

光纤耦合：指用尾纤（光纤）输出的 LD 进行泵浦耦合．优点是结构灵活．

本实验采用光纤耦合方法，先用四维调整镜架将尾纤固定在光路上，然后采用组合透镜对泵浦光束进行整形变换，各透镜表面均镀对泵浦光的增透膜，耦合效率高．如图 2.13-3 所示为各种耦合方式的示意图．

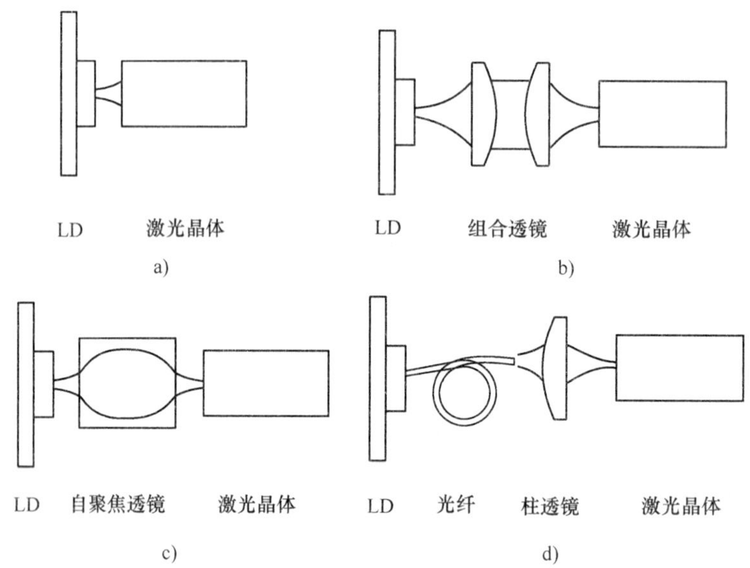

图 2.13-3　光学谐振腔及其稳定条件

a）直接耦合　b）组合透镜耦合　c）自聚焦透镜耦合　d）光纤耦合

图 2.13-4 是典型的平凹腔型激光谐振腔结构图．激光晶体的一面镀泵浦光增透膜和输出激光全反膜，并作为输入镜，凹面镜镀激光部分反射膜作为输出镜．这种平凹腔容易形成稳定的输出模，同时具有高的光光转换效率，但在设计时必须考虑到模式匹配问题．

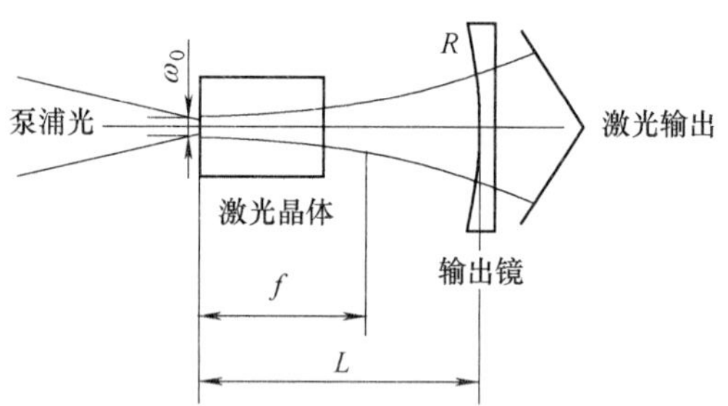

图 2.13-4　端面泵浦的激光谐振腔形式

当谐振腔中的 g 参数满足 $0<g_1g_2<1$ 时为稳定腔，其中 $g_1=1-\dfrac{L}{R_1}$，$g_2=1-\dfrac{L}{R_2}$（其中 L：谐振腔腔长；R：谐振腔腔镜曲率半径）．本实验中平面腔的 R_1 可以认为无穷大，则 $g_1=1$．由 $0<g_2=1-\dfrac{L}{R_2}<1$ 可知，腔长 $L<R_2$，属于稳定腔．同时算出其束腰位置在晶体的输入平面上，该处的光斑尺寸为 $\omega_0=\sqrt{\dfrac{[L\ (R_2-L)]^{\frac{1}{2}}\lambda}{\pi}}$．本实验中，$R_1$ 无穷大，$R_2=200\text{mm}$，由此可以算出 ω_0 大小．因此泵浦光在激光晶体输入面上的光斑半径应该小于等于 ω_0，这样可使泵浦光与激光的基模振荡模式匹配，容易获得基模输出．

Nd∶YAG 晶体

Nd∶YAG 晶体的吸收光谱如图 2.13-5 所示．

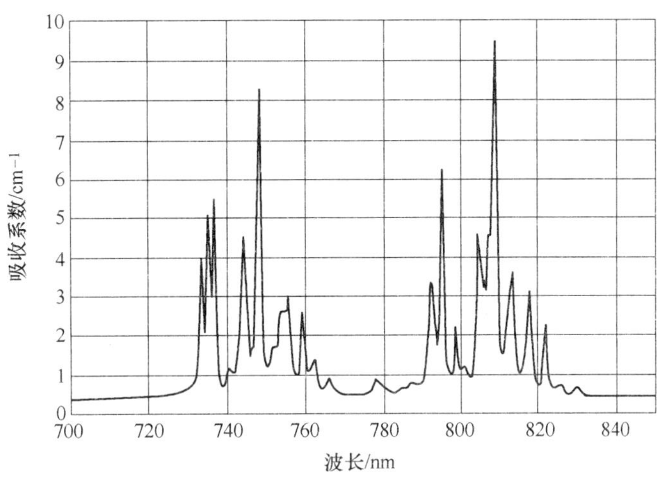

图 2.13-5　Nd∶YAG（1% Nd）晶体中 Nd^{3+} 吸收光谱图

从 Nd∶YAG 的吸收光谱图可以看出，Nd∶YAG 在 807.5nm 处有一强吸收峰．如果选择波长与之匹配的 LD 作为泵浦源，就可获得高的输出功率和泵浦效率，这时称实现了光谱匹配．但是，LD 的输出激光波长受温度的影响，温度变化时，输出激光波长会产生漂移，输出功率也会发生变化．因此，为了获得稳定的波长，需采用具备精确控温的 LD 电源，并把 LD 的温度设置好，使 LD 工作时的波长与 Nd∶YAG 的吸收峰匹配．

另外，在实际的激光器设计中，除了吸收波长和出射波长外，选择激光晶体时还需要考虑掺杂浓度、上能级寿命、热导率、发射截面、吸收截面、吸收带宽等多种因素．

Nd∶YVO_4 晶体

相比于 Nd∶YAG 晶体，Nd∶YVO_4 在 1.064 μm 波长处有更大的受激发射截面，并在 808nm 波长附近有更大的吸收带宽和吸收系数，对抽运源的波长稳定度要求低，上能级寿命短，更有利于二极管抽运产生低阈值、高效率的 1.064 μm 波长激光．*a* 轴切割的 Nd∶YVO_4 晶体在 1.064 μm 波长的受激发射截面为 $1.56\times10^{-23}\,m^2$，是 Nd∶YAG 的四倍，并且还有较大的吸收系数，能够得到较高的转换效率．Nd∶YAG 晶体在半导体泵浦源的规格上具有更大的选择空间，这将为激光器生产节省更多的制造成本（见图 2.13-6）.

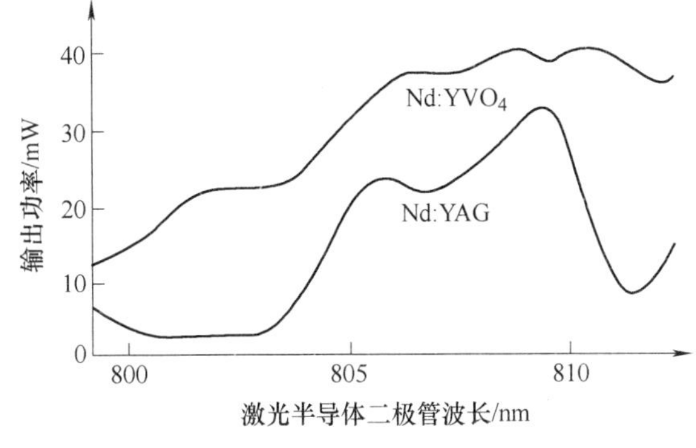

图 2.13-6　YAG 对比 Nd∶YVO_4

Nd∶YVO$_4$在1064nm和1342nm波长处具有较大的受激发射截面．其中Nd∶YVO$_4$对1064nm波长的受激发射截面约为Nd∶YAG的4倍，而1342nm波长的受激发射截面可达Nd∶YAG在1.3μm波长处的18倍．所以Nd∶YVO$_4$的1342nm波长激光的连续输出效率要大大超过Nd∶YAG，这使得Nd∶YVO$_4$激光的两个波长都可以更容易保持一个较强的单线激发．

Nd∶YVO$_4$的另一重要特点是它属单轴晶系，可以直接产生线偏振输出的1.064μm波长激光，能有效地避免退偏损耗，而Nd∶YAG是高匀称性的正方晶体，无此特性．虽然Nd∶YVO$_4$的荧光寿命比Nd∶YAG短2.7倍左右，但是因为Nd∶YAG具有较高的泵浦量子效率，所以在设计理想的光腔中仍然可获得相当高的斜率效率．

受激辐射光放大

在受激辐射跃迁的过程中，一个诱发光子可以使处在上能级的发光粒子产生一个与该光子状态完全相同的光子，这两个光又可以去诱发其他发光粒子，产生更多状态完全相同的光子．这样，在一个入射光子的作用下，可引发大量发光粒子产生受激辐射，并产生大量运动状态相同的光子．这种现象称受激辐射光放大．由于受激辐射产生的光子都属于同一光子态，所以它们是相干的．通常，受激辐射与受激吸收两种跃迁过程是同时存在的，前者使光子数增加，后者使光子数减少．当一束光通过发光物质后，究竟是发光强度增大还是减弱，要看这两种跃迁过程哪个占优势．在正常条件下，即常温条件以及对发光物质无激发的情况下，发光粒子处于下能级E_1的粒子密度n_1大于处在上能级E_2的粒子密度n_2．此时当有频率$\nu=(E_2-E_1)/h$的一束光通过发光物质时，受激吸收将大于受激辐射，故发光强度减弱．如果采取诸如用光照、放电等方法从外界不断地向发光物质输入能量，把处在下能级的发光粒子激发到上能级，便可使上能级E_2的粒子数密度超过下能级E_1的粒子数密度，称这种状态为粒子数反转．只要使发光物质处在粒子数反转的状态，受激辐射就会大于受激吸收．当频率为ν的光束通过发光物质，发光强度就会得到放大．这便是激光放大器的基本原理．即便没有入射光，只要发光物质能够通过自发辐射产生一个频率合适的光子，便可像连锁反应一样，迅速产生大量相同光子态的光子，形成激光．这就是激光振荡器或简称激光器的基本原理．由此可见，形成粒子数反转是产生激光或激光放大的必要条件，为了形成粒子数反转，需要对发光物质输入能量，这一过程称为激励、抽运或者泵浦．本实验系统中，就是将808nm半导体激光器作为泵浦源，引起粒子数反转，从而产生1064nm波长的激光．

【实验内容】

1. 半导体泵浦固体激光器工作原理和调试方法实验

实验仪器装配图如图2.13-7所示．

将指示光源放入光路并调其准直：将指示激光放在导轨的一端，激光晶体Nd∶YVO$_4$放在导轨上，调节激光晶体的镀膜面与导轨方向垂直．将激光晶体Nd∶YVO$_4$放在指示光源前约80mm处，调节指示光源的水平和竖直旋钮，使指示光源的光打在激光晶体Nd∶YVO$_4$中心；将激光晶体Nd∶YVO$_4$移动到指示光源前约380mm处，调节指示光源的俯仰和偏摆旋钮，使指示光源的光再次打在激光晶体中心．重复以上步骤，直到指示光源可同时在距离激光晶体Nd∶YVO$_4$为80mm和380mm处都打在激光晶体Nd∶YVO$_4$中心且出射光斑为完整圆斑，此时指示激光的水平调节完毕，此后调节过程中不再调节指示激光，从导轨上取下激光晶体．

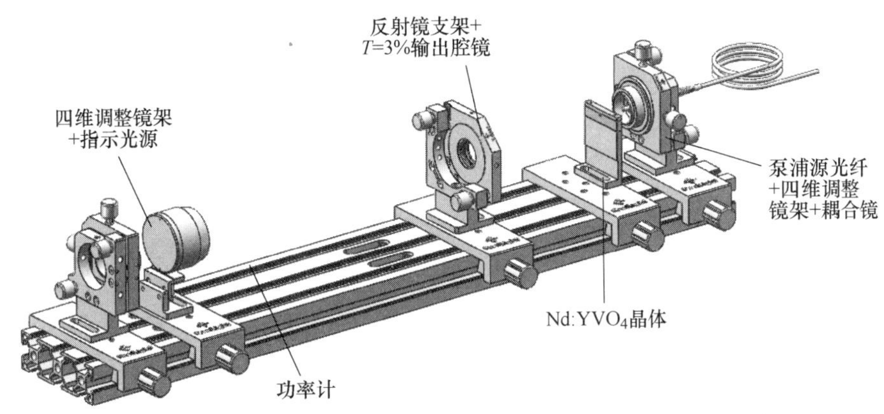

图 2.13-7 实验装配图

用光纤连接线连接好泵浦源与耦合镜，使泵浦光通过光纤耦合到耦合镜输出，在导轨的另一端插入耦合镜．

打开指示激光光源，固定好耦合镜的位置，使指示激光打在耦合镜中心，调节耦合镜的俯仰、偏摆旋钮使反射回指示激光的光斑回到指示激光的出光口．若环境光比较强，看不到耦合镜的反射光斑，则可以借助白色小纸片在指示激光出光口附近辅助寻找观察反射光斑位置进行调节，或者通过人眼判断调节俯仰偏摆至与指示光源的四维调整镜架平行．

在耦合镜后方放入 Nd：YVO_4 激光晶体，把晶体镀有 808nm 高透膜和 1064nm 高反膜的一面朝向耦合镜，关闭指示激光，开启泵浦源，电流调至 1A，调节耦合镜的上下左右调节旋钮，用红外显色卡在晶体后观察，保证出射光斑为完整的圆形，之后用红外显色卡的白色部分观察，找出耦合镜后方的焦点位置，移动激光晶体，使焦点处于激光晶体镀膜面附近靠近激光晶体中心．

在指示激光前插入 $T=3\%$ 输出镜，输出镜的镀膜面朝向激光晶体 Nd：YVO_4 的方向，用红外显色卡观察泵浦源的圆形光斑是否能覆盖输出镜，若光斑偏离中心较多，则重新根据指示激光调节耦合镜的准直．若能覆盖输出镜，则关闭泵浦源，打开指示光源，用功率计挡住输出镜前方的光路，此时调节输出镜与激光晶体间距离大约 200mm（理论上，此时当腔长小于 200mm 时，谐振腔为稳定腔），调节输出镜的俯仰偏摆旋钮使反射回指示激光的圆斑回到指示激光出光口，关闭指示激光，从导轨上取走功率计．

（注：在调出 1064nm 波长激光前，应关闭指示光源，并用不透光物体挡光，以免 1064nm 波长强激光损坏指示光源）

将泵浦源电流调整到 1.7A 以上，沿着靠近激光晶体的方向微移输出镜，用红外显色卡的橙色部分在输出镜后观察，直至看到有激光输出时，在该位置固定好输出镜，再微调输出镜的俯仰和偏摆，会出现一个小亮斑，即调出 1064nm 波长激光．

用功率计测量 1064nm 波长激光功率．微调激光晶体与耦合镜之间的距离，使输出光功率最大．再依次微调耦合镜、输出镜的四维旋钮，使输出功率（激光功率）最大．测量时为减小泵浦光源的影响，功率计尽可能靠近指示激光．

2. 半导体泵浦固体激光器的调试

若按照以上步骤还调整不出现激光，应依次检查耦合镜与指示激光的四维调整镜架是否平行、激光晶体镀膜面的摆放是否垂直于导轨方向，微调输出镜的俯仰偏摆旋钮后，再沿着靠近激光晶体的方向微移输出镜，用红外显色卡的橙色部分在输出镜后观察，直至看到有激光输出时，在该位置固定好输出镜，再微调输出镜的俯仰和偏摆，会出现一个小亮斑，即调出1064nm 波长激光.

用红外显色卡观察小亮斑是否在大光斑的中心附近，若不在中心附近，则应该依次调节 Nd:YVO_4 激光晶体与导轨的垂直度和输出镜的俯仰和偏摆，把亮斑调到中心附近，如图 2.13-8 所示(亮斑不在中心附近对后续的调 Q 和倍频实验有影响，如果小亮斑偏离得太厉害，则不容易实现调 Q 和倍频.).

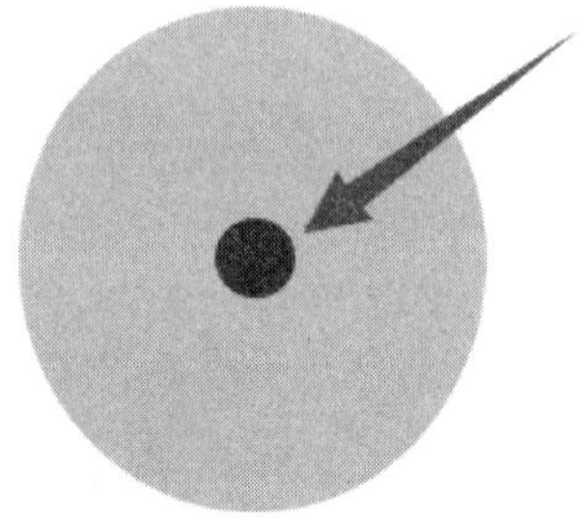

图 2.13-8　亮斑

【实验报告】

总结半导体泵浦固体激光器的调节技巧及遇到问题的解决方法.

最佳腔长是多少？输出功率随腔长的变化是怎样的？

实验 2.14　半导体泵浦源固体激光器功-功转换效率

【引言】

半导体泵浦源固体激光器的功-功转换效率是固体激光器必不可少的一个重要参数，直接反映的是激光器对泵浦源的利用率.

【实验目的】

学会测量激光输出功率的方法.

了解不同激光晶体的功-功转换效率区别.

【实验原理】

1. 功-功转换率

功-功转换即输出激光功率与泵浦源功率之比. 公式可以表示为

$$\eta=\frac{P_1}{P_2}\times 100\% \qquad (2.14\text{-}1)$$

式中，P_1 是输出激光的功率；P_2 是泵浦源的功率.

2. 热效应对转换效率的影响

半导体泵浦固体激光器的热效应包括 LD、激光介质晶体和其他光学元件的热效应. LD 的温度变化影响泵浦光的中心波长，LD 工作温度与输出波长的关系为 0.3nm/℃. 中心波长变化会导致转换效率的变化.

另外，晶体的热效应也是很大的影响因素，输入晶体的泵浦能量只有部分转化为激光输出，其余大部分能量转化为热损耗．产热原因有：

1）泵浦能带的非辐射跃迁：激光材料的泵浦能级与亚稳态能级产生非辐射跃迁，将能量传给基质材料；

2）工作物质的内部损耗：一部分受激辐射被工作物质再吸收变为热能；

3）非匹配波长上的能量吸收：泵浦光谱线中与工作物质泵浦能带不匹配的部分被基质材料吸收转化为热能．

激光晶体一方面吸收泵浦辐射发热，另一方面存在冷却不均匀的情况，这些都会造成工作物质内部温度不均匀，导致热应力、应力双折射、热透镜效应等，这些影响统称为热效应．

客观存在的热效应对激光材料特性和激光特性都有一定影响，其中工作物质的热效应对激光器影响最明显．工作物质自身温度升高，引起荧光谱线加宽和量子效率降低，导致激光器阈值升高和效率降低．

【实验内容】

实验仪器装配图如图 2.14-1 所示．

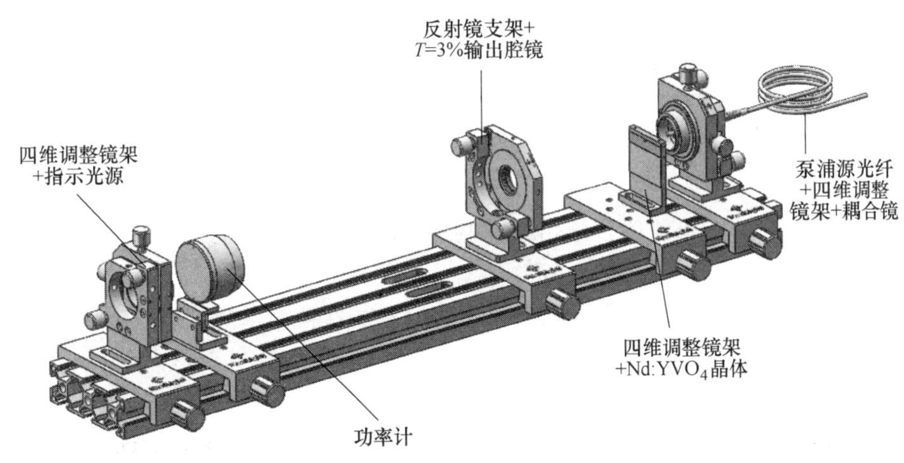

图 2.14-1　实验装配图

1. 阈值及功-功转换效率实验

用 Nd:YVO_4 晶体，参照实验 2.13 的调节方法，调出 1064nm 波长激光，并在最佳腔长下调出最大功率．

在输出镜后放上功率计，从激光阈值电流开始，每隔 0.2A 测量一组固体激光器系统输出功率．将测得数据记录到表 2.14-1.

改变输出镜位置，调出 1064nm 波长激光，重复步骤 2，将数据填入表 2.14-2，对比得出腔长对功-功转换效率的影响．

表 2.14-1　Nd:YVO_4 功-功转换效率　　腔长：________mm

电流/A									
泵浦功率/mW									
激光功率/mW									
转换效率（%）									

表 2.14-2　Nd:YVO_4 功-功转换效率　　腔长：________mm

电流/A									
泵浦功率/mW									
激光功率/mW									
转换效率（%）									

2. 腔长实验及功-功转换效率

改变输出镜的位置，在泵浦源电流固定的条件下，记录不同腔长的输出功率，将数据填入表 2.14-3 中．

找出能调出激光的最大腔长．

表 2.14-3　最佳腔长测量　泵浦电流：________A，泵浦功率：________mW

腔长/mm							
输出功率/mW							
转换效率（%）							

【实验报告】

结合测得的泵浦源的 P-I 曲线，绘出泵浦功率-激光输出功率曲线，并计算在不同泵浦功率下的功-功转换效率．

转换效率随泵浦源功率的增大有什么变化趋势？造成这种变化的可能原因是什么？

总结腔长对阈值和功-功转换效率的影响．

实验 2.15　被动调 Q 脉冲脉宽和重复频率测量

【引言】

利用调 Q 技术可以得到稳定可靠的脉冲激光，这种脉冲激光在测距、通信系统、远程传感、高速全息照相、军事、医疗等方面具有广泛应用．采用固体饱和吸收体的被动调 Q 激光器具有调节方便、稳定可靠、结构简单等优点，在小功率激光器中得到广泛使用．本实验采用的 Cr^{4+}:YAG 是一种用于被动调 Q 的可饱和吸收体，它结构简单，使用方便，无电磁干扰，可获得峰值功率大、脉宽小的巨脉冲．

【实验目的】

掌握固体激光器被动调 Q 的工作原理．

掌握被动调 Q 固体激光器的搭建方法．

掌握调 Q 激光器相关参数的测量方法．

【实验原理】

1. 激光调 Q 理论

Q 值即品质因数，是度量谐振腔损耗的参数．Q 值的定义：在激光器谐振腔内，储存的总能量与腔内单位时间损耗的能量之比，即：

$$Q=2\pi\boldsymbol{\upsilon}\left(\frac{\text{腔内存储的能量}}{\text{每秒损耗的能量}}\right) \tag{2.15-1}$$

式中，$\boldsymbol{\upsilon}$ 是激光的中心频率．

在激光器的谐振腔中，光学器件没有受到控制前，腔内损耗是一个常数，谐振腔的 Q 值和阈值也是一个固定值，激光上能级反转粒子数超过阈值时，受激辐射形成的某一模式的光在腔内激光振荡而不断放大从而产生激光．在激光产生过程中，增益介质上能级反转粒子数因激光的产生而大量地消耗和下降，激光发射随之停止．在泵浦作用下，增益介质上能级粒子数得到补充而再次超过阈值，产生第二个激光脉冲，这样不断往复就形成了几百个激光脉冲尖峰序列，这就是激光的弛豫振荡现象．这种情况下激光的能量分散在这几百个脉冲中，很难获得脉宽窄、功率高的巨脉冲．而 Q 调制是通过某种方法使谐振腔的 Q 值随时间按照规定的程序变化，将分散在这几百个脉冲中的能量集中到时间极短的纳秒级别的单脉冲中，从而形成功率很高的激光脉冲．

在激光调 Q 的运转过程中，起始阶段腔内损耗很大，Q 值很低，阈值高于激光的通常阈值，抑制了激光的产生，光抽运的能量被存储在增益介质中，能量存储时间为激光上能级寿命量级，上能级反转粒子数得到大量的积累．当积累达到饱和状态时，腔内损耗迅速减小，Q 值突然增大，此时反转粒子数远远高于阈值，高能态上的粒子以雪崩方式跃迁到下能级，形成激光振荡．储存在增益介质中的能量在极短的时间内形成功率巨大的激光脉冲．常用的调 Q 方法有转镜调 Q、电光调 Q、声光调 Q 与饱和吸收调 Q. 前三种方法中谐振腔损耗由外部驱动源控制，称为主动调 Q. 在后一种方法中，谐振腔损耗取决于腔内激光的发光强度，因此称为被动调 Q.

（1）主动调 Q

1）转镜调 Q 技术：在激光谐振腔中，谐振腔两端反射镜的平行度直接影响着腔的 Q 值．转镜调 Q 技术就是利用改变反射镜的平行度来达到调节谐振腔 Q 值的目的，是较简易的调 Q 方法．

2）电光调 Q 技术：电光效应指的是对于某些晶体经过特殊方向的切割后，如果在某个特定方向上外加电压，就可以使通过它的线偏振光改变振动方向．外加电压的数值和振动方向的改变之间有一定的函数关系．

电光调 Q 技术则是利用具有电光效应的晶体，再配备其他光学元件，使之构成一个快速的光学开关，从而完成调 Q 的目的．

3）声光调 Q 技术：声光调 Q 是指利用光通过介质中的超声场时，由于衍射造成光的偏折，以调节激光器腔内损耗，从而改变腔的 Q 值．这种调 Q 方法具有频率高和输出稳定等优点，目前，多用于获得中等功率的高重复频率的脉冲激光器中．

（2）被动调 Q　被动调 Q 开关是被激光辐射自身启动的，不需要外加高压、快速电光驱动器或射频调制器等装置，具有设计简单、结构紧凑、无高压或电磁干扰、可靠性好、成本低等显著特点．

本次实验所用调 Q 晶体是 Cr^{4+}: YAG. 与传统的染色片（盒）、色心氟化锂晶体等相比，Cr^{4+}: YAG 器件抗损伤能力显著增强，能够防潮、耐腐蚀，它作为光学谐振腔的一部分对调试无高的要求，符合军事应用高可靠性原则，且具有吸收带宽、阈值动静比高、热导率高等优点，适合于低重频、大能量激光输出场合．

Cr^{4+}: YAG 晶体具有良好的可饱和吸收特性，在 900～1200nm 范围内具有宽的吸收带，尤其是对 1000nm 附近的光吸收截面大，使得 Cr^{4+}: YAG 被动调 Q 方式已成功在Nd: YAG、Nd: YLF 等多种红外激光器中得到运用；Cr^{4+}: YAG 晶体还可以作为基频光的调 Q 器件应用于倍频技术、光参量振荡技术、Raman 频移技术，分别获得 1540nm，1570nm 人眼安全波长激光输出．

此外，Cr^{4+}: YAG 晶体作为光腔中的调 Q 元件还具有选模作用．由于低阶模具有相对高的增益，优先起振，Cr^{4+}: YAG 晶体部分被率先漂白，透过率提高，振荡阈值下降，产生低阶模激光输出，其他高阶模由于增益降低，始终不能达到振荡阈值条件而被抑制，从而实现了激光横模的选择．

Cr^{4+}: YAG 晶体被动调 Q 的工作原理是：当 Cr^{4+}: YAG 被放置在激光谐振腔内时，它的透过率会随着腔内的发光强度而改变．在激光振荡的初始阶段，Cr^{4+}: YAG 的透过率较低（称此时晶体对激光波长的透过率为初始透过率），随着泵浦作用增益介质的反转粒子数不断增加，当谐振腔增益等于谐振腔损耗时，反转粒子数达到最大值，此时可饱和吸收体的透过率仍为初始值．随着泵浦的进一步作用，腔内光子数增加，达到饱和发光强度时，Cr^{4+}: YAG 的透过率迅速增大，光子数密度急剧增加，激光巨脉冲形成．腔内光子数密度达到最大值时，激光器达到峰值功率，此后，由于反转粒子数的减少，光子数密度也开始减低，到达饱和发光强度之下时，Cr^{4+}: YAG 的透过率开始减低．当 Cr^{4+}: YAG 的透过率恢复到初始值时，调 Q 结束．

2. Cr^{4+}: YAG 被动调 Q 理论

Cr^{4+}: YAG 饱和吸收调 Q：利用 Cr^{4+}: YAG 在 0.9～1.2μm 范围内的可饱和吸收性做这一波长范围内激光器的调 Q 开关．与传统的有机染料和色心晶体相比，Cr^{4+}: YAG 调 Q 元件在 1.064μm 波长吸收截面大，具有饱和发光强度低、热导性能好、损伤阈值高、使用方便以及使用寿命长等优点，非常适合对 Nd: YVO_4 激光器进行被动调 Q，故 Cr^{4+}: YAG 调 Q 元件引起了人们的极大关注．与主动调 Q 器件相比较，不需要任何光电驱动装置，结构紧凑，便于操作并且在泵浦光功率提高时，重复频率提高而且脉宽变窄．这样的特点非常适合于光通信和光电对抗等应用领域，已经成为人们研究的热点．

Cr^{4+}: YAG 与 1.064μm 波长激光吸收有关的能级及跃迁过程如图 2.15-1 所示．

1 表示基态，2 表示受激态，3 表示吸收暂态，4 表示受激态的上能级．在图中能发生跃迁为 1-3、3-2、2-1、4-2 和 2-4. 3-2 和 4-2 的跃迁非常快，其中 4-2 的弛豫时间为 σ_{24}. 基态吸收的恢复时间约为 4.2μs，受激态吸收恢复时间为 50～100ps.

设 Cr^{4+}: YAG 晶体的初始透过率为 T_0，饱和透过率为 T_s，则可得到：

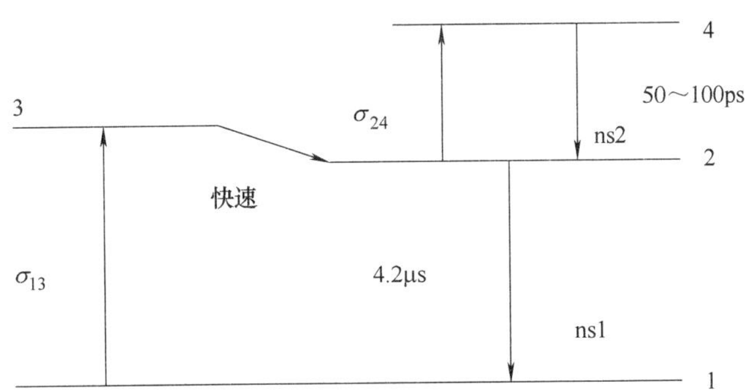

图 2.15-1　对 1.064μm 波长激光吸收时 Cr^{4+}: YAG 晶体的四能级结构

$$2\sigma_{13} n_{s0} l_s = \ln\left(\frac{1}{T_0^2}\right) \tag{2.15-2}$$

$$2\sigma_{24} n_{s0} l_s = \ln\left(\frac{1}{T_s^2}\right) \tag{2.15-3}$$

由上式可知，激发态的吸收截面决定了饱和吸收时的剩余率，式（2.15-3）除以式（2.15-2）得

$$\delta = \frac{\delta_{24}}{\delta_{13}} = \frac{\ln(T_s)}{\ln(T_0)} \tag{2.15-4}$$

δ 是一个很重要的参数，表明了 Cr^{4+}: YAG 晶体的受激吸收的程度，它可以通过测量饱和吸收体的 T_0（初始透过率）和 T_s（饱和透过率）得到．

对于有激发态吸收的饱和吸收晶体被动调 Q 激光器，其速率方程组可写为

$$\int_0^\infty \frac{\mathrm{d}\phi}{\mathrm{d}t} = \frac{\phi}{t_r}\left[2\sigma n l - 2\phi_{13} n_1 l_s - 2\sigma_{24}(n_0 - n_1) l_s - \ln\left(\frac{1}{R}\right) - L\right] \tag{2.15-5}$$

$$\frac{\mathrm{d}n}{\mathrm{d}t} = -\gamma\sigma c\phi n \tag{2.15-6}$$

$$\frac{\mathrm{d}n_{s1}}{\mathrm{d}t} = -\frac{A}{A_s}\gamma_s\sigma_{13} c\phi n_{s1} \tag{2.15-7}$$

式中，ϕ 是腔内光子密度；n 和 n_{s1} 分别是激光晶体中的反转粒子密度和饱和吸收中基态粒子密度；σ 是激光晶体受激发射截面；l 和 l_s 是激光晶体和饱和吸收体的长度；σ_{13} 和 σ_{24} 分别是饱和吸收体中的基态吸收截面和受激态吸收截面；c 是光速；l_s 是腔的光学长度，$t_r = 2l'/c$ 是光子腔内渡越时间；R 是输出反射镜的反射率；L 是激光腔内的损耗数；A 和 A_s 是激光晶体和饱和吸收体中的光束截面面积；γ 和 γ_s 是激光晶体的受激衰减系数和饱和吸收体基态吸收衰减系数．对于四能级结构的 Cr^{4+}: YAG，γ_s 为 1.

$$\alpha = \frac{\sigma_{13} A}{\gamma\sigma A_s} \tag{2.15-8}$$

在被动调 Q 中，α 是非常重要的参数，实际上它表示了饱和吸收体容易被漂白的程度，α 越大说明越容易被漂白．

$$\frac{\mathrm{d}\phi}{\mathrm{d}n} = -\frac{1}{r^l}\left[1 - \frac{(1-\delta)\ln\left(\frac{1}{T_0^2}\right)}{2\sigma n l}\left(\frac{n}{n_i}\right)^\alpha - \frac{\ln\left(\frac{1}{R}\right) + \delta\ln\left(\frac{1}{T_0^2}\right) + L}{2\sigma n l}\right] \tag{2.15-9}$$

式中，n_i 为初始反转粒子密度，积分得

$$\phi(n)=\frac{l}{\gamma l'}\left\{n_i-n-\frac{\ln\left(\frac{1}{R}\right)+\delta\ln\left(\frac{1}{T_0^2}\right)+L}{2\sigma nl}\ln\left(\frac{n}{n_i}\right)-\frac{(1-\delta)\ln\left(\frac{1}{T_0^2}\right)}{2\sigma nl}\ \frac{1}{\alpha}\left[1-\left(\frac{n}{n_i}\right)^{\alpha}\right]\right\} \quad (2.15\text{-}10)$$

当$\frac{d\phi}{dt}=0$时，

$$n_i=\frac{\ln\left(\frac{1}{R}\right)+2\delta_{13}n_{s0}l_s+L}{2\sigma nl}=\frac{\ln\left(\frac{1}{R}\right)+\delta\ln\left(\frac{1}{T_0^2}\right)+L}{2\sigma nl} \quad (2.15\text{-}11)$$

$$\frac{n_t}{n_i}=\frac{(1-\delta)\ln\left(\frac{1}{T_0^2}\right)}{2\sigma nl}\ \frac{1}{\alpha}\left[1-\left(\frac{n_f}{n_i}\right)^{\alpha}\right]-\frac{\left[\ln\left(\frac{1}{R}\right)+\delta\ln\left(\frac{1}{T_0^2}\right)+L\right]}{2\sigma n_i l}\ln\left(\frac{n_i}{n_f}\right)=0 \quad (2.15\text{-}12)$$

$$n_i-n_f-\frac{(1-\delta)\ln\left(\frac{1}{T_0^2}\right)}{2\sigma l}\ \frac{1}{\alpha}\left[1-\left(\frac{n_f}{n_i}\right)^{\alpha}\right]-\frac{\left[\ln\left(\frac{1}{R}\right)+\delta\ln\left(\frac{2}{T_{02}}\right)+L\right]}{2\sigma n_i l}\ln\left(\frac{n_i}{n_f}\right)=0 \quad (2.15\text{-}13)$$

n_f 为腔内最终的反转粒子数密度.

脉冲输出能量、峰值功率和脉冲宽度分别为

$$E=\int_0^{\infty}dtP(t)=\frac{h\upsilon Al'}{t_r}\ln\left(\frac{1}{R}\right)\int_0^{\infty}dt\phi(t)=\frac{H\upsilon A}{2\sigma\gamma}\ln\frac{1}{R}\int_{n_i}^{n_f}\frac{dn}{dt}=\frac{h\upsilon A}{2\sigma\gamma}\ln\frac{1}{R}\ln\left(\frac{n_i}{n_f}\right) \quad (2.15\text{-}14)$$

$$P=\frac{h\upsilon Al'}{\gamma t_r}\ln\left(\frac{1}{R}\right)\left\{n_i-n_t-\frac{\ln\left(\frac{1}{R}\right)+\delta\ln\left(\frac{1}{T_0^2}\right)+L}{2\sigma n_t l}\ln\left(\frac{n_i}{n_t}\right)-\frac{1}{\alpha}\left[1-\left(\frac{n_f}{n_i}\right)^{\alpha}\right]\left(n_i-\frac{\ln\left(\frac{1}{R}\right)+\delta\ln\left(\frac{1}{T_0^2}\right)+L}{2\sigma n_t l}\right)\right\} \quad (2.15\text{-}15)$$

$$W\approx\frac{E}{P} \quad (2.15\text{-}16)$$

Cr^{4+}:YAG 被动调 Q 固体激光器具有随着泵浦功率的增加，脉冲重复频率单调上升、脉冲峰值功率和能量保持不变的特点. Cr^{4+}:YAG 的初始透过率 T_0 越小，则初始反转粒子密度 n_i 就越大，最终导致调 Q 输出脉冲能量越大. 因此 T_0 是被动调 Q 激光器中很重要的一个参数，直接影响调 Q 的深度.

3. 脉冲宽度

调 Q 激光器输出的脉冲宽度定义为上升时间与下降时间 Δt_e. 上升时间是指光子数密度由 $\varphi_m/2$ 升至 φ_m 所用时间，下降时间 Δt_e 是光子数密度由 φ_m 降至 $\varphi_m/2$ 所用时间. 光子数密度 φ 达到峰值的时刻为 t_p，在上升与下降的过程中达到 $\varphi_m/2$ 的时刻分别为 t_r 与 t_e. 如图 2.15-2 所示，t_p 时刻对应的反转粒子数密度为 Δn_t，t_r 与 t_e 时刻对应的反转粒子数密度为 Δn_r 与 Δn_e.

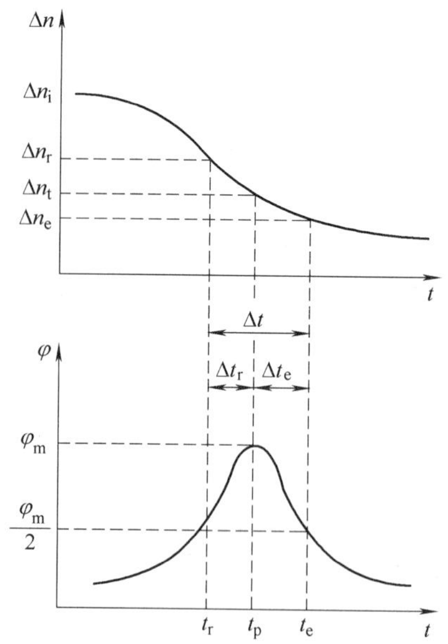

图 2.15-2 Q 开关过程中反转粒子数密度和光子数密度随时间的变化

【实验内容】

可饱和吸收晶体被动调 Q 实验：

可饱和吸收晶体被动调 Q 实验装置如图 2.15-3 所示．

参照 2.14 节的调节方法，调出 1064nm 波长激光，并把光路调到最佳状态（即输出功率最大，小亮斑在大光斑的中心附近）．

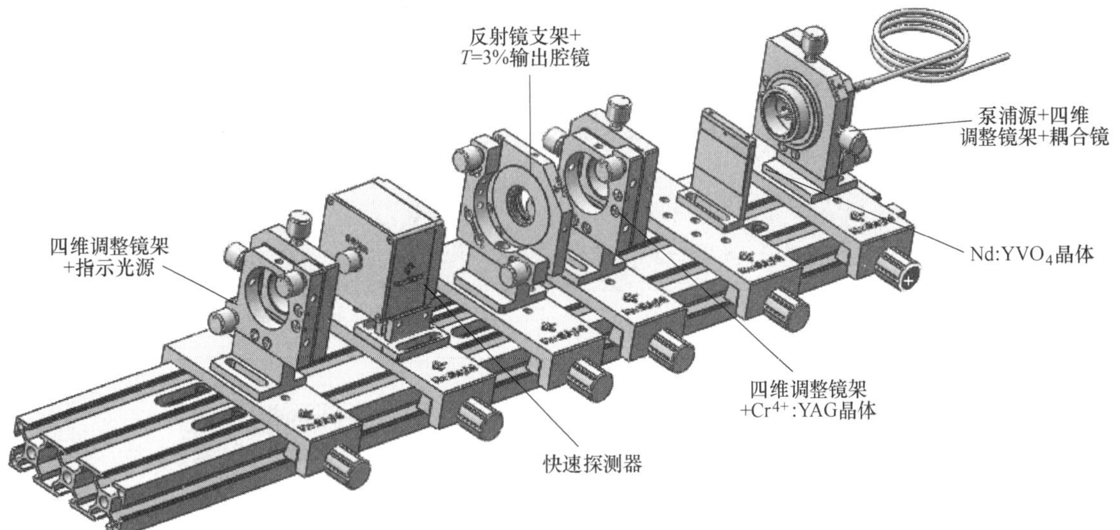

图 2.15-3　可饱和吸收晶体被动调 Q 实验装置图

注：调 Q 晶体没有正反方向．

打开指示激光，将不透光遮挡物放在输出镜后挡住前面光路，在指示光源前插入 Cr^{4+}: YAG 调 Q 晶体，调节 Cr^{4+}: YAG 调 Q 晶体上下和左右位置，使指示光照在晶体中心．

关闭指示激光，取走遮挡物，打开泵浦电源，泵浦电流大概在 1A 左右，在激光晶体和输出镜之间插入 Cr^{4+}: YAG 调 Q 晶体，调节 Cr^{4+}: YAG 调 Q 晶体四维调整镜架旋钮，用红外显色卡观察是否出 1064nm 波长激光，出现小亮斑即完成调 Q（若通过调节旋钮调不出激光，可适当调大泵浦源的功率再进行调节．）；

将快速探测器与示波器连接，并接通电源．

快速探测器接收激光，调整示波器，观察脉冲信号，如图 2.15-4 所示；

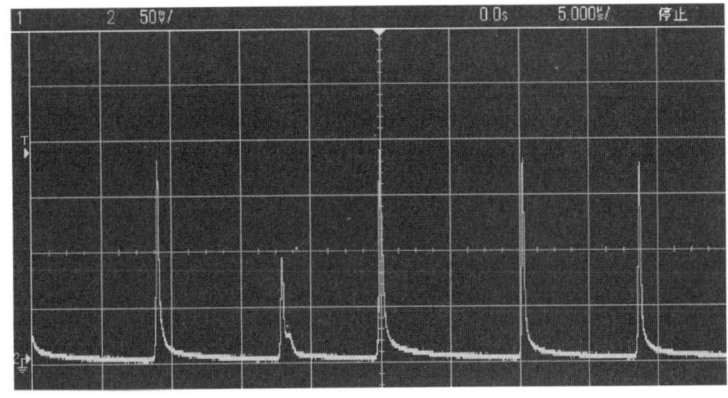

图 2.15-4　调 Q 脉冲

调 Q 脉冲宽度和重复频率、平均功率的测量：

放大示波器时间轴，用示波器的测量功能测量脉冲的重复频率和脉宽如图 2.15-5、图 2.15-6 所示，将测量结果填入表 2.15-1 中．

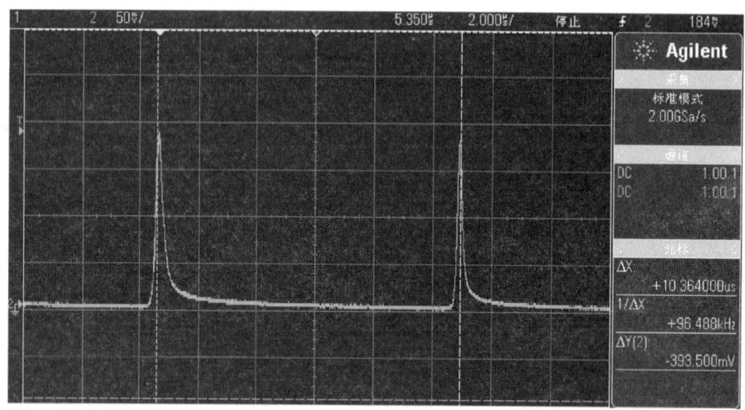

图 2.15-5　调 Q 脉冲重复频率

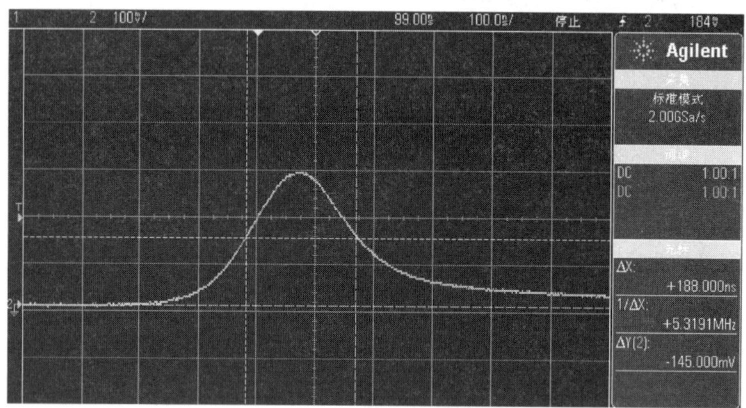

图 2.15-6　调 Q 脉冲宽度

表 2.15-1　调 Q 结果

电流/A	1.7	2.0	2.3
脉宽/ns			
重复频率/kHz			
平均功率/mW			

【实验报告】

掌握半导体泵浦固体激光器被动调 Q 的工作原理，每个调 Q 脉冲的时间间隔并不一致，分析原因．

分析泵浦功率、调 Q 脉冲重复频率和脉宽之间的关系．

计算不同泵浦功率下的脉冲峰值功率．

实验 2.16 激光倍频和相位匹配角的测量

【引言】

倍频现象就是二阶非线性效应的一种特例．本实验中的倍频就是通过倍频晶体将 Nd:YAG 或 Nd:YVO_4 输出的 1064nm 波长红外激光倍频成 532nm 波长激光．将基频光以特定的角度和偏振态入射到倍频晶体，利用倍频晶体本身所具有的双折射效应抵消色散效应，达到相位匹配的要求．角度匹配是高效率产生倍频光的最常用、最主要的方法．

【实验目的】

掌握腔内倍频技术及其意义．

了解固体激光器倍频的基本原理．

掌握测量激光倍频相位匹配角的方法．

【实验原理】

1. 非线性光学效应

光波电磁场与非磁性透明电介质相互作用时，光波电磁场会出现极化现象．当激光的发光强度较高时，由此产生的介质极化已不再是与电场强度呈线性关系，而是明显地表现出二阶乃至更高阶次的非线性效应．倍频现象就是二阶非线性效应的一种特例．

设光场 $\boldsymbol{E}$ 引起的极化矢量 $\boldsymbol{p}$ 为

$$\boldsymbol{p}=\varepsilon_0(\chi^1\boldsymbol{E}+\chi^2\boldsymbol{EE}+\chi^3\boldsymbol{EEE}+\cdots) \tag{2.16-1}$$

式中，χ^1，χ^2，χ^3，…分别称为线性极化率，二阶非线性极化率，三级非线性计划率…ε_0是介电常数并且 $\chi^1>\chi^2>\chi^3>\cdots$. 在一般情况下，每增加一次极化，$\chi$ 值减少 7～8 个数量级．

一阶线性项 χ^1 导致折射、反射等线性光学现象．

二阶非线性电极化率张量 χ^2 产生二次谐波（SHG）、和频、差频、光学整流效应、线性电光效应、法拉第效应、光学参量振荡（OPO）等非线性光学现象．

三阶非线性电极化率张量 χ^3 导致产生三次谐波（THG）、双光子吸收、光束的自聚焦、克尔效应以及受激拉曼散射、受激布里渊散射、四波混频等非线性光学效应．

由于入射光是变化的，其振幅为 $E=E_0\sin\omega t$，所以极化强度也是变化的．根据电磁理论，变化的极化场可作为辐射源产生电磁波——新的光波．在入射光的电场比较小时（比原子内的电场强度还小），χ^2、χ^3 等极小，P 与 E 成线性关系 $P=\chi^1E$. 新的光波与入射光具有相同的频率，这就是通常所说的线性光学现象．但当入射光的电场较强时，不仅有线性现象，而且非线性现象也不同程度地表现出来，新的光波中不仅有入射的基频光波频率，还有二次谐波、三次谐波等频率产生，形成能量转移、频率变换．这就是只有在高强度的激光出现以后，非线性光学才得到迅速发展的原因．

常用的倍频晶体有 KTP、KDP、LBO、BBO 和 LN 等．其中，KTP 晶体在 1064nm 波长附近有较高的有效非线性系数，导热性良好，非常适合用于 Nd 激光器的倍频．本实验就是通过 KTP 晶体实现 Nd:YVO_4 输出的 1064nm 波长红外激光倍频产生 532nm 波长绿光．

从光波的耦合分析二级非线性效应的产生原理，设有下列两光波同时作用于介质：

$$E_1=A_1\cos(\omega_1 t+k_1 z) \tag{2.16-2}$$

$$E_2=A_2\cos(\omega_2 t+k_2 z) \tag{2.16-3}$$

介质产生的极化强度应为二列光波的叠加，有

$$\begin{aligned} p&=\chi^2[A_1\cos(\omega_1 t+k_1 z)+A_2\cos(\omega_2 t+k_2 z)]^2\\ &=\chi^2[A_1^2\cos^2(\omega_1 t+k_1 z)+A_2^2\cos^2(\omega_2 t+k_2 z)\\ &\quad+2A_1A_2\cos(\omega_1 t+k_1 z)\cos(\omega_2 t+k_2 z)] \end{aligned} \tag{2.16-4}$$

经推导得出，二级非线性极化波应包含下面几种不同频率成分：

$$p_{2\omega_1}=\frac{\chi^2}{2}A_1^2\cos[2(\omega_1 t+k_1 z)] \tag{2.16-5}$$

$$p_{2\omega_2}=\frac{\chi^2}{2}A_2^2\cos[2(\omega_2 t+k_2 z)] \tag{2.16-6}$$

$$p_{\omega_1+\omega_2}=\chi^2A_1A_2\cos[(\omega_1+\omega_2)t+(k_1+k_2)z] \tag{2.16-7}$$

$$p_{\omega_1-\omega_2}=\chi^2A_1A_2\cos[(\omega_1-\omega_2)t+(k_1-k_2)z] \tag{2.16-8}$$

从以上可以看出，二级效应中含有基频波的倍频分量 $2\omega_1$、$2\omega_2$，故二级效应可用于实现倍频．

当只有频率为 ω 的光入射介质时（相当于 $\omega_1=\omega_2=\omega$），二级非线性效应就只有除基频外的一种频率 2ω 的光波产生，称为二倍频或二次谐波．在二级非线性效应中，二倍频又是最基本、应用最广泛的技术．

2. 倍频效率与相位匹配

下面以二阶非线性效应三波耦合中的一个特例，即二次倍频，$\omega_1=\omega_2$，$\omega_3=2\omega_1$，来讨论二次谐波转换效率和相位匹配的关系．

假定二倍频转换效率很小，可认为频率为 ω_1 和 ω_2 的入射光场的能量保持恒定，再忽略介质中的吸收损耗，则由耦合波方程得

$$A_3(z)=A_3(0)+\frac{d_{\text{eff}}\omega_3}{n_3c\Delta k}A_1A_2\exp(j\Delta kz-1) \tag{2.16-9}$$

在 $z=0$ 处，$A_3(0)=0$，当 z 等于非线性倍频晶体的长度 l 时，得到二次谐波的输出功率为

$$P_{2\omega}=l^2K\frac{P_\omega^2\sin^2(\Delta kl/2)}{(\Delta kl/2)^2} \tag{2.16-10}$$

式中，l 为非线性倍频晶体的长度；A 为基频光束面积．式中的

$$K=2\eta^3\omega_1^2d_{\text{eff}}^2 \tag{2.16-11}$$

式中，$\eta=\sqrt{\frac{\mu_0}{\varepsilon_0\varepsilon}}$为平面波阻抗．

可以看出，倍频转换效率取决于非线性倍频晶体的长度、功率密度以及相位失配程度．对 l 一定的晶体，二次谐波输出功率强烈地依赖于相位失配程度．对共线光束，相位失配常以波数差表示为

$$\Delta k=\frac{4\pi}{\lambda_1}(n_1-n_3) \tag{2.16-12}$$

当 Δk 一定时，二次谐波输出功率随晶体长度的增加而周期性地变化，周期为 $\Delta kl/2=\pi$，此距离的一半称为相干长度 l. 对于垂直入射情况，相干长度为

$$l=\frac{\lambda_1}{4(n_3-n_1)} \tag{2.16-13}$$

相位匹配能用很多的方式来描述，既可以从电磁波相干叠加来说明相位匹配原理，也可从能量角度来理解．在特定角度下，即能实现相位匹配，实现高效倍频输出．

对于连续基波振荡器，腔内功率密度远大于腔外，而二次谐波的功率与基波功率的平方成正比，因此倍频时应将倍频晶体置于腔内束腰位置处．基频光单向通过晶体时转换效率较低，若采用所谓的腔内双通倍频方式，即基波往返两次通过倍频晶体，则输出功率和能量转换效率将大大提高．

相位匹配条件的实质是强光与非线性介质相互作用过程中所产生的倍频波干涉相长条件，其目的是想通过这一途径提高基波向倍频波转换的效率．

3. KTP 晶体

KTP 即 $KTiOPO_4$，是 1976 年美国杜邦公司开发的一种具有较高倍频系数的可见区非线性光学晶体．最近几年，国内一些单位生产出了一种优质的 KTP 晶体，即所谓的 S-KTP 晶体；国外则利用水热法生产出了一种能抗灰迹现象的 KTP 晶体．KTP 属于负双轴晶体，具有非线性系数大、透光波段宽、不潮解、破坏阈值高等特点，尤其适合于 1064nm 波长激光的倍频．

KTP 晶体对 1064nm 波长激光倍频时，一般采用Ⅱ类非临界相位匹配（Ⅰ类相位匹配非线性系数非常小）．由计算可知，其匹配角为 $\theta=90°\varphi=23.6°$，此时其允许角为 50mrad，允许温度为 25℃，走离角为 1 mrad. 用 KTP 进行倍频时，需要旋转合适的角度，才能得到高效的倍频．

【实验内容】

1. 倍频的基本原理

输出镜选用短波通，参照实验 2.14 的调节方法，调出 1064nm 波长激光，并把光路调到最佳状态（即输出功率最大，小亮斑在大光斑的中心附近）．激光倍频实验装置图如图 2.16-1 所示．

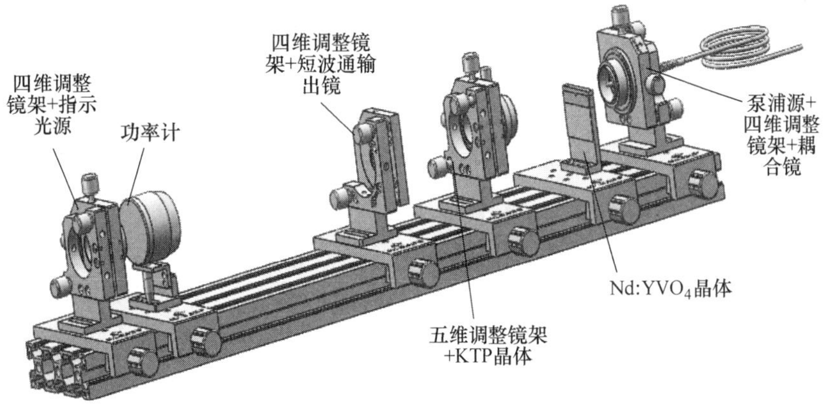

图 2.16-1　激光倍频实验装置图

打开指示光源，用功率计在输出镜后挡住前方光路，在指示光源前插入 KTP 晶体，调节 KTP 晶体的上下和左右调节旋钮，使指示光照在晶体中心，关闭指示激光，从导轨上取走功率计．

将微调过的 KTP 晶体插入到激光晶体后方，旋转 KTP 晶体的角度，直至输出 532nm 波长的绿光，出现绿光后微调 KTP 晶体的俯仰偏摆旋钮，用功率计观察，使 532nm 波长的绿光输出功率达到最大值，即完成倍频．

注：倍频 KTP 晶体没有正反方向．

2. 倍频效应的研究

旋转 KTP 晶体，用功率计测量不同角度下的输出功率，得出最佳的相位匹配角所在的位置．将测量数据填入表 2.16-1 中．

表 2.16-1　最佳相位匹配角

角度（°）					
功率/mW					

【实验报告】

了解固体激光器倍频的基本原理；

根据实验找出最佳相位匹配角，研究倍频效应并分析原因．

实验 2.17　色差的测量

【引言】

光学材料（透镜）对于不同波长光的折射率是不同的，也就是折射角度不同．波长越短折射率越大，波长越长折射率越小，同一薄透镜对不同单色光，每一种单色光都有不同的焦距，按色光的波长由短到长，它们的像点离开透镜由近到远地排列在光轴上，这样成像就产生了所谓的位置色差．

【实验目的】

了解色差的产生原理．

学会测量透镜的色差．

【实验原理】

光学材料对不同波长的色光有不同的折射率，对于波长较长的色光，透镜的折射率较低．因此，同一孔径不同色光的光线经过光学系统后与光轴有不同的交点．不同孔径不同色光的光线与光轴的交点也不相同．在任何像面位置，物点的像是一个彩色的弥散斑，如图 2.17-1 所示．各种色光之间成像位置和成像大小的差异称为色差．

为确定色差值，首先应规定对哪两种色光来考虑色差，即所谓的消色差谱线．一般以波长较长的谱线的像点位置为基准来确定色差，在靠近可见光谱区间边缘的两种色光为 C 光

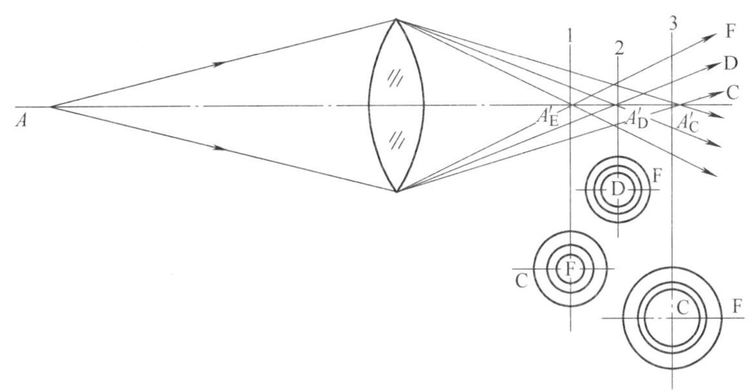

图 2.17-1　轴上点色差

（红光）、F 光（蓝光）和对人眼最敏感的为黄绿光．所以目视光学系统对黄绿色光计算和校正单色像差，对 C 光和 F 光计算并校正色差．位置色差用 $\Delta L'_{FC}$ 表示，即系统对 F 光和 C 光消色差

$$\Delta L'_{FC}=L'_F-L'_C \tag{2.17-1}$$

即使在光学系统的近轴区，也同样存在位置色差，对近轴区表示为

$$\Delta l'_{FC}=l'_F-l'_C \tag{2.17-2}$$

为计算色差，只需对 F 光和 C 光进行近轴光路计算，就可求出系统的近轴色差和远轴色差．

另外，D 光是绿光．

【实验内容】

1. 调节平行光束

如图 2.17-2 所示，依次放入 LED 三色光源，f38.1 平凸透镜、分划板、f400 双胶合透

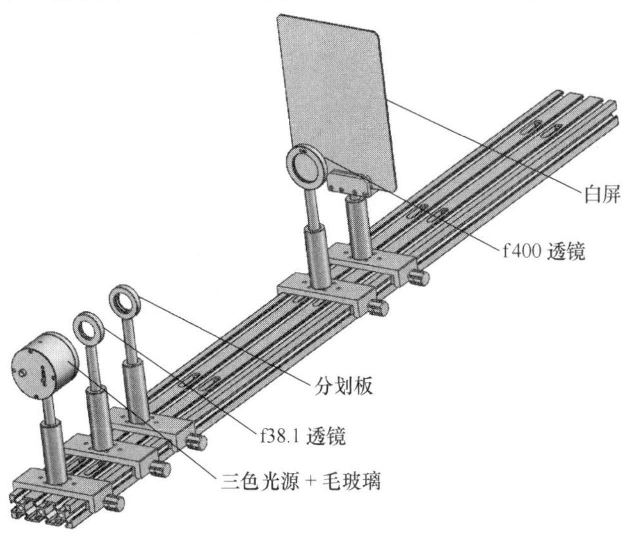

图 2.17-2　调节平行光束

镜，调节各个器件同轴等高，调节 f38.1 透镜位置，使经其聚焦的光斑打在分划板上，直径约为 25mm，分划板位置应尽量靠近 f38.1 透镜，再调节 f400 透镜位置，使白屏放置在近处和远处时，光斑的大小一致，此时平行光调节完毕（调节过程中需要将三色灯每一种颜色都调试一下，尽量保持在每一种光源下，通过双胶合透镜后的光斑亮度均匀）.

2. 测量位置色差

如图 2.17-3 所示，将分划板替换成针孔，依次加入环形光阑、球差镜头、相机，调节器件同轴等高．在显示屏上观察成像，调节球差镜头与相机之间的距离使成像清晰，如图 2.17-4a 所示，固定各个器件位置．

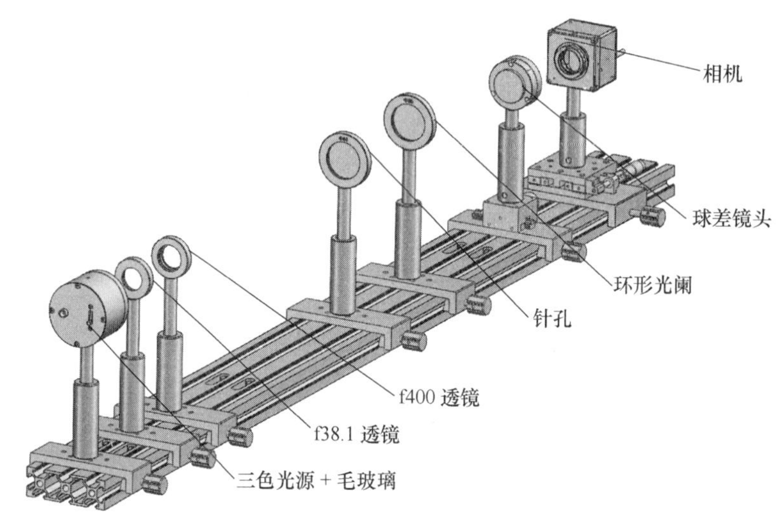

图 2.17-3 位置色差测量实验装配图

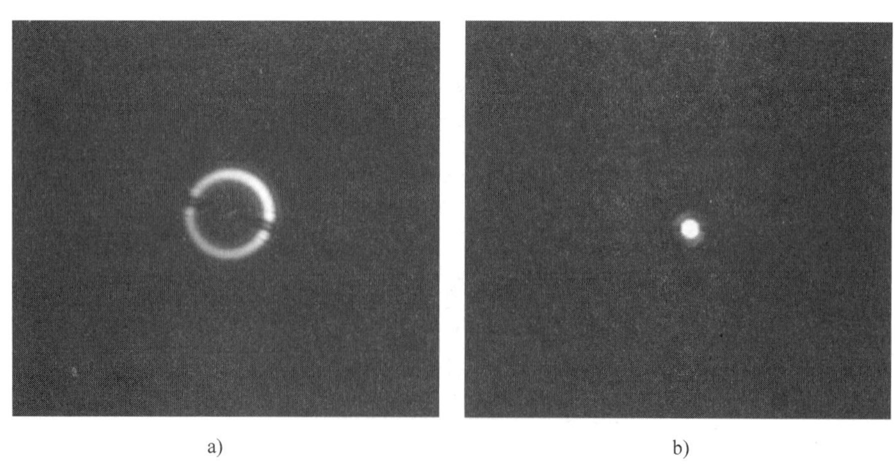

图 2.17-4 位置色差示意

将三色光源开到蓝光，调节相机的侧推平移台，使相机移动至成像光斑最小处，如图 2.17-4b 所示，此时认为待测镜头后焦点与 CMOS 靶面重合，记录此时千分丝杆的读数，再将光源开到红色、绿色，分别测量镜头后焦点位置，填入表 2.17-1，根据以下公式计算出待测镜头的位置色差．

换用其他尺寸的环形光阑进行测试．

$$\Delta L'_{FC}=L'_F-L'_C \tag{2.17-3}$$

$$\Delta L'_{FD}=L'_F-L'_D \tag{2.17-4}$$

$$\Delta L'_{DC}=L'_D-L'_C \tag{2.17-5}$$

【实验报告】

表 2.17-1　位置色差测量结果

光阑尺寸	L'_F/mm	L'_D/mm	L'_C/mm	$\Delta L'_{FC}$/mm	$\Delta L'_{FD}$/mm	$\Delta L'_{DC}$/mm
1						
2						
3						

实验 2.18　球差、像散的测量

【引言】

根据几何光学的观点，光学系统的理想状况是点物成点像，即物空间一点发出的光量在像空间也集中在一点上，但由于像差的存在，在实际中是不可能的．评价一个光学系统像质优劣的根据是物空间一点发出的光量在像空间的分布情况．在传统的像质评价中，人们先后提出了许多像质评价的方法，其中用得最广泛的有分辨率法、星点法和阴影法（刀口法）．

【实验目的】

了解星点检验法的测量原理；

用星点法观测球差和像散．

【实验原理】

光学系统对相干照明物体或自发光物体成像时，可将物发光强度分布看成是无数个具有不同发光强度的独立发光点的集合．每一发光点经过光学系统后，由于衍射和像差以及其他工艺疵病的影响，在像面处得到的星点像，发光强度分布是一个弥散光斑，即点扩散函数．在等晕区内，每个光斑都具有完全相似的分布规律，像面发光强度分布是所有星点像发光强度的叠加结果．因此，星点像发光强度分布规律决定了光学系统成像的清晰程度，也在一定程度上反映了光学系统对任意物分布的成像质量．上述的点基元观点是进行星点检验的基本依据．

星点检验法是通过考察一个点光源经光学系统后，在像面及像面前后不同截面上所成衍射像的形状（通常称为星点像）及发光强度分布来定性评价光学系统成像质量好坏的一种方法．由光的衍射理论得知，一个光学系统对一个无限远的点光源成像，其实质就是光波在其光瞳面上的衍射结果，焦面上的衍射像的振幅分布就是光瞳面上振幅分布函数，亦称光瞳函数的傅里叶变换，发光强度分布则是振幅模的平方．对于一个理想的光学系统，光瞳函数是一个实函数，而且是一个常数，代表一个理想的平面波或球面波，因此，星点像的发光强度分布仅仅取决于光瞳的形状．在圆形光瞳的情况下，理想光学系统焦面内星点像的发光强度分布就是圆函数的傅里叶变换的平方，即艾里斑发光强度分布，

$$\begin{cases}\dfrac{I(r)}{I_o}=\left[\dfrac{2J_1(\psi)}{\psi}\right]^2\\ \psi=kr=\dfrac{\pi D}{\lambda f'}r=\dfrac{\pi}{\lambda F}r\end{cases} \tag{2.18-1}$$

式中，$I(r)/I_o$ 为相对发光强度（在星点衍射像的中间规定为 1.0）；r 为在像平面上离开星点衍射像中心的径向距离；$J_1(\psi)$为一阶贝塞尔函数．

通常，光学系统也可能在有限共轭距内是无像差的，在此情况下 $k=(2\pi/\lambda)\sin u'$，其中 u'为成像光束的像方半孔径角．

无像差星点衍射像如图 2.18-1 所示，在焦点上，中心圆斑最亮，外面围绕着一系列亮度迅速减弱的同心圆环．衍射光斑的中央亮斑集中了全部能量的 80%以上，其中第一亮环的最大强度不到中央亮斑最大强度的 2%. 在焦点前后对称的截面上，衍射图形完全相同．

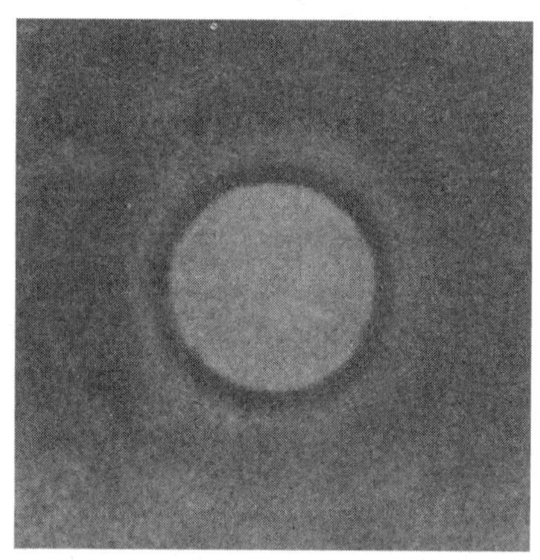

图 2.18-1　无像差星点衍射像

光学系统的像差或缺陷会引起光瞳函数的变化，从而使对应的星点像产生变形或改变其光量分布．待检系统的缺陷不同，星点像的变化情况也不同，故通过将实际星点衍射像与理想星点衍射像进行比较，可反映出待检系统的缺陷，并由此评价像质．

【实验内容】

1. 测量球差

保持实验 2.17 中测量位置色差的光路，将三色光源固定为一种颜色，更换不同尺寸的环带光阑，测量成像光斑最小处之间的距离（即为球差），再将光源开到其他颜色进行测量．将结果记录在表 2.18-1 中．

2. 测量像散

如图 2.18-2 所示，将球差镜头更换为像散镜头，选用 ϕ10mm 光阑，调节相机至成像清晰处，略微转动像散镜头，使镜头与主光轴有一定的角度，调节相机位置，找到弧矢面聚焦

位置如图 2.18-3b 所示，记录此时平移台读数 y，再移动相机位置找到子午面聚焦位置，如图 2.18-3a 所示，记录此时平移台读数 x，两读数之差即为像散．转动镜头在不同角度下进行测量，将结果记录在表 2.18-2 中．

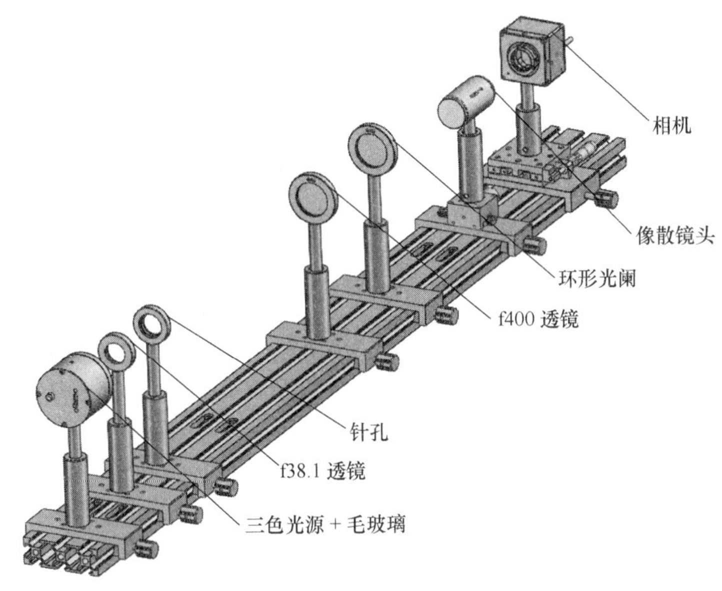

图 2.18-2　像散测量实验装配图

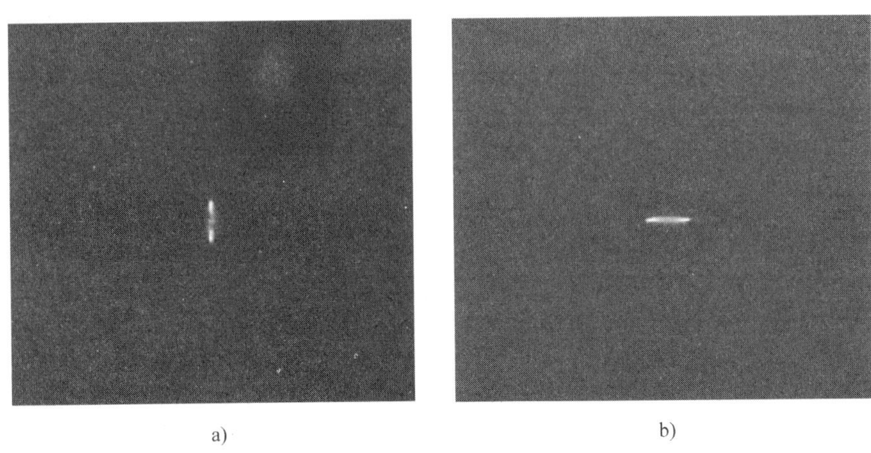

图 2.18-3　像差效果图
a）子午聚焦面　b）弧矢聚焦面

【实验报告】

表 2.18-1　球差测量结果

	光阑 1/mm	光阑 2/mm	球差/mm
红光			
绿光			
蓝光			

表 2.18-2 像散测量结果

偏转角度（°）	子午面位置 x/mm	弧矢面位置 y/mm	透镜像散 $=y-x$/mm
1			
2			
3			
4			

实验 2.19 菲涅耳双棱镜实验

【引言】

当两束光波的频率相同、振动方向相同且相位差恒定时，可以产生干涉．本实验利用双棱镜把由同一光源发出的光分成两束或两束以上的相干光，使它们各自经过不同的路径后再次相遇而产生干涉．

【实验目的】

通过实验获得菲涅耳双棱镜干涉条纹并了解其特点．

【实验原理】

菲涅耳双棱镜可以看成是由两块底面相接、棱角很小的直角棱镜合成．若置单色光源 S_0 于双棱镜的正前方，则从 S_0 射来的光束通过双棱镜折射后，变为两束相重叠的光，这两束光仿佛是从光源 S_0 的两个虚像 S_1 和 S_2 射出的一样．由于 S_1 和 S_2 是两个相干光源，所以若在两束光相重叠的区域内放置一个屏，即可观察到明暗相间的干涉条纹（即图 2.19-1 中虚线阴影部分，即干涉区域）.

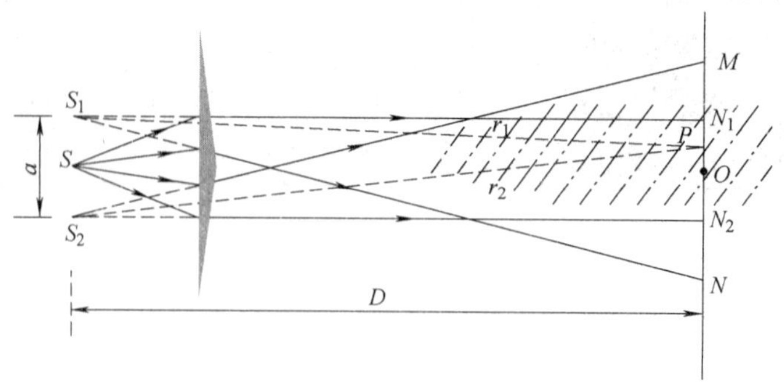

图 2.19-1 菲涅耳双棱镜光路图

如图 2.19-1 所示，设虚光源 S_1 和 S_2 的距离是 a，D 是虚光源到屏的距离．令 P 为屏上任意一点，r_1 和 r_2 分别为从 S_1 和 S_2 到 P 点的距离，则从 S_1 和 S_2 发出的光线到达 P 点的光程差是

$$\Delta L = r_2 - r_1 \tag{2.19-1}$$

令 N_1 和 N_2 分别为 S_1 和 S_2 在屏上的投影，O 为 N_1N_2 的中点，并设 $OP=x$，那么从 $\triangle S_1N_1P$ 及 $\triangle S_2N_2P$ 得

$$r_1^2=D^2+\left(\frac{a}{2}-x\right)^2 \tag{2.19-2}$$

$$r_2^2=D^2+\left(\frac{a}{2}+x\right)^2 \tag{2.19-3}$$

两式相减，得

$$r_2^2-r_1^2=2ax \tag{2.19-4}$$

另外又有 $r_2^2-r_1^2=(r_2-r_1)(r_2+r_1)=\Delta L(r_2+r_1)$

通常 D 较 a 大的很多，所以 r_2+r_1 近似等于 $2D$，因此光程差为

$$\Delta L=\frac{ax}{D} \tag{2.19-5}$$

$$\Delta x=\frac{D}{a}\lambda \tag{2.19-6}$$

如果 λ 为光源发出的光波的波长，那么干涉极大和干涉极小处的光程差是

$$\Delta L=\frac{ax}{D}=\begin{cases}=k\lambda & (k=0,\pm1,\pm2,\cdots)\text{明条纹}\\ =\dfrac{2k+1}{2} & (k=0,\pm1,\pm2,\cdots)\text{暗条纹}\end{cases} \tag{2.19-7}$$

由式（2.19-7）可知，两干涉条纹之间的距离是

$$\Delta x=\frac{D}{a}\lambda \tag{2.19-8}$$

【实验仪器】

激光器、空间滤波器、透镜 1（f=100mm）、透镜 2（f=38.1mm）、菲涅耳双棱镜、白屏．

【实验内容】

1. 根据菲涅耳双棱镜干涉实验装配图安装所有的配件（其中透镜 1 焦距为 100mm，透镜 2 焦距为 38.1mm），如图 2.19-2 所示．

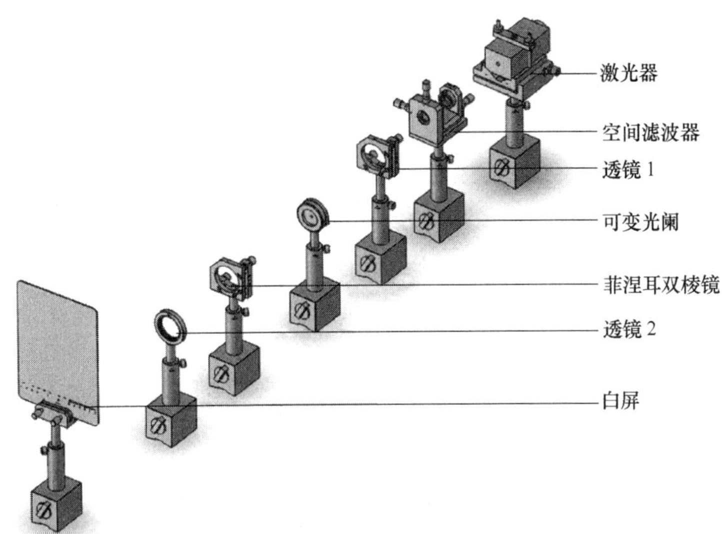

图 2.19-2　菲涅耳双棱镜干涉实验光路图

2. 插入空间滤波器，使用可变光阑作为高度标尺，调整空间滤波器的高度（不加针孔），使得激光通过显微物镜后的扩束光斑中心与可变光阑中心重合，此时锁定空间滤波器高度及平移台水平移动旋钮；加入针孔，旋转螺纹，推动物镜靠近针孔，在此过程中不断调整针孔位置旋钮，保证透过光的发光强度最大，当透过光无衍射环且发光强度最强时，空间滤波器调整完毕．调整作为准直用的双凸透镜与空间滤波器的距离，使出射光的光斑在近处和远处直径大致相等．

3. 将可变光阑放置在准直光束后，滤除光束边缘．

4. 置入菲涅耳双棱镜，确认光束中心基本在菲涅耳双棱镜中心处．

5. 置入白屏和焦距，前后移动白屏和焦距为 38.1mm 透镜 2 的位置，观察菲涅耳双棱镜干涉条纹．

实验 2.20　夫琅禾费衍射

【引言】

夫琅禾费衍射是观察点和光源距障碍物都是无限远（平行光束）时的衍射现象，在这种情况下计算衍射图样中的发光强度分布时，数学运算就比较简单．所谓光源无限远，实际上就是把光源置于第一个透镜的焦平面上，得到平行光束；所谓观察点无限远，实际上就是在第二个透镜的焦平面上观察衍射图样．

【实验目的】

理解夫琅禾费衍射原理；

调节并观察单缝、六边形孔、圆孔和方孔的夫琅禾费衍射现象．

【实验原理】

根据菲涅耳衍射公式可以知道，当 z_1 很大，使得 $k\dfrac{(x_1^2+y_1^2)_{\max}}{2z_1}\ll\pi$ 时，菲涅耳公式可近似化简为

$$\widetilde{E}(x,y)=\frac{\exp(\mathrm{i}kz_1)}{\mathrm{i}\lambda z_1}\exp\left[\frac{\mathrm{i}k}{2z_1}(x^2+y^2)\right]\iint_{\Sigma}\widetilde{E}(x_1,y_1)\exp\left[-\frac{\mathrm{i}k}{z_1}(xx_1+yy_1)\right]\mathrm{d}x_1\mathrm{d}y_1 \quad (2.20\text{-}1)$$

若孔径 Σ 外的 $\widetilde{E}(x_1,y_1)=0$，上式也可以写为

$$\widetilde{E}(x,y)=\frac{\exp(\mathrm{i}kz_1)}{\mathrm{i}\lambda z_1}\exp\left[\frac{\mathrm{i}k}{2z_1}(x^2+y^2)\right]\iint_{-\infty}^{\infty}\widetilde{E}(x_1,y_1)\exp\left[-\mathrm{i}2\pi\left(x_1\frac{x}{\lambda z_1}+y_1\frac{y}{\lambda z_1}\right)\right]\mathrm{d}x_1\mathrm{d}y_1 \quad (2.20\text{-}2)$$

该式称为夫琅禾费衍射公式．这一近似称为夫琅禾费近似．在这一近似成立的区域（夫琅禾费区）内观察到的衍射现象称为夫琅禾费衍射．

已经知道，观察夫琅禾费衍射需要把观察屏放置在离衍射孔径很远的地方，其垂直距离

z_1要满足上式中的近似．通常采用图 2.20-1 所示的系统作为夫琅禾费衍射实验装置．

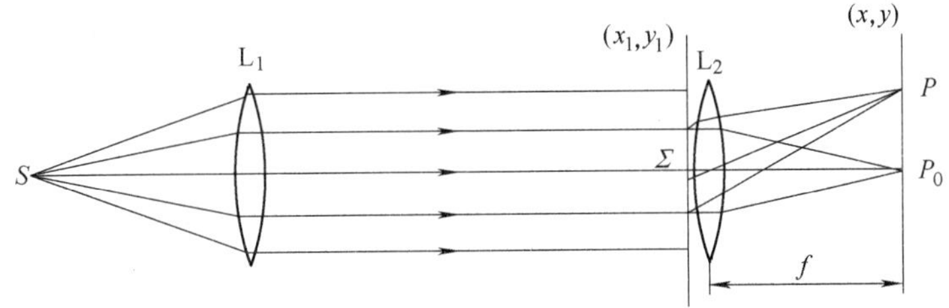

图 2.20-1　夫琅禾费衍射实验装置

这里假设单色点光源 S 发出的光波经透镜 L_1 准直后垂直地投射到孔径 Σ 上．孔径 Σ 紧贴透镜 L_2 的前表面放置，在透镜 L_2 的后焦面上观察孔径 Σ 的夫琅禾费衍射．

1. 矩孔衍射

选取矩孔中心作为坐标原点 C，如图 2.20-2 所示．

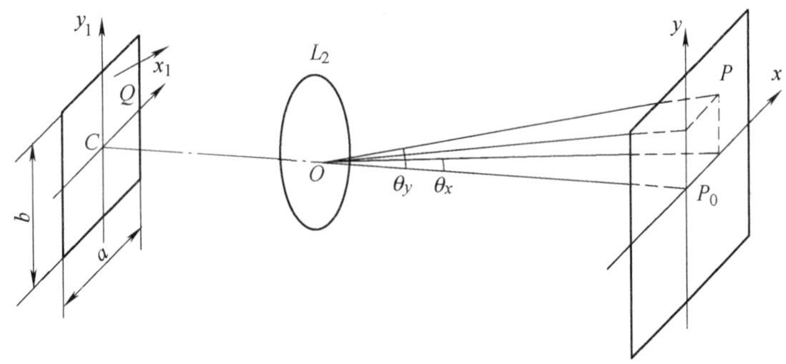

图 2.20-2　夫琅禾费矩孔衍射

观察平面上 P 点的复振幅为

$$\widetilde{E}=\widetilde{E}_0\left(\frac{\sin\frac{kla}{2}}{\frac{kla}{2}}\right)\left(\frac{\sin\frac{k\omega b}{2}}{\frac{k\omega b}{2}}\right)\exp\left[\mathrm{i}k\left(\frac{x^2+y^2}{2f}\right)\right] \tag{2.20-3}$$

式中，k 是波矢；ω 是角频率；i 是虚数单位．

P 点的发光强度为

$$I=|\widetilde{E}|^2=I_0\left(\frac{\sin\frac{kla}{2}}{\frac{kla}{2}}\right)^2\left(\frac{\sin\frac{k\omega b}{2}}{\frac{k\omega b}{2}}\right)^2 \tag{2.20-4}$$

或者简写为

$$I=I_0\left(\frac{\sin\alpha}{\alpha}\right)^2\left(\frac{\sin\beta}{\beta}\right)^2 \tag{2.20-5}$$

式中，I_0 是 P_0 点的发光强度；α、β 分别为

$$\alpha=\frac{kla}{2}=\frac{\pi}{\lambda}a\sin\theta_x \tag{2.20-6}$$

$$\beta=\frac{k\omega b}{2}=\frac{\pi}{\lambda}b\sin\theta_y \tag{2.20-7}$$

式（2.20-5）为夫琅禾费矩孔衍射发光强度分布公式．式中一个因子依赖于坐标 x 或方向余弦 l，另一个因子依赖于坐标 y 或方向余弦 ω，表明所考察的 P 点的发光强度与它的两个坐标有关．

根据发光强度分布公式可知，对于 x 轴方向，此时 $\omega=0$，发光强度分布公式可变为

$$I=I_0\left(\frac{\sin\alpha}{\alpha}\right)^2 \tag{2.20-8}$$

其发光强度分布曲线如图 2.20-3 所示

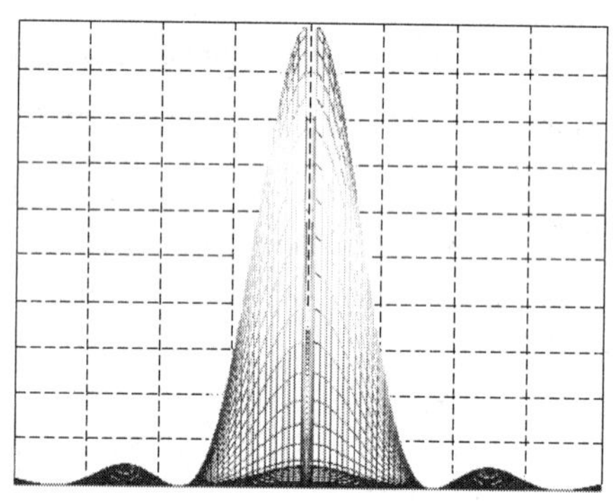

图 2.20-3　矩孔衍射在 x 轴上的发光强度分布曲线

根据上述公式可知，零发光强度点（暗点）满足条件

$$a\sin\theta_x=n\lambda \quad (n=\pm1,\pm2,\cdots) \tag{2.20-9}$$

同样在 y 轴方向也可得到类似的结论．矩孔的中央亮斑衍射发光强度最大，面积为 $S_0=\dfrac{4f^2\lambda^2}{ab}$，其中央亮斑的角半宽度为

$$\Delta\theta_x=\frac{\lambda}{a},\quad \Delta\theta_y=\frac{\lambda}{b} \tag{2.20-10}$$

2. 单缝衍射

如果矩孔一个方向的宽度比另一个方向的宽度大得多，即 $b\gg a$，矩孔衍射就变成单缝衍射，单缝衍射在 x 轴上的衍射发光强度分布公式也是

$$I=I_0\left(\frac{\sin\alpha}{\alpha}\right)^2 \tag{2.20-11}$$

式中

$$\alpha=\frac{kla}{2}=\frac{\pi}{\lambda}a\sin\theta \tag{2.20-12}$$

式中，θ 为衍射角．式（2.20-12）中的因子 $\left(\dfrac{\sin\alpha}{\alpha}\right)^2$ 通常称为单缝衍射因子．由上述讨论可知，在单缝衍射图样中，中央亮纹的角半宽度为

$$\Delta\theta=\frac{\lambda}{a} \tag{2.20-13}$$

3. 圆孔衍射

圆孔的夫琅禾费衍射仍采用图 2.20-1 的系统．假定圆孔的半径为 a，圆孔中心 C 位于光

轴上．由于圆孔的圆对称性，在计算圆孔的衍射发光强度分布时采用极坐标，则观察平面上任意一点 P 的复振幅为

$$\widetilde{E}(P)=C'\int_0^a\int_0^{2\pi}\exp[-\mathrm{i}k(r_1\theta\cos\psi_1\cos\psi+r_1\theta\sin\psi_1\sin\psi)r_1\mathrm{d}r_1\mathrm{d}\psi_1]$$

$$=C'\int_0^a\int_0^{2\pi}\exp[-\mathrm{i}kr_1\theta\cos(\psi_1-\psi)r_1\mathrm{d}r_1\mathrm{d}\psi_1] \tag{2.20-14}$$

式中，$C'=\dfrac{CA}{f}\exp(\mathrm{i}kf)$. 利用贝塞尔（Bessel）函数的性质，式（2.20-14）可表示为

$$\widetilde{E}(P)=2\pi C'\int_0^{2\pi}J_0(kr_1\theta)r_1\mathrm{d}r_1=\pi a^2C'\frac{2J_1(ka\theta)}{ka\theta} \tag{2.20-15}$$

则，P 点的发光强度为

$$I=(\pi a^2)|C'|^2\left[\frac{2J_1(ka\theta)}{ka\theta}\right]^2=I_0\left[\frac{2J_1(Z)}{Z}\right]^2 \tag{2.20-16}$$

式中，$I_0=(\pi a^2)|C'|^2$ 是轴上点 P_0 的发光强度；$J_1(Z)$ 是一阶贝塞尔函数．

圆孔夫琅禾费衍射图样的中央是一亮斑，外围是一圈圈减弱的同心圆环，背景为暗色．中央的亮斑为艾里斑，集中了全部衍射光量的84%. 它的半径 r_0 由对应于第一个强度为零的 Z 值决定

$$Z=\frac{kar_0}{f}=1.22\pi \tag{2.20-17}$$

因此

$$r_0=1.22f\frac{\lambda}{2a} \tag{2.20-18}$$

或以角半径表示为

$$\theta_0=\frac{r_0}{f}=\frac{0.61\lambda}{a} \tag{2.20-19}$$

【实验仪器】

激光器、空间滤波器、机械单缝、机械圆孔、空间光调制器、白屏、透镜1（$f=100$mm)．透镜2（$f=350$mm)．

【实验内容】

1. 夫琅禾费单缝衍射实验

1）按照夫琅禾费衍射实验装配图安装所有的配件（其中透镜1的焦距100mm，透镜2的焦距350mm)，如图2.20-4所示．

2）安装激光器、空间滤波器、可变光阑、透镜1（$f=100$mm)，安装方式参考实验1.11.

3）将可变光阑放置在准直光束后，滤除光束边缘．

4）置入机械单缝，保证机械单缝与导轨平面垂直．同时调整可变光阑大小，光阑的大小需保证光斑能够全部覆盖到机械单缝的图案．

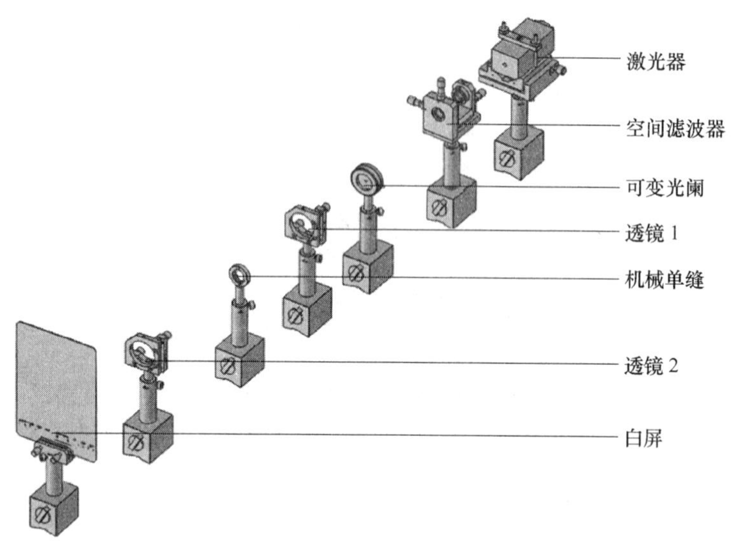

图 2.20-4　夫琅禾费衍射光路图

5）置入透镜 2 和白屏，使白屏放在透镜的焦平面上．利用白屏观察夫琅禾费单缝衍射效果．

2. 夫琅禾费圆孔衍射

取下机械单缝，换上机械圆孔，用白屏观察夫琅禾费圆孔衍射效果．

3. 夫琅禾费衍射光学元件设计

1）根据图 2.20-5 装配对应器件．

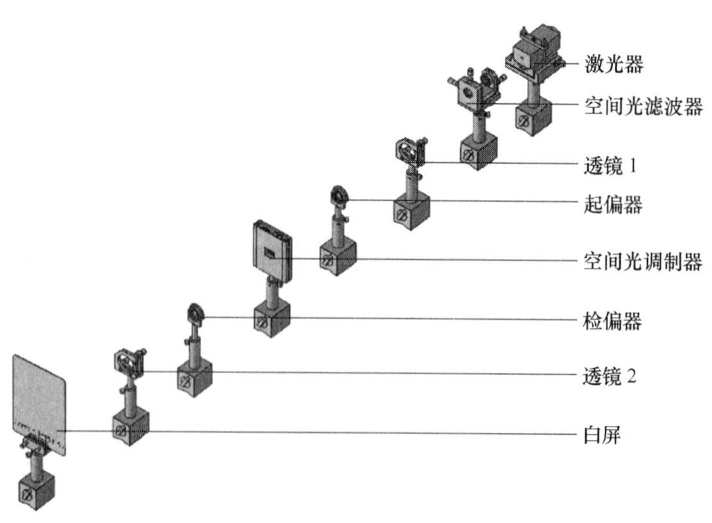

图 2.20-5　基于空间光调制器的夫琅禾费衍射光路图

2）按光路图要求置入所有器件，并将白屏放在透镜 2 的焦点上．起偏器调整为水平振动方向（即标定过的是 0°），检偏器调整为垂直振动方向（即标定过的是 90°，旋转两个偏振片的角度，使入射至白屏的光最弱）.

3）找到并打开“目标模板产生器”软件，选择单缝，输入合适的单缝尺寸（建议为 20 像素）．在白屏上观察夫琅禾费衍射效果．

4）同理，用空间光调制器产生圆孔、方孔，然后通过白屏观察其夫琅禾费衍射效果（建议为 60 像素）．

实验 2.21　马吕斯定律的验证

【引言】

马吕斯于 1808 年发现了光的偏振，确定了偏振光发光强度变化的规律，即马吕斯定律．

【实验目的】

理解马吕斯定律．

通过实验学会验证马吕斯定律．

【实验原理】

马吕斯定律可以表述为：一束发光强度为 I_0 的线偏振光通过检偏器后的发光强度为

$$I=I_0\cos^2\alpha \qquad (2.21\text{-}1)$$

式中，α 为线偏振光的偏振方向与检偏器的透光轴之间的夹角，如图 2.21-1 所示．

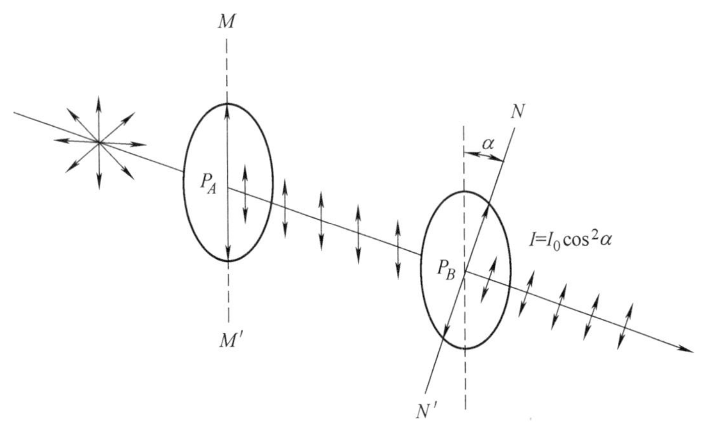

图 2.21-1　马吕斯定律原理图

由式（2.21-1）可知，当两偏振器透光轴平行（$\alpha=0°$）时，投射发光强度最大，为 I_0；当两偏振器透光轴相互垂直（$\alpha=90°$）时，如果偏振器是理想的，则投射发光强度为零，没有光从检偏器出射，则称此时检偏器处于消光位置，同时说明从起偏器出射的光是完全线偏振光；当两偏振器相对转动时，随着 α 的变化，可以连续改变透射光．

实际的器件往往不是理想的，自然光透过器件并不是完全的线偏振光，而是部分偏振光．因此，即使两个偏振器的透光轴互相垂直，透射发光强度也不为零．我们把这时的最小透射发光强度与两偏振器光轴互相平行时的最大透射发光强度之比称为消光比，它是衡量偏振器质量的重要参数．

【实验仪器】

激光器、偏振片（起偏器、检偏器）、激光功率计．

【实验内容】

根据马吕斯定律验证实验装配图安装所有的配件，如图 2.21-2 所示．

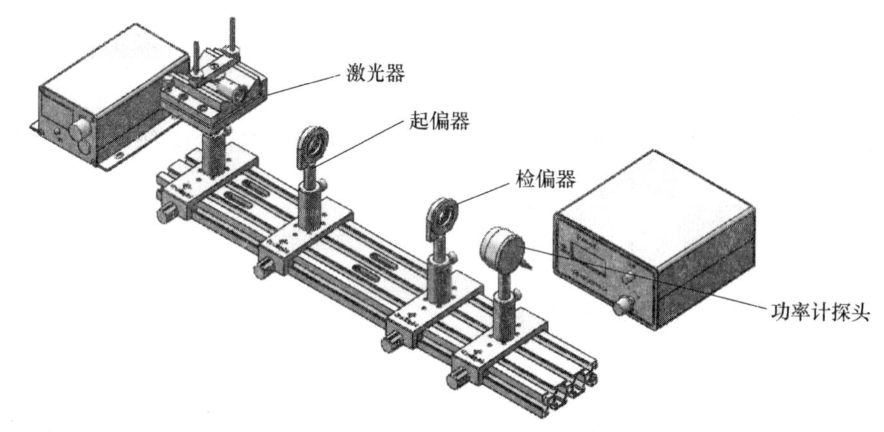

图 2.21-2　马吕斯定律验证实验光路图

旋转起偏器使入射到功率计光的发光强度最大，旋转检偏器，使入射到功率计的光的发光强度最大，此时检偏器和起偏器的透光轴平行（此时检偏器角度记为 0°）．

把最大光功率填入表 2.21-1 中，开始旋转检偏器，每隔 15°记录此时功率计数值．将记录的数据依次输入表 2.21-1 中，将发光强度进行归一化，然后绘图，验证实际测量数据是否与马吕斯定律符合．

从记录的一组数据中找出最小的透射发光强度与最大的透射发光强度（或者归一化后的最小值和最大值）．最小值比最大值即为消光比．由消光比判断偏振片的质量．

【实验报告】

表 2.21-1　起偏器与检偏器不同的夹角对应的发光强度　　（单位：cd）

0°	15°	30°	45°	60°	75°	90°	105°	120°	135°
150°	165°	180°	195°	210°	225°	240°	255°	270°	285°
300°	315°	330°	345°	360°					

实验 2.22　椭圆偏振光的测定

【引言】

在大学基础物理实验中，椭圆偏振光的产生和验证是一个不可缺少的实验内容．

【实验目的】

了解椭圆偏振光的产生和验证．

理解椭圆离心率的概念，测量椭圆偏振光的离心率．

【实验原理】

实验装置如图 2.22-1 所示，初始时的起偏器 P_1（平行于 y 轴）和检偏器 P_2（平行于 y 轴）的偏振方向正交，$\lambda/4$ 波片的快轴与起偏器 P_1 的偏振方向夹角为 α，三者之间的关系如图 2.22-1 所示．其中实验时，θ 为检偏器 P_2 的偏振方向与 x 轴之间的夹角．

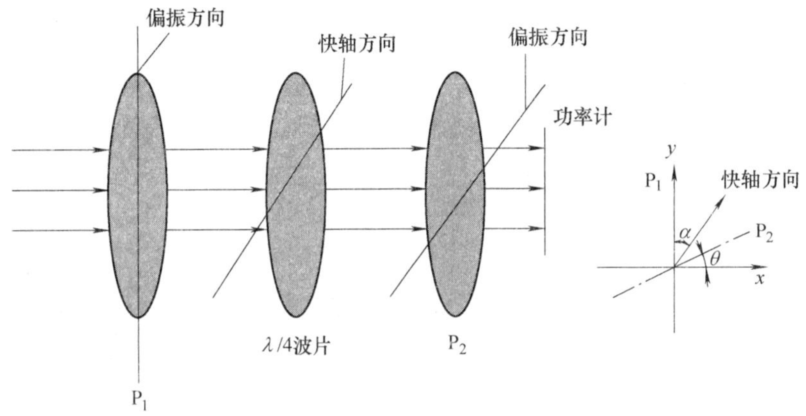

图 2.22-1　实验装配图及各方向之间的关系

设经起偏器后的线偏振光的振幅为 A_0，则经过 $\lambda/4$ 波片后得到的寻常光和非寻常光的振幅分别为 $A_o=A_0\sin\alpha$，$A_e=A_0\cos\alpha$. 其振动表达式分别为

$$E_o(t)=A_o\sin\omega t=A_0\sin\alpha\sin\omega t \tag{2.22-1}$$

$$E_e(t)=A_e\sin\omega t=A_0\cos\alpha\cos\omega t \tag{2.22-2}$$

透过检偏器的光振动为

$$E(t)=E_o(t)\cos(180°-\alpha-\theta)+E_o(t)\cos(90°-\alpha-\theta) \tag{2.22-3}$$

将式（2.22-1）、式（2.22-2）代入式（2.22-3）得

$$E(t)=-A_0\sin\alpha\cos(\alpha+\theta)\cos\omega t+A_0\cos\alpha\cos(\alpha+\theta)\cos\omega t \tag{2.22-4}$$

其振幅为

$$A=A_o\sqrt{[\sin\alpha+\cos(\alpha+\theta)]^2+[\cos\alpha\sin(\alpha+\theta)]^2} \tag{2.22-5}$$

因此，透过检偏器的发光强度为

$$I=I_0\{[\sin\alpha+\cos(\alpha+\theta)]^2+[\cos\alpha\sin(\alpha+\theta)]^2\} \tag{2.22-6}$$

式中，I_0 为自然光的发光强度．即发光强度最大时检偏器的透振方向与偏振光的长轴方向一致，反之则透振方向与偏振光的短轴方向一致．

椭圆的离心率：

离心率统一定义是动点到左（右）焦点的距离和动点到左（右）准线的距离之比．椭圆的离心率是椭圆扁平程度的一种量度，离心率为椭圆两焦点间的距离和长轴长度的比值，用

e 表示，即 $e=c/a$（c，半焦距；a，长半轴），椭圆的离心率可以形象地理解为，在椭圆的长轴不变的前提下，两个焦点离开中心的程度．

【实验仪器】

激光器、功率计、偏振片、$\lambda/4$ 波片．

【实验内容】

1．根据实验装配图安装所有的配件，如图 2.22-2 所示．

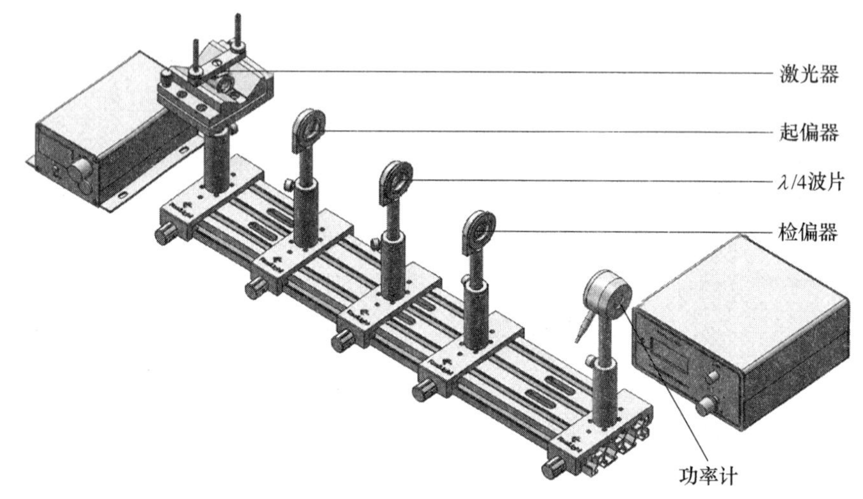

图 2.22-2　椭圆偏振光检测实验光路图

2．安装激光器并利用可变光阑使激光光束准直．

3．置入起偏器、功率计，旋转起偏器使其后输出的激光功率最大，置入和旋转检偏器直到发生完全消光为止（旋转检偏器，当功率计的示数在最小值附近跳动即为完全消光）．

4．插入 $\lambda/4$ 波片，使 $\lambda/4$ 波片的快轴（或慢轴）方向与起偏器的透光轴方向成任意角度（但不能发生消光）．

5．旋转检偏器，同时观察功率计示数的变化，记录功率计最大示数和最小示数的值并记录当时检偏器的角度（发光强度最大时检偏器的透振方向与偏振光的长轴方向一致，发光强度最小时透振方向与偏振光的短轴方向一致），测量三次求平均值．

6．按实验原理计算椭圆偏振光的长短轴角度、大小及离心率，简单绘制所测到的椭圆偏振光的示意图［椭圆的离心率：$e=c/a$ 其中，c 为半焦距；a 为半长轴（椭圆）］．

实验 2.23　波片的相位检测

【引言】

随着现代工业和科学技术的发展，波片在光学仪器中起着越来越重要的作用，波片本身的精度检测也成为波片制造中的一个重要课题．由于塞纳蒙补偿器的光路结构比较简单，并且把波片相位延迟这一物理量的测量转化为几何角度的测量，因此，利用塞纳蒙补偿器检测波片的方法一直受到人们的广泛重视．

塞纳蒙补偿器由一个 $\lambda/4$ 波片和一个旋转检偏器组成．$\lambda/4$ 波片首先将被测波片的相位延迟量 Φ 转换为一个线偏振光的空间偏振角 $\Phi/2$，然后测量旋转检偏器消光时相对起始零点的转角，就可得到被测波片的相位延迟量．利用塞纳蒙补偿器测量波片相位延迟的关键问题是，测量精度受到“对准”精度的限制，所谓的“对准”是指精确判断消光位置，而消光位置的判断误差是比较大的，为了提高“对准”精度，可以采用专门设计的半荫检偏器，或者利用电光调制器对光束进行交流调制，以便精确寻求消光点．本实验利用了塞纳蒙补偿器测量波片相位延迟量的简易方法，不需要判断消光位置，就可以更精确地获得波片的相位延迟量．

【实验目的】

理解检测波片相位的方法．

通过实验学会如何实现波片的相位检测．

【实验原理】

塞纳蒙补偿器的原理如图 2.23-1 所示．起偏器 P 的透光轴与 y 轴重合，被测件 Φ 的快轴（或慢轴）方向与 x 轴成 45°，$\lambda/4$ 波片 Q 的快轴（或慢轴）与 x 轴重合，检偏器 A 的透光轴与 x 轴成 θ 角，补偿器的输出发光强度则可以写为

$$I=I_0[1+\cos(2\theta+\Phi)] \tag{2.23-1}$$

式中，I_0 为平均发光强度；Φ 为被测相位延迟量．

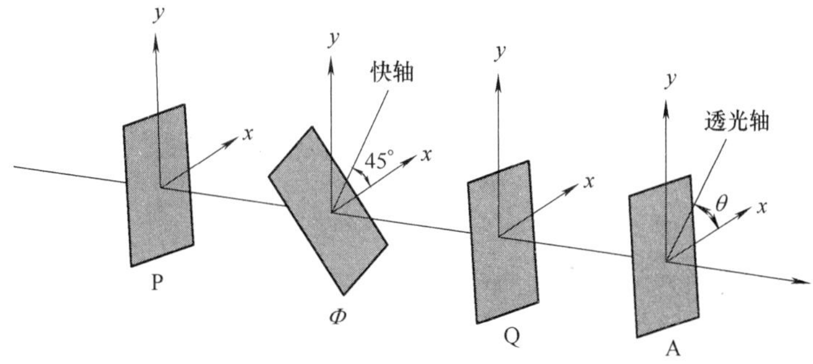

图 2.23-1　塞纳蒙补偿器原理

从式（2.23-1）看出，塞纳蒙补偿器的输出发光强度是检偏器方位角的余弦函数，应用相移干涉技术，将旋转检偏器转动四次，使其透光轴与 x 轴的夹角 θ 分别为 0，$\pi/4$，$\pi/2$，$3\pi/4$，则对应的发光强度为

$$\begin{aligned} I_A&=I_0(I+\cos\Phi) \\ I_B&=I_0(I-\sin\Phi) \\ I_C&=I_0(I-\cos\Phi) \\ I_D&=I_0(I+\sin\Phi) \end{aligned} \tag{2.23-2}$$

于是

$$\Phi=\arctan\frac{I_D-I_B}{I_A-I_C} \tag{2.23-3}$$

由式（2.23-3）看出，被测波片的相位延迟量 Φ 可以通过检偏器在四个不同的方位角时的对应发光强度值求出．利用相机和相应软件，就可以按式（2.23-3）求得被测波片的位相延迟量 Φ.

【实验仪器】

激光器、λ/4 波片 1、待测波片（λ/2 波片、λ/4 波片 2）、偏振片（起偏器和检偏器）、功率计．

【实验内容】

1. 根据波片相位检测装配图安装所有的配件，如图 2.23-2 所示．

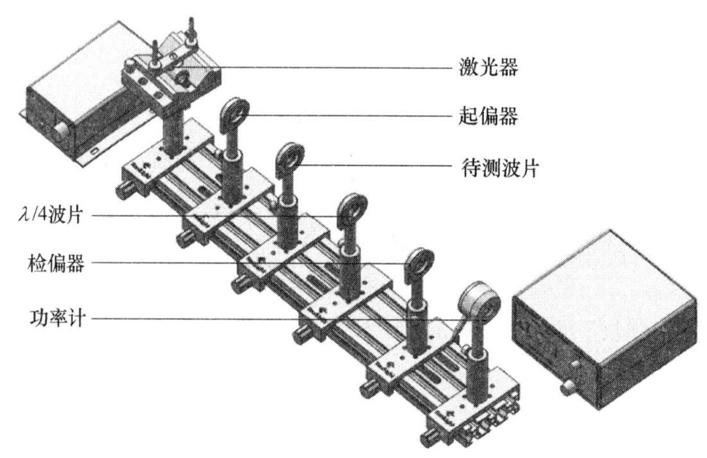

图 2.23-2　波片相位检测装配图

2. 安装激光器并利用可变光阑使激光光束与导轨准直．

3. 置入起偏器、功率计，旋转起偏器使其后输出的激光功率最大，然后置入检偏器，旋转检偏器直到发生消光为止（旋转检偏器，当功率计的示数在最小值附近跳动即为完全消光，此时检偏器角度记为 0°）．步骤 4 和步骤 5 要保持起偏器和检偏器不动．

4. 插入 λ/4 波片 1，旋转 λ/4 波片 1 使功率计示数最小［此时角度记为 0°，即此波片的快轴（或慢轴）方向与起偏器的透振方向平行（或垂直）］，此时，按照此方式插入并标定待测波片（λ/4 波片 2 和 λ/2 波片），标定待测波片快轴或慢轴角度，计为 0°，取下待测波片，插入λ/4 波片 1 旋转 λ/4 波片 0°即为功率计示数最小（相对标定角度转 0°）．

5. 插入待测波片，旋转待测波片 45°（相对标定角度转 0°），保证此波片的快轴（或慢轴）方向与起偏器的透振方向成 45°.

6. 此时才可以旋转检偏器，旋转检偏器四次，分别使其透光轴与 x 轴的夹角 θ 分别为 0°、45°、90°、135°（相对消光角度）并记录这些角度下激光功率计的示数．

7. 按照实验原理计算待测波片的相位延迟．

实验 2.24　蔗糖溶液的旋光性研究

【引言】

偏振光在通过某些物质后，光振动面会以光传播方向为轴发生旋转，这种现象叫作旋光效应．不同的旋光物质具有不同的旋光效应．旋光物质具有左旋属性或右旋属性，对于偏振面沿光轴顺时针旋转的称为左旋属性，具有右旋属性的物质则相反．研究旋光物质的旋光效应不仅在光学上有特殊意义，在制药、制糖、香料、石油等工业上也有广泛的应用．

【实验目的】

加深对偏振光的认识．

理解旋光效应的原理．

【实验原理】

偏振光沿光轴在旋光介质中传播时，振动面发生旋转的效应称为旋光效应．旋光物质种类众多，主要可分为左旋和右旋两种．偏振光经过旋光物质后，偏振光振动面沿轴旋转过的角度称为旋光度，记为 ϕ. 根据有关文献可知，旋光度 ϕ 与旋光介质的长度 L 有关：

$$\Phi = aL \tag{2.24-1}$$

式中，a 为旋光介质的旋光率，是表征介质旋光特性的重要物理量．对于液体旋光介质而言，旋光度不仅和旋光介质的长度有关，还受到旋光溶液浓度的影响．液体旋光介质的旋光度表示为

$$\Phi = CaL \tag{2.24-2}$$

对于特定波长的入射光而言，如果已知溶液的长度 L 和浓度 C，通过实验我们可以测定旋光度 ϕ 和溶液浓度 C 之间的关系．

【实验仪器】

激光器、旋光管、蔗糖、偏振片（起偏器 检偏器）、功率计、烧杯、搅拌棒．

【实验内容】

1. 按照图 2.24-1 所示实验光路装配器件．置入起偏器，旋转使其后发光强度最强，再置入检偏器，在放置待测溶液前旋转检偏器直到发生完全消光为止（当功率计的示数在最小值附近跳动时即为完全消光），记下此时检偏器的角度读数．

2. 利用烧杯先配置蔗糖 5mL（溶液总量 50mL，下同）的溶液，将配置好的蔗糖溶液放入旋光管中．

3. 将旋光管平放在棱镜架上，然后仔细调节光路使各光学器件等高共轴．同时，转动检偏器，直至出现完全消光为止，记下此时检偏器转过的角度（即为该浓度下溶液的旋光度），倒掉此溶液，按照此步骤 3 配置下一浓度溶液［配置 5 种浓度梯度的蔗糖溶液（依次为蔗糖 5mL（溶液 50mL）、10mL（溶液 50mL）、15mL（溶液 50mL）、20mL（溶液

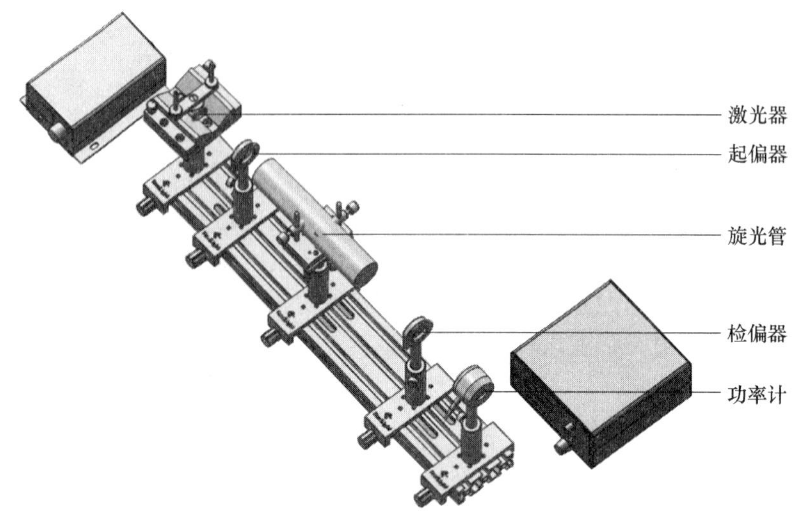

图 2.24-1　蔗糖溶液的旋光性实验装配图

50mL)、25mL (溶液 50mL)]. 绘制旋转角度随溶液浓度变化的曲线.

4. 配置任一种浓度的蔗糖溶液，摇晃此溶液使其浓度均匀后，分别装入长短不同的两个旋光管中. 按照步骤 3，记录相同浓度、不同长度的旋光管的旋转角度，计算两旋转角度的比值.

电磁学部分

实验 2.25　霍尔效应

【引言】

霍尔效应是电磁效应的一种，这一现象是美国物理学家霍尔于 1879 年在研究金属的导电机制时发现的. 当电流垂直于外磁场通过半导体时，载流子发生偏转，垂直于电流和磁场的方向会产生一附加电场，从而在半导体的两端产生电势差，这一现象就是霍尔效应，这个电势差也被称为霍尔电势差. 此外还发现，半导体、导电流体等也有这种效应，而半导体的霍尔效应比金属的霍尔效应强得多. 利用这一现象制成的各种霍尔元件广泛地应用于科学实验和工程技术中. 由于霍尔元件的面积可以做得很小，所以可用它来测量某点或缝隙中的磁场. 此外，利用霍尔效应可以测定载流子浓度及载流子迁移率等重要参数，以及判断材料的导电类型，是研究半导体材料的重要手段. 还可以用霍尔效应测量直流或交流电路中的电流和功率以及把直流电流转成交流电流并对它进行调制、放大. 利用霍尔效应制作的传感器广泛用于磁场、位置、位移、转速的测量.

近年来霍尔效应得到了重要的发展，冯·利青在极强磁场和极低温度下观察到了量子霍尔效应，它的应用大大提高了有关基本常数测量的准确性. 在工业生产要求自动检测和控制的今天，作为敏感元件之一的霍尔元件，会有更广阔的应用前景．了解这一富有实用性的实验，对今后的工作将大有益处．

【实验目的】

了解霍尔效应的原理和霍尔元件的有关参数．

学习用“对称交换测量法”消除负效应产生的系统误差．

计算霍尔元件灵敏度、载流子的浓度和迁移率，并判断其载流子的类型．

学习利用霍尔效应测量磁感应强度 B 和磁场分布．

【实验仪器】

霍尔效应实验仪、霍尔磁场测试仪等．

【实验原理】

1. 霍尔效应的原理

霍尔效应从本质上讲是运动的带电粒子在磁场中受洛伦兹力作用而引起的偏转．若带电粒子（电子或空穴）被约束在固体材料中，这种偏转就会导致在垂直电流和磁场方向上产生正负电荷的聚积，从而形成附加的横向电场，即霍尔电场 E_H. 如图 2.25-1 所示，若将通有电流的导体置于磁场 $\boldsymbol{B}$ 之中，磁场 $\boldsymbol{B}$（沿 z 轴）垂直于电流 I_H（沿 y 轴）的方向，则在导体中垂直于 $\boldsymbol{B}$ 和 I_H 的方向上出现一个横向电势差 U_H，这个现象称为霍尔效应，U_H 称为霍尔电势差．

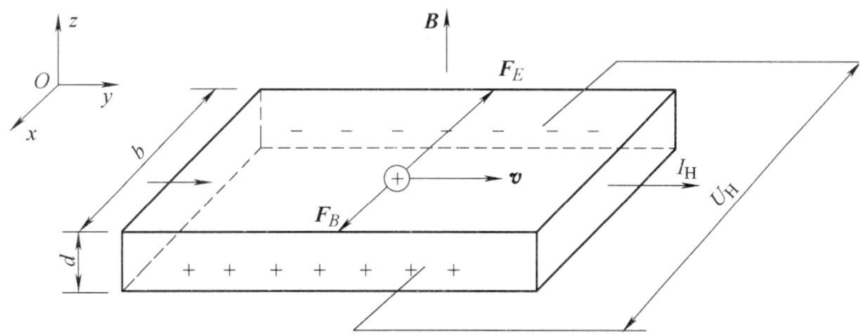

图 2.25-1　霍尔效应测试线路图

霍尔电势差是这样产生的：当电流 I_H 通过霍尔元件（假设为 p 型半导体）时，空穴有一定的漂移速度$\boldsymbol{v}$，垂直磁场对运动电荷产生一个洛伦兹力

$$\boldsymbol{F}_B = q(\boldsymbol{v} \times \boldsymbol{B}) \tag{2.25-1}$$

式中，q 为电子电荷．洛伦兹力使电荷产生横向的偏转，由于样品有边界，所以有些偏转的载流子将在边界积累起来，产生一个横向电场 $\boldsymbol{E}$，直到电场对载流子的作用力 $\boldsymbol{F}_E = q\boldsymbol{E}$ 与磁场作用的洛伦兹力相抵消为止，即

$$q\boldsymbol{E} = q(\boldsymbol{v} \times \boldsymbol{B}) \tag{2.25-2}$$

这时电荷在样品中流动将不再偏转，霍尔电势差就是由这个横向电场建立起来的．

设 p 型样品的载流子浓度为 n，宽度为 b，厚度为 d. 通过样品电流 $I_H = nqvbd$，则空穴

的速度 $v=I_H/nqbd$，代入式有

$$E=|\boldsymbol{v}\times\boldsymbol{B}|=\frac{I_H B}{nqbd} \tag{2.25-3}$$

式（2.25-3）两边各乘以 b，便得到

$$U_H=EB=\frac{I_H B}{nqd}=R_H\ \frac{I_H B}{d} \tag{2.25-4}$$

$$R_H=\frac{1}{nq} \tag{2.25-5}$$

R_H 称为霍尔系数．在应用中 U_H 一般写成

$$U_H=K_H I_H B \tag{2.25-6}$$

比例系数 $K_H=R_H/d=1/nqd$ 称为霍尔元件灵敏度，单位为 mV/(mA·T)．对一定的霍尔元件来说，霍尔灵敏度是一个常数，它的大小与材料的性质以及元件的尺寸有关，它表示霍尔元件在单位磁感应强度和单位控制电流下的霍尔电势差的大小．一般要求 K_H 越大越好．K_H 与载流子浓度 n 成反比．半导体内的载流子浓度远比金属的载流子浓度小，所以都用半导体材料作为霍尔元件．K_H 与片厚 d 成反比，所以霍尔元件都做得很薄，一般只有 0.2mm 厚．

由式（2.25-6）可以看出，如果磁场的磁感应强度 B 为已知，并且测出通过霍尔元件的工作电流 I_H 和相应的 U_H，就可以测定该元件的灵敏度 K_H

$$K_H=\frac{U_H}{I_H B} \tag{2.25-7}$$

由式（2.25-5）还可以看出，霍尔系数 R_H 与载流子的浓度 n 成反比，由于半导体中载流子的浓度小于金属，所以半导体的霍尔效应比金属显著．又由式（2.25-6）和式（2.25-7）可得

$$n=\frac{I_H B}{qdU_H} \tag{2.25-8}$$

由 $U_H=K_H I_H B$ 知

$$R_H=\frac{U_H d}{I_H B} \tag{2.25-9}$$

如果是 n 型半导体（载流子为自由电子），则横向电场与前者相反，所以 U_H 为负，R_H 也为负．n 型半导体和 p 型半导体的霍尔电势差有不同的符号，据此可以判断霍尔元件的导电类型．如果知道了载流子的类型，就可以由 U_H 的正负确定磁场的方向．

由式（2.25-5）可知，若已知 R_H 和 q，可求出载流子浓度 n，即 $n=1/qR_H$．应该指出，在半导体中载流子的漂移速度并不完全相同，考虑到载流子速度的统计分布，并认为多数载流子的浓度与迁移率之积远大于少数载流子的浓度与迁移率之积可知，半导体霍尔系数的公式中还应引入一个霍尔因子 r_H，即

$$R_H=\frac{r_H}{nq} \tag{2.25-10}$$

在普通物理实验中，常用 n 型 Si、n 型 Ge、InSb 和 IAs 等半导体材料的霍尔元件在室温下测量它们的霍尔因子 $r_H=\frac{3}{8}\pi\approx1.18$，所以对这些半导体而言

$$R_H=\frac{3\pi}{8}\frac{1}{nq} \tag{2.25-11}$$

式中，$q=1.602\times10^{-19}$C.

另外，由于电导率 σ 与载流子浓度 n 以及迁移率 μ 之间有如下关系

$$\sigma=nq\mu \tag{2.25-12}$$

所以

$$R_H=\frac{3\pi}{8}n\rho \tag{2.25-13}$$

式中，ρ 为材料的电阻率.

2. 霍尔效应与材料性能的关系

根据式（2.25-4）和式（2.25-12）可知，要得到大的霍尔电压，关键是要选择霍尔系数大（即迁移率高、电阻率 ρ 亦较高）的材料. 因 $R_H=\frac{3\pi}{8}n\rho$，就金属导体而言，μ 和 ρ 均很低，而不良导体 ρ 虽高，但 μ 极小，因而上述两种材料的霍尔系数都很小，不能用来制造霍尔器件. 半导体 μ 高，ρ 适中，是制造霍尔元件较理想的材料. 由于电子的迁移率比空穴迁移率大，所以霍尔元件多采用 n 型材料. 其次由式（2.25-4）可知，霍尔电压的大小与材料的厚度成反比，因此，薄膜型的霍尔元件的输出电压较片状要高得多. 一般的霍尔元件只有 0.2mm 厚.

3. 用霍尔效应法测量电磁铁的磁场

测量磁场的方法很多，如磁通法、核磁共振法及霍尔效应法等. 霍尔效应法是用半导体材料构成霍尔片作为传感元件，把磁信号转换成电信号，测出磁场中各点的磁感应强度，其最大的优点是能测量交、直流磁场.

由式（2.25-7）可以看出，知道了霍尔片的灵敏度 K_H，只要分别测出霍尔电流 I_H 及霍尔电势差 U_H，就可算出磁感应强度 B 的大小. 这就是霍尔效应测磁场的原理.

特斯拉计就是利用霍尔效应来测定磁感应强度的仪器. 它是选定霍尔元件，即 K_H 已确定，保持控制电流 I_H 不变，则霍尔电压 U_H 与被测磁感应强度 B 成正比. 如按照霍尔电压的大小，预先在仪器面板上标定出高斯刻度，则使用时由指针示值就可直接读出磁感应强度 B 值.

如果知道载流子类型，则可以根据 U_H 的正负定出待测磁场的方向. 由于霍尔效应建立电场所需时间很短（$10^{-12}\sim10^{-14}$s），所以通过霍尔元件的电流用直流或交流都可以. 若霍尔电流 I_H 为交流，$I_H=I_0\sin\omega t$，则

$$U_H=K_HI_HB=K_HBI_0\sin\omega t \tag{2.25-14}$$

所得的霍尔电压也是交变的. 在使用交流电情况下式（2.25-14）仍可使用，只是式中的 I_H 和 U_H 应理解为有效值.

4. 消除霍尔元件副效应的影响

在实际测量过程中，还会伴随一些热磁副效应，它使所测得的电压不只是 U_H，还会附加另外一些电压，给测量带来误差.

这些热磁效应有：①埃廷斯豪森效应，是由于在霍尔片两端有温度差，从而产生温差电动势 $\mathscr{E}_E$，它与霍尔电流 I_H、磁场方向有关；②能斯特效应，是由于当热流通过霍尔片（如

D、E端）时，在其两侧（A、A'端）会产生电动势$\mathscr{E}_N$，此电动势与磁场$\boldsymbol{B}$和热流有关；③里吉-勒迪克效应，是当热流通过霍尔片时两侧有温度差产生，从而又产生温差电动势$\mathscr{E}_R$，它同样与磁场$\boldsymbol{B}$及热流有关．

除了这些热磁负效应外，还有不等势电势差U_0，它是由于霍尔元件两侧（A、A'端）的电极不在同一等势面上引起的，当霍尔电流通过D、E端时，即使不加磁场，A和A'端也会有电势差U_0产生，其方向随电流I_H的方向而改变．

因此，为了消除副效应的影响，在操作时我们要分别改变I_H的方向和$\boldsymbol{B}$的方向，记下四组电势差数据（S_1、S_2为换向开关）：

当I_H沿y轴正向，$\boldsymbol{B}$沿z正向，即（$+\boldsymbol{B}$、$+I_H$）时，$U_1=U_H+U_0+\mathscr{E}_E+\mathscr{E}_N+U_R$；

当I_H沿y轴负向，$\boldsymbol{B}$沿z正向，即（$+\boldsymbol{B}$、$-I_H$）时，$U_2=-U_H-U_0-\mathscr{E}_E+\mathscr{E}_N+U_R$；

当I_H沿y轴负向，$\boldsymbol{B}$沿z负向，即（$-\boldsymbol{B}$、$-I_H$）时，$U_3=U_H-U_0+\mathscr{E}_E-\mathscr{E}_N-U_R$；

当I_H沿y轴正向，$\boldsymbol{B}$沿z负向，即（$-\boldsymbol{B}$、$+I_H$）时，$U_4=-U_H+U_0-\mathscr{E}_E-\mathscr{E}_N-U_R$.

作运算$U_1-U_2+U_3-U_4$，并取平均值，有

$$\frac{1}{4}(U_1-U_2-U_3-U_4)=U_H+\mathscr{E}_E \tag{2.25-15}$$

由于$\mathscr{E}_E$的方向始终与U_H相同，所以换向法不能消除它，但一般$\mathscr{E}_E \ll U_H$，故可以忽略不计，于是

$$U_H=\frac{U_1-U_2+U_3-U_4}{4} \tag{2.25-16}$$

温度差的建立需要较长时间（约几秒钟），因此，如果采用交流电，使它来不及建立，就可以减小测量误差．

【实验内容】

1. 掌握仪器性能，连接测试仪与实验仪之间的各组连线

开关机前，测试仪的“I_H调节”和“I_M调节”旋钮均置零位（即逆时针旋到底）．

按图2.25-2连接测试仪与实验仪之间各组连线．

注意：①样品各电极引线与对应的双刀开关之间的连线已由制造厂家连接好，请勿再动！②严禁将测试仪的励磁电源“I_M输出”误接到实验仪的“I_H输出”或”U_H、U_σ输入”处，否则，一旦通电，霍尔样品即遭损坏！③样品共有三对电极，其中A、A'或C、C'用于测量霍尔电压U_H，A、C或A'、C'用于测量电导，D、E为样品工作电流电极．样品的几何尺寸为$d=0.5$mm、$b=4.0$mm，A、C电极间距$l=3.0$mm. 仪器出产前，霍尔片已调至中心位置．霍尔片性脆易碎，电极细而易断，严防撞击或用手去摸，否则，即遭损坏！④霍尔片放置在电磁铁空隙中间，在需要调节霍尔片位置时，必须谨慎，切勿随意改变y轴方向的高度，以免霍尔片与磁极面摩擦而受损．

接通电源，预热数分钟，电流表显示“000”（当按下“测量选择”键时），或电压表显示为“00”(放开“测量选择”键时).

置“测量选择”于I_H挡（放键），电流表所指示的值即随“I_H调节”旋钮顺时针转动而增大，其变化范围为0～10mA，此时电压表所指示读数为“不等势”电压值，它随I_H的增大而增大．I_H换向，U_H极性改号（此乃“不等势”电压值，可通过“对称测量法”予以

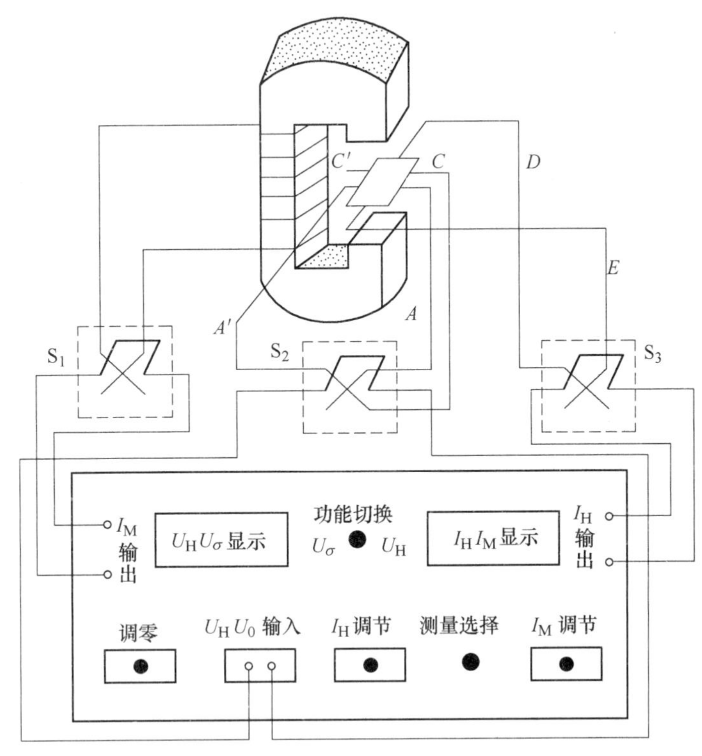

图 2.25-2　霍尔效应仪

消除）. 取 $I\approx2$mA.

置"测量选择"于 I_M 挡（按键），顺时针转动"I_M 调节"旋钮，电流表变化范围为 0～1A. 此时 U_H 值随 I_M 增大而增大 . I_M 换向，U_H 极性改号（其绝对值随 I_M 流向不同而异，此乃副效应而致，可通过"对称测量法"予以消除）. 至此，应将"I_M 调节"旋钮置零位（即逆时针旋到底）.

放开"测量选择"键，再测 I_H，调节 $I_H=2$mA，然后将"功能切换"置 U_σ 一侧，测量 U_σ 电压（A、C 电极间电压）；I_H 换向，U_σ 亦改号 . 这些说明霍尔样品的各电极工作均正常，可进行测量 . 将"U_H、U_σ 输出"切换开关恢复至"U_H"一侧 .

2. 测绘 U_H-I_H 曲线

将测试仪的"功能切换"置 U_H、I_H 及 I_M 换向开关上方，表明 I_H 及 I_M 均为正值（即 I_H 沿 x 轴方向，而 I_M 沿 y 轴方向）. 反之，则为负 . 保持 I_M 值不变（取 $I_M=0.600$A），改变 I_H 的值，I_H 取值范围为 1.00～4.00mA. 至少测量 15 组数据，绘制 U_H-I_H 曲线 .

3. 测绘 $U_H=3.00$mA 曲线

保持 I_H 值不变（取 $U_H=3.00$mA），改变 I_M 的值，I_M 取值范围为 0.300～0.800mA. 至少测量 15 组数据，绘制 U_H-I_H 曲线 .

4. 测量 U_H-I_H 值

"功能切换"置 U_σ. 在零磁场下（$I_S=2.00$mA），取 $I_S=2.00$mA，测量 U_{AC}（即 U_σ）.

注意：

I_H 取值不要大于 2.00mA，以免 U_σ 过大使毫伏表超量程（此时首位数码显示为 1，后三位数码熄灭）．U_H 和 U_σ 通过功能切换开关由同一只数字电压表进行测量．电压表零位可通过调零电位器进行调整．当显示器的数字前出现“—”时，被测电压极性为负值．

5. 确定样品导电类型

将实验仪三组双刀开关均掷向上方，即 I_H 沿 x 方向，$\boldsymbol{B}$ 沿 z 方向，毫伏表测量电压为 U'_{AA}．取 $I_S=2\text{mA}$，$I_M=0.6\text{A}$，测量 U'_{AA} 大小及极性，由此判断样品的导电类型．

6. 求样品的 R_H、n、σ 和 μ 值

【数据记录与处理】

自拟表格记录数据．

实验 2.26　亥姆霍兹线圈的磁场

【引言】

近年来，在科研和工业中，集成霍尔传感器被广泛应用于磁场测量，它测量灵敏度高，体积小，易于在磁场中移动和定位．DH4501A 型亥姆霍兹线圈磁场实验仪（以下简称磁场实验仪）采用恒流源产生恒定的磁场，用集成霍尔传感器测量载流圆线圈和亥姆霍兹线圈轴线上各点的磁感应强度，研究亥姆霍兹线圈的磁场分布．

【实验仪器】

亥姆霍兹线圈磁场实验仪由两部分组成：亥姆霍兹线圈磁场测试架部分（图 2.26-1）和亥姆霍兹线圈磁场测量仪部分（图 2.26-2）．

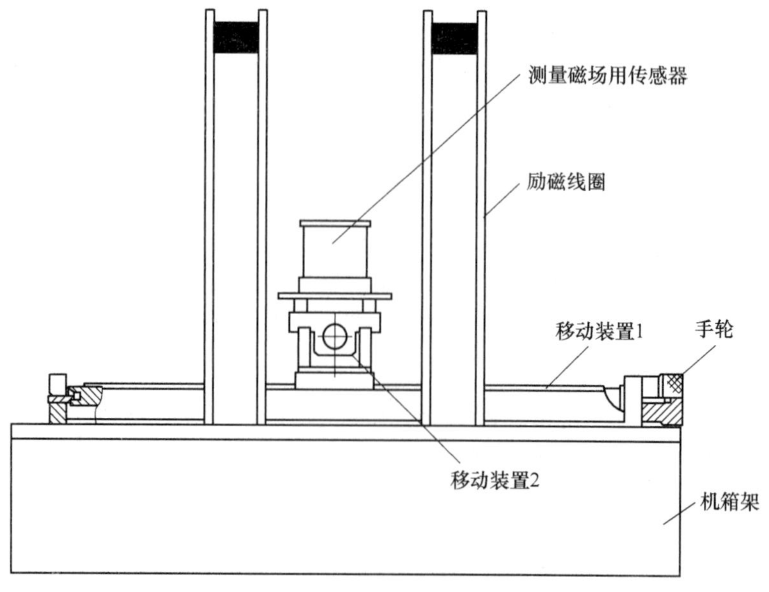

图 2.26-1　亥姆霍兹线圈磁场测试架部分

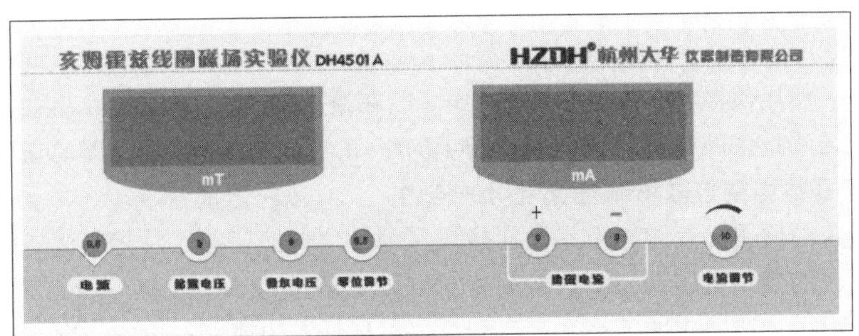

图 2.26-2　DH4501A 型亥姆霍兹线圈磁场测试架面板

【实验原理】

1. 载流圆线圈磁场

一半径为 R、通以电流 I 的圆线圈，轴线上磁场的公式为

$$B=\frac{\mu_0 N_0 I R^2}{2\left(R^2+X^2\right)^{3/2}} \tag{2.26-1}$$

式中，N_0 为圆线圈的匝数；X 为轴上某一点到圆心 O 的距离．$\mu_0=4\pi\times10^{-7}\mathrm{H/m}$，它的分布图如图 2.26-3 所示．

本实验取 $N_0=500$ 匝，$I=500\mathrm{mA}$，$R=110\mathrm{mm}$，圆心 O 处 $X=0$，可算得圆电流线圈的磁感应强度 $B=1.43\mathrm{mT}$.

2. 亥姆霍兹线圈

所谓亥姆霍兹线圈为两个相同的线圈彼此平行且共轴，使线圈上通以同方向的电流 I. 理论计算证明：线圈间距 a 等于线圈半径 R 时，两线圈合磁场在轴上（两线圈圆心连线）附近较大范围内是均匀的，如图 2.26-4 所示．这种均匀磁场在工程和科学实验中应用十分广泛．

亥姆霍兹线圈的磁感应强度 $B=\dfrac{\mu_0 N_0 I}{2R}\times\dfrac{16}{5^{3/2}}=1.43\times1.431\mathrm{mT}\approx2.05\mathrm{mT}$

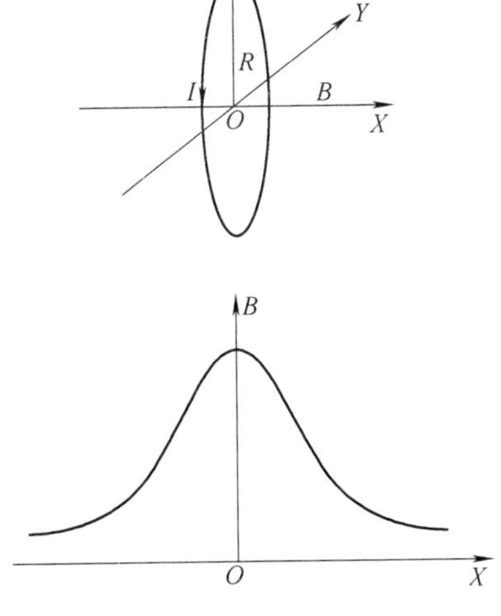

图 2.26-3　单个圆环线圈磁场分布

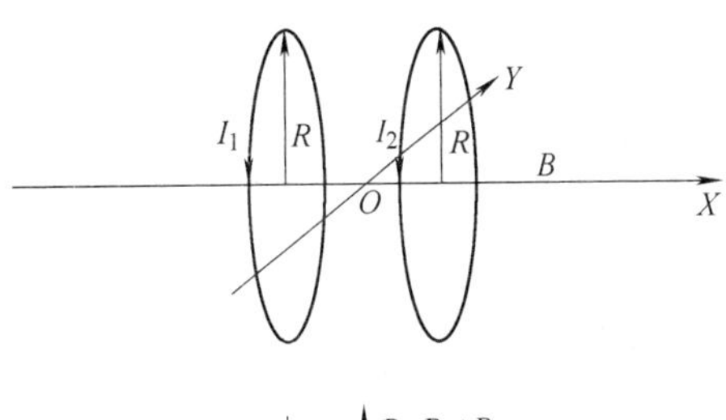

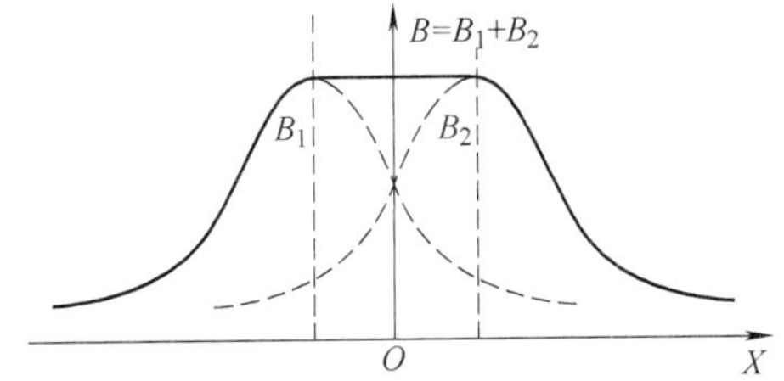

图 2.26-4　亥姆霍兹线圈磁场分布

【实验步骤】

准备工作：使用仪器前，先开机预热 10min. 在这段时间内，请使用者熟悉亥姆霍兹线圈测试架和磁场测量仪的构成，各个接线端子的正确连线方法，以及仪器的正确操作方法．

1. 亥姆霍兹线圈架与磁场测量仪之间的连线

用随机带来的两头都是同轴插头的连接线将测量仪的偏置电压端与测试架的偏置电压端相连．将测量仪的霍尔电压端与测试架的霍尔电压端相连．

如果只是用两个线圈中的某一个产生磁场，可选择左边或者右边的线圈，从测量仪的励磁电流两端用两头都是插片的连接线接至测试架的励磁线圈两端．红接线柱与红接线柱相连，黑接线柱与黑接线柱相连．

如果用亥姆霍兹线圈（两个线圈）产生磁场，将励磁线圈（左）的黑色端子与励磁线圈（右）的红色端子用短接片短接．

亥姆霍兹线圈的中心设有二维移动装置，其中长的一个移动装置用于测量轴向的磁场分布，短的一个移动装置用于测量径向磁场分布，如图 2.26-1 所示．慢慢转动手轮，移动装置上的霍尔磁传感器盒随之移动，通过转动两个移动架的手轮，可将霍尔磁传感器移动到需要的位置．磁传感器的位置也就是磁场的位置，由相应的指示标尺确定．

2. 高斯计的使用方法

仪器内置的磁场测量部分（高斯计），它的测量范围为 0～2.2mT，采用 4 位数码管显示．

由于有地磁场和大楼建筑等的影响，当亥姆霍兹线圈没有电流流过时，显示值也不为零．因此在进行亥姆霍兹线圈磁场测量实验时，需要对这个固定偏差值进行修正，即在数据处理中扣除这个初始偏差值，否则的话，测量出的值是在线圈产生的磁场上面叠加上了一个偏差值，会引起较大的测量误差．为此，测量仪内设计有一个零位偏差值自动修正电路，能将这个偏差值记忆在仪器中，自动补偿地磁场引起的固定偏差值．具体使用方法如下：

将测量仪与测试架连线如图 2.26-5 所示连好．打开电源，将测量仪的励磁电流电位器逆时针旋到底，电流表显示为零，线圈没有产生磁场．但这时由于存在地磁场以及内部电路的失调电压，毫特计的显示往往不为 0. 预热 10～20min 后，按下测量仪面板上的“零位调节”按钮，直到数码管上的显示从 1111 变到 3333 再放开按钮．这个过程大约需要 2s. 此时毫特表头应显示 0，如果没有到零，请重复上述过程．

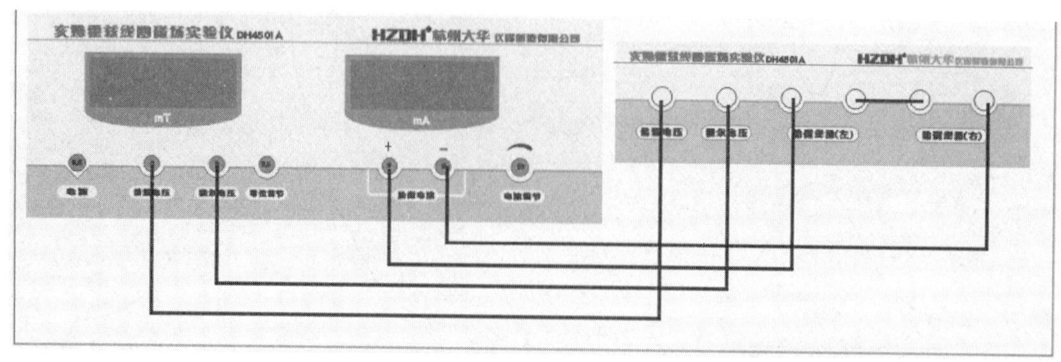

图 2.26-5　DH4501A 型亥姆霍兹线圈磁场实验仪接线示意图

调零完毕后，即可进入正常亥姆霍兹线圈磁场测量过程．

【实验内容】

1. 测量圆电流线圈轴线上磁场的分布

假定选择励磁线圈（左）为实验对象．将测量仪面板上的偏置电压端子与测试架的偏置电压端子相连，霍尔电压端子与霍尔电压端子相连．

将测试架励磁线圈（左）的两端与测量仪上的励磁电流两端相连．红接线柱与红接线柱相连，黑接线柱与黑接线柱相连．

调节励磁电流为零，将磁感应强度清零．

调节磁场测量仪的励磁电流调节电位器，使表头显示值为 500mA，此时毫特计表头应显示一对应的磁感应强度 B 值．

以圆电流线圈中心为坐标原点，每隔 10.0mm 测一磁感应强度 B 的值，测量过程中注意保持励磁电流值不变．

选做内容：在实验过程中可以将励磁电流反接，即测量仪上励磁电流的两端子的连线对调．再重复上述过程，可以测得一组负的磁感应强度 B 值，即此时的磁感应强度方向已反向．

2. 测量亥姆霍兹线圈轴线上磁场的分布

按图 2.26-5 接线，然后在励磁电流为零的情况下将磁感应强度清零．

调节磁场测量仪的励磁电流调节电位器，使表头显示值为 500mA，此时毫特计表头应显示一对应的磁感应强度 B 值．

以亥姆霍兹线圈中心为坐标原点，每隔 10.0mm 测一磁感应强度 B 的值，测量过程中注意保持励磁电流值不变．

选做内容：在实验过程中同样可以将励磁电流反接，即测量仪上励磁电流的两端子的连线对调，再重复上述过程，可以测得一组负的磁感应强度值 B，即此时的磁感应强度方向已反向．注意：由于显示位数的限制，当测量的 B 值达到或大于 -2.000mT 时，负号标记将闪烁，表示测量的 B 值为负．

3. 励磁电流大小对磁感应强度的影响

此时可以选择单线圈或者亥姆霍兹线圈磁场分布测量的连线方法之一进行连线，仍然在励磁电流为零的情况下将磁感应强度清零．

调节磁场测量仪的励磁电流调节电位器，使表头显示值为 100mA，将霍尔传感器的位置调节到圆电流线圈中心位置或者亥姆霍兹线圈中心位置．

调节励磁电流调节电位器，每增加 100mA 记下一磁感应强度 B 的值，直到励磁电流显示为 500mA 为止，记下一磁感应强度 B 值．

【数据记录与处理】

将圆电流线圈轴线上磁场分布的测量数据记录于表 2.26-1（注意坐标原点设在圆心处）．表格中包括测点位置、磁感应强度 B 值（从数字式毫特表上读取），在同一坐标纸上画出实验曲线与理论曲线．

表 2.26-1 轴向距离 X 与 B

轴向距离 X/mm						
B/mT						

将亥姆霍兹线圈轴线上的磁场分布的测量数据记录于表 2.26-2（注意坐标原点设在两个线圈圆心连线的中点 O 处），在方格坐标纸上画出实验曲线．

表 2.26-2 轴向距离 X 与 B

轴向距离 X/mm						
B/mT						

测量亥姆霍兹线圈轴线上磁场分布，测量数据记录于表 2.26-3.

表 2.26-3 径向距离 X 与 B

径向距离 X/mm						
B/mT						

了解励磁电流大小对磁场强度的影响，将测量数据记录于表 2.26-4.

表 2.26-4 励磁电流与 B

励磁电流 I/mA	100	200	300	400	500
B/mT					

实验 2.27 用惠斯通电桥测电阻

【引言】

在学生实验中，测量电阻的常见方法有伏安法和电桥法．伏安法测量电阻的公式为 $R=U/I$（测量的电阻等于电阻两端电压除以流经电阻的电流）．除了电流表和电压表本身的精度外，还有电表本身的电阻，不论电表是内接或外接都无法同时测出流经电阻的电流 I 和电阻两端的电压 U，不可避免存在测量缺陷．电桥是用比较法测量电阻的仪器．电桥的特点是灵敏、准确、使用方便．电桥可分为直流电桥、交流电桥．直流电桥又可进一步分为惠斯通电桥（直流单臂电桥）和开尔文电桥（直流双臂电桥）．前者适用于测量中值电阻（$1\sim10^6\,\Omega$），后者适于测低值电阻（$<1\Omega$）．交流电桥也可进一步分为电感电桥、电容电桥、阻抗电桥等．尽管电桥有多种类型，其性能和结构也各有特点，但它们的基本原理相同．电桥在电磁测量技术中有极广泛的应用，它可以测量电阻、电容、电感、频率、温度、压力等很多物理量，被广泛地应用于现代工业自动控制技术、非电学量转化为电学量测量．通过传感器可以将压力、温度等非电学量转化为传感器阻抗的变化进行测量．

【实验目的】

理解惠斯通电桥的原理及桥式电路的特点．

学会用自组电桥和箱式电桥测量电阻的方法．

了解电桥灵敏度的概念，并对测量结果进行误差估算．

【实验仪器】

万用电表、滑动变阻器、电阻箱、检流计、直流电源、待测电阻、箱式电桥、开关和导线．

【实验原理】

惠斯通电桥主要用于测量中等阻值的电阻（$1\sim10^6\Omega$）．对于太小的电阻（$10^{-6}\sim1\Omega$）要考虑接触电阻、导线电阻，可考虑使用双臂电桥；对于大电阻（$>10^7\Omega$），要考虑使用冲击检流计等方法．惠斯通电桥使用检流计作为指零仪表，而实验室所用的检流计属于微安表，电桥的灵敏度要受检流计的限制．

1. 惠斯通电桥测量原理

图 2.27-1 是惠斯通电桥的原理图．四个电阻 R_x、R_1、R_2 和 R_s 连成四边形，称为电桥的四个桥臂．四边形的一个对角线连有检流计，称为“桥”；四边形的另一对角线接上电源，称为电桥的“电源对角线”．E 为线路中的供电电源，学生实验用双路直流稳压电源，电压可在 0～30V 调节．R_G 为较大的可变电阻，是为了在电桥不平衡时取最大电阻起限流作用以保护检流计，不使其在长时间内有较大电流通过．随着电桥逐渐趋于平衡，R_G 值可适当减小直至 0 为止．与电源串联的限流电阻 R_E 的作用较为容易理解，在电桥平衡前为了降低 B、D 间的电势差，R_E 可取得适当大些，当平衡趋近时，可适当减小 R_E 值，但最后是否可取 R_E 为 0Ω，必须考虑到工作电流 I_E 是否超出电源的最大输出电流，以及桥臂电流是否已超出各桥臂所允许的电流值．此外，限流电阻可以改变电桥灵敏度．

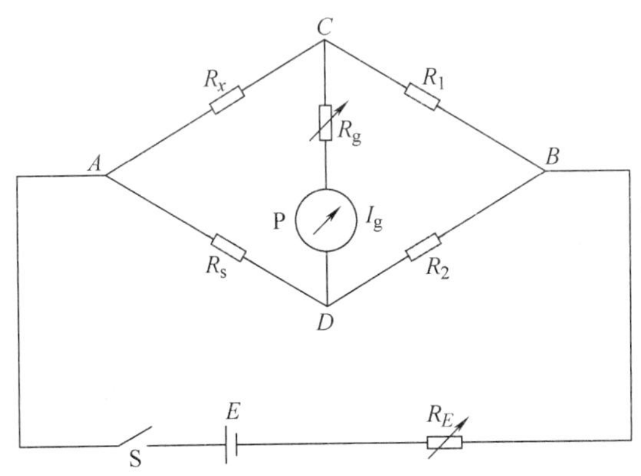

图 2.27-1　惠斯通电桥原理图

电源接通时，电路中各支路均有电流通过．当 C、D 两点之间的电势不相等时，桥路中的电流 $I_g\neq0$，检流计的指针发生偏转；当 C、D 两点之间的电势相等时，桥路中的电流 $I_g=0$ 检流计指针指零（检流计的零点在刻度盘的中间），这时称电桥处于平衡状态．因此电桥处于平衡状态时有

$$U_{BC}=U_{BD} \tag{2.27-1}$$

$$U_{AC}=U_{AD} \tag{2.27-2}$$

又由欧姆定律得，平衡时，

$$\frac{R_x}{R_1}=\frac{R_s}{R_2} \tag{2.27-3}$$

式（2.27-3）说明，当电桥达到平衡时，所测阻值 R_x 的准确度仅由 R_1、R_2、R_s 决定．因 R_1、R_2、R_s 可使用准确度较高的标准电阻箱提供，故只要选用灵敏度较高的检流计或数字电压表来判定电桥的平衡，所测得 R_x 值将比用伏安法测量要精确得多．

测量电阻时，通常是选取 R_1 和 R_2 的电阻值使成简单的整数比并固定不变，然后调节 R_s 使电桥达到平衡，故常将 R_1 和 R_2 所在桥臂称为比例臂，与 R_x 和 R_s 相应的桥臂分别称为测量臂和比较臂．

2. 电桥的灵敏度

在调节比较臂使电桥达到平衡时，是以桥路里有无电流来进行判断的，而桥路中有无电流又是以检流计的指针是否发生偏转来确定的．但由于检流计的灵敏度总是有限的，在调节过程中通常会发现，当比较臂的阻值在 $R_s\sim(R_s+\Delta R_s)$ 变动时，检流计似乎都指零，这就限制了对电桥是否达到平衡的判断．另外，人的眼睛的分辨能力也是有限的，如果检流计偏转小于 0.1 格，则很难觉察出指针的偏转，为此，引入电桥灵敏度问题．

（1）检流计的灵敏度　检流计的灵敏度定义为当通过检流计的电流变化量为 ΔI_g 时，引起检流计指针偏转格数 Δn 与 ΔI_g 的比值，即

$$S_1=\frac{\Delta n}{\Delta I_g} \tag{2.27-4}$$

（2）电桥灵敏度　电桥灵敏度是反映电桥灵敏程度的物理量，定义为当电桥处于平衡状态时，比较臂电阻 R_s 做一个微小的相对改变量 $\Delta R_s/R_s$，所引起检流计指针所偏转的格数 Δn 与 $\Delta R_s/R_s$ 的比值，即

$$S=\frac{\Delta n}{\Delta R/R_s} \tag{2.27-5}$$

由式（2.27-5）式可以看出，电桥灵敏度越大，对电桥平衡的判断就越容易，测量结果也越准确．S 的表达式还可变换为

$$S=\frac{\Delta n}{\Delta R_s/R_s}=\frac{\Delta n}{\Delta I_g}\left(\frac{\Delta I_g}{\Delta R_s/R_s}\right)=S_1S_2 \tag{2.27-6}$$

式中，$S_1=\Delta n/\Delta I_g$ 是检流计本身的灵敏度；$S_2=\Delta I_g/(\Delta R_s/R_s)$ 是由电路结构所决定的，定义为电桥线路灵敏度．进一步推导可知，

$$\begin{aligned}S=&\frac{\Delta n}{\Delta I_g}\frac{E}{(R_x+R_s+R_1+R_2)+R_g\left[2+\left(\dfrac{R_x}{R_1}+\dfrac{R_2}{R_s}\right)\right]}\\&\times\left[\frac{R_1R_s+R_1R_2+R_xR_s+R_xR_2}{R_1R_s+R_1R_2+R_xR_s+R_xR_2+R_1R_E+R_2R_E+R_xR_E+R_sR_E}\right]\end{aligned} \tag{2.27-7}$$

对式（2.27-6）和式（2.27-7）分析可知：

电桥灵敏度 S 与检流计灵敏度 S_1 成正比．S_1 越大电桥的灵敏度也越高，但同时 S_1 越大，电桥就越不易稳定，平衡调节比较困难．S_1 越小电桥的灵敏度越低．因此，选择适当灵敏度的检流计是很重要的．

电桥的灵敏度与电源电动势成正比，为了提高电桥灵敏度，可适当提高电源电动势．

电桥灵敏度与四个桥臂上的电阻值 R_x、R_s、R_1、R_2 的大小有关．电桥灵敏度随着四个桥臂上的电阻值 R_x、R_s、R_1、R_2 的增大而减小，随着 $(R_2/R_s)+(R_x/R_1)$ 的增大而减小．臂上的电阻值选得过大，将大大降低其灵敏度，臂上的电阻值相差太大，也会降低其灵敏度．

电桥灵敏度 S 与电源的内阻和串联的限流电阻的 R_E 和有关．增加 R_E 可以降低电桥的灵敏度，这对寻找电桥调平衡的规律极为有利．随着平衡逐渐趋近，R_E 值应适当减到最小值．

电桥灵敏度 S 与保护电阻及检流计的内阻 R_g 有关．R_g 越小，电桥的灵敏度越高，反之则越低．

电桥灵敏度 S 与电源所接的位置有关．当 $R_g>R_E$ 并且 $R_x>R_2$、$R_1>R_s$ 或者 $R_x<R_2$、$R_1<R_s$ 时，检流计接在 BD 两点比接在 AC 两点时的电桥灵敏度高．当 $R_g<R_E$ 并且 $R_x>R_2$、$R_1<R_s$ 或者 $R_x<R_2$、$R_1>R_s$ 时，检流计接在 AC 两点比接在 BD 两点时的电桥灵敏度高．

由此，就可找出在实际工作中组装的电桥出现灵敏度不高、测量误差大的原因．同时一般成品电桥为了提高其测量灵敏度，通常都有外接检流计与外接电源接线柱．但是外接电源电压的选定不能简单为提高其测量灵敏度而无限制地提高，还必须考虑桥臂电阻的额定功率，不然就会出现烧坏桥臂电阻的危险．

3. 电桥的测量误差

电桥的测量误差来源主要有两方面：一是标准量具引入的误差；二是电桥灵敏度引入的误差．这里只讨论前者，因后者通常较小．当电桥平衡时待测电阻可由式（2.27-3）表示．由于 R_1、R_2、R_s 等标准量具不可能绝对准确而无误差，由误差传递原理可知，R_x 的误差决定于 R_1、R_2、R_s 等量的误差．为减少误差传递，可采用如下测量方法．

（1）交换法　在测定 R_x 之后，保持比例臂 R_1 和 R_2 不变，将比较臂 R_s 与测量臂 R_x 的位置对换，再调节 R_s 使电桥平衡，设此时 R_s 变为 R_s'，则有

$$R_x=\frac{R_2}{R_1}R_s' \tag{2.27-8}$$

由式（2.27-3）和式（2.27-8）可得

$$R_x=\sqrt{R_sR_s'} \tag{2.27-9}$$

从式（2.27-9）可知，待测电阻值已与比例臂 R_1 和 R_2 无关，它仅取决于比较臂的准确度．

（2）替代法　用箱式电桥测电阻时，各臂位置固定无法交换，此时可用替代法测量：先将待测电阻 R_x 接入测量臂，调节电桥达到平衡之后，用一标准电阻 R_0 替代 R_x，在保持其他各臂不变的条件下调节，R_0 使电桥重新平衡，此时的阻值 R_0 即为 R_x 的测量值．

【实验内容】

1. 用自组电桥测电阻，实验数据填入表 2.27-1.

（1）用电阻箱组成图 2.27-1 所示的电桥，其中制流器 R_E 为滑动变阻器，R_G 为检流计保护电阻．

（2）根据 R_x 的粗略值选择合适的 R_1/R_2 的比率．原则是使比较臂 R_s 的示值有四位有效

数字．例如，R_x 为千位数阻值，R_1/R_2的比率应选为1:10；若 R_x 为百位数阻值，则 R_1/R_2 的比率选1:1. 另外，为使电桥尽快调到平衡，可先预选 R_s 的数值，使其前两位数字与 R_x 的粗略值相同．

（3）为保护检流计及便于粗调，未通电之前应断开 S_2，同时将制流器 R_E 的阻值调至最大.

（4）接通电源开关 S_1，先用碰触法按检流计上按钮 S_g，同时观察指针偏转的快慢、大小，以判断电桥接近平衡的程度．调节 R_s，使指针指零，此时电桥初步平衡．

（5）除去保护电阻 R_g（即闭合 S_2），以提高检流计的灵敏度，再细调 R_s 使指针再次指零，为检查电桥是否真正平衡，可连续几次碰触按钮 S_g，并由指针有无微小摆动做出判断，当电桥真正平衡时，记下值．在细调过程中，若改变 R_s 箱上的最小步进转盘1个步进值而指针无反应，说明电桥灵敏度过低，可适当减小制流器 R_E 的阻值，以提高电桥灵敏度．

（6）用交换法测量：将 R_x 与 R_s 的位置交换，重复步骤（2）～（5），测出 R_s.

（7）由式（2.27-9）求出用交换法测得的电阻值 R_x.

（8）由不确定度传递公式及电阻箱的准确度等级估计 R_x 的B类不确定度 U_B.

（9）换上另一待测电阻，仿照步骤（2）～（8）进行测量．

2. 用QJ23型箱式电桥测电阻及电桥灵敏度，实验数据填入表2.27-2.

（1）阅读箱式电桥铭牌说明，了解电桥结构、原理、灵敏度、使用方法．

（2）测量方法与自组电桥相似．在选定比率臂及预选比较臂阻值后，先调准检流计零点，然后按电源按钮 B，再用碰触法按检流计按钮 S_g，根据指针偏转情况判断电桥接近平衡的程度，调节 R_s 使电桥平衡，记下阻值 R_s.

（3）测量电桥灵敏度：在上步测定电阻 R_x 之后，调节 R_s 使指针偏离零点5个格左右，记下指针偏转的格数 Δn 及此时比较臂的阻值 R_s，由 $S=\dfrac{\Delta n}{\Delta R/R_s}$ 求出电桥灵敏度．

（4）用替代法测电阻：仿照步骤（2）调节 R_s 使电桥平衡后，用电阻箱 R_0 替代待测电阻 R_x，在保持 R_s 不变条件下调节 R_0，使电桥重新平衡，此时的 R_0 阻值即为待测电阻阻值．

（5）换上另一待测电阻，仿照步骤（1）～（4）进行测量．

（6）由不确定度传递公式及电桥的准确度等级估计 R_x 的不确定度 U_R.

选做内容：

试设计一个实验，用直流电桥测定电表的内阻（注意电表所能允许通过的最大电流）．提示：根据电桥平衡的特点，将桥路中的检流计去掉，而利用待测电表来判断电桥的平衡．

【注意事项】

在使用电阻箱前，应先旋转一下各个转盘，使盘内弹簧触点的接触性能稳定可靠．

在调节电桥平衡的过程中，应遵循“先粗调，后细调”的原则．

使用检流计时应采用“碰触法”，随时准备在电流过大时松开检流计按钮．

【实验数据记录】

表 2.27-1　用自组电桥测电阻

粗略值/Ω								
比率								
阻值/Ω	R_s	R_s'	R_x	U_R/V	R_s	R_s'	R_x	U_R/V

表 2.27-2　用 QJ 23 型箱式电桥测电阻及电桥灵敏度

粗略值/Ω		
比率		
R_s/Ω		
R_x/Ω		
U_R/V		
R_s'/Ω		
$\Delta R_s=R_s'-R_s$/Ω		
Δn/格		
S/格		
替代法 $\frac{1}{2}mv^2=eU_2$ $t=\frac{l}{v_z}=\frac{l}{v}$		

实验 2.28　电子束测试仪

【引言】

DH4521 电子束测试仪用来研究电子在电场、磁场中的运动规律．该仪器采用一体式设计，便于学生操作，五个表头分别显示电偏转电压、磁偏转电流、阳极电压、聚焦电压及磁聚焦电流，性能稳定可靠，结构更加合理．内置电偏转电源、磁偏转电源及磁聚焦电源．不需附加任何仪器，即可完成电偏转、磁偏转、电聚焦、磁聚焦等实验内容．

【实验目的】

了解电子束线管的结构和原理．

研究带电粒子在电场和磁场中的偏转与聚焦规律．

【实验仪器】

电子束实验仪．

【实验原理】

电偏转原理

阴极射线管原理如图 2.28-1 所示 .

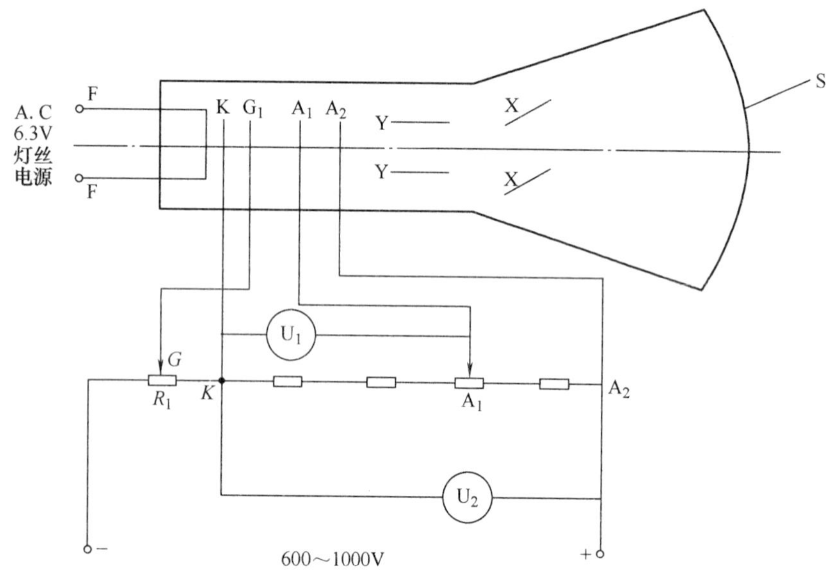

图 2.28-1 阴极射线管原理图

K 为阴极，G 为栅极，A_1 为聚焦阳极，A_2 为第二阳极，Y 为垂直偏转板，X 为水平偏转板，S 为荧光屏 . 由阴极 K 控制栅极 G，阳极 A_1、A_2 组成电子枪 . 阴极被灯丝加热而发射电子，电子受阳极的作用而加速 .

当电子从阴极发射出来时，可以认为它的初速度为零 . 电子枪内阳极 A_2 相对阴极 K 具有几百甚至几千伏的加速正电压 U_2，它产生的电场使电子沿轴向加速 . 电子从速度为 0 到达 A_2 时速度为 v，由能量关系有

$$\frac{1}{2}mv^2=eU_2$$

所以

$$v=\sqrt{\frac{2eU_2}{m}} \tag{2.28-1}$$

过阳极 A_2 的电子以 $\boldsymbol{v}$ 的速度进入两个相对平行的偏转板间 . 若在两个偏转板上加上电压 U_d，两个平行板间距离为 d，则平行板间的电场强度的大小 $E=\frac{U_d}{d}$，电场强度的方向与电子速度 $\boldsymbol{v}$ 的方向相互垂直，如图 2.28-2 所示 .

设电子速度的方向为 z，电场方向为 y（或 x）轴 . 当电子进入平行板空间时，$t_0=0$，电子速度为 v，此时有 $v_z=v$，$v_y=0$. 设平行板的长度为 l，电子通过 l 所需的时间为 t，则有

$$t=\frac{l}{v_z}=\frac{l}{v} \tag{2.28-2}$$

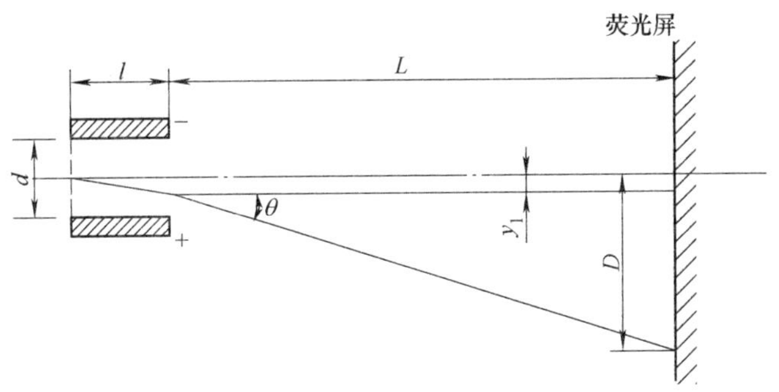

图 2.28-2　电偏转图

电子在平行板间受电场力的作用，它在与电场平行的方向产生的加速度为 $a_y=\frac{-eE}{m}$. 其中 e 为电子的电荷量，m 为电子的质量，负号表示 a_y的方向与电场的方向相反．当电子射出平行板时，在 y 方向电子偏离轴的距离为

$$y_1=\frac{1}{2}a_yt^2=\frac{1}{2}\ \frac{eE}{2m}t^2$$

将 $t=\frac{l}{v}$代入得

$$y_1=\frac{1}{2}\ \frac{eE}{m}\ \frac{l^2}{v^2}$$

再将 $y_1=\frac{1}{4}\ \frac{U_d}{U_2}\ \frac{l^2}{d}$代入得

$$y_1=\frac{1}{4}\ \frac{U_d}{U_2}\ \frac{l^2}{d} \tag{2.28-3}$$

由图 2.28-2 可以看出，电子在荧光屏上偏转的距离 D 为

$$D=y_1+L\tan\theta$$

又由

$$\tan\theta=\frac{v_y}{v_z}=\frac{a_yt}{v}=\frac{U_dl}{2U_2d} \tag{2.28-4}$$

将式（2.28-3）、式（2.28-4）代入得

$$D=\frac{1}{2}\ \frac{U_dl}{U_2d}\left(\frac{l}{2}+L\right) \tag{2.28-5}$$

从式（2.28-5）可看出，偏转量 D 随 U_d的增加而增加，与$\frac{1}{2}+L$ 成正比．偏转量与 U_2 和 d 成反比．

【实验步骤】

1. 测量电偏转

开启电源开关，将“电子束-荷质比”选择开关打向电子束位置，适当调节辉度，并调节聚焦，使屏上光点聚成一细点．应注意：光点不能太亮，以免烧坏荧光屏．电子束仪器面板如图 2.28-3 所示．

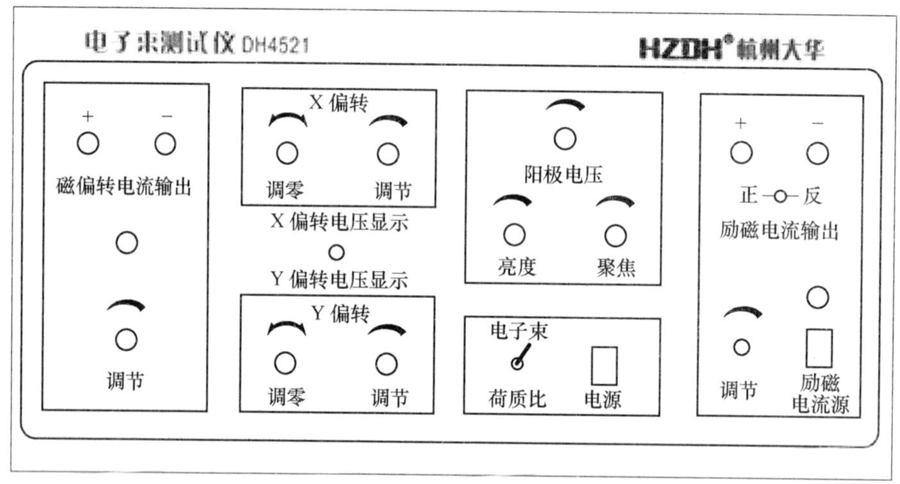

图 2.28-3 电子束仪器面板

光点调零，将面板上钮子开关打向 x 偏转电压显示，调节“x 调节”旋钮，使电压表的指针在零位，再调节 x 调零旋钮，使光点位于示波管垂直中线上；同 x 调零一样，将面板上钮子开关打向 Y 偏转电压显示，将 y 调节后，光点位于示波管的中心原点 .

测量偏转量 D 随电偏转电压 U_d 的变化：调节阳极电压旋钮，给定阳极电压 U_2. 将电偏转电压表显示打到显示 Y 偏转调节（垂直电压），改变 U_d 测一组 D 值 . 改变 U_2 后再测 D-U_d 变化（U_2：600～1000V）.

求 y 轴电偏转灵敏度 D/U_d，并说明为什么 U_2 不同，D/U_d 不同 .

同 y 轴一样，也可以测量 x 轴的电偏转灵敏度 .

2. 磁偏转原理

在电子通过 A_2 后，若在垂直于 z 轴的 x 方向放置一个均匀磁场，那么以速度 $\boldsymbol{v}$ 飞越的电子在 y 方向上也将发生偏转 . 由于电子受洛伦兹力 $F=eBv$ 作用，大小不变，方向与速度方向垂直，所以电子在 $\boldsymbol{F}$ 的作用下做匀速圆周运动，洛伦兹力就是向心力，有 $evB=\frac{mv^2}{R}$，因此 $R=\frac{mv}{eB}$.

电子离开磁场将沿切线方向飞出，直射荧光屏 .

按图 2.28-4 接线后，完成以下步骤：

1）开启电源开关，将“电子束-荷质比”选择开关打向电子束位置，适当调节辉度，并调节聚焦，使屏上光点聚成一细点，应注意：光点不能太亮，以免烧坏荧光屏 .

2）光点调零 . 调节“x 调节”和“y 调节”旋钮，使光点位于 y 轴的中心原点 .

3）测量偏转量 D 随磁偏转电流 I 的变化 . 给定 U_2，将磁偏转电流输出与磁偏转电流输入相连，调节磁偏转电流调节旋钮（改变磁偏转线圈电流的大小）测量一组 D 值 . 改变磁偏转电流方向，再测一组 D-I 值 . 改变 U_2，再测两组 D-I 数据（U_2：600～1000V）.

4）求磁偏转灵敏度 D/I，并解释为什么 U_2 不同，D/I 不同 .

3. 电聚焦原理

电子射线束的聚焦是所有射线管，如示波管、显像管和电子显微镜等都必须解决的问

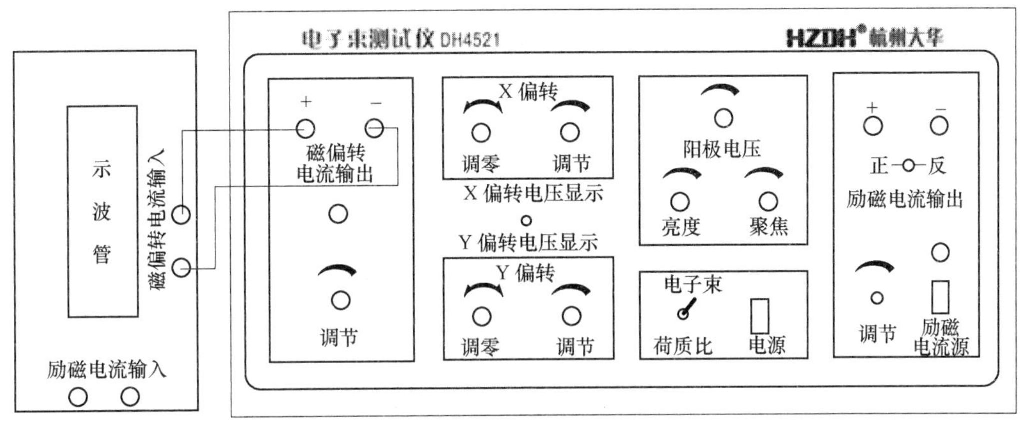

图 2.28-4　平面示意图

题．在阴极射线管中，阳极被灯丝加热发射电子．电子受阳极产生的正电场作用而加速运动，同时又受栅极产生的负电场作用只有一部分电子能通过栅极小孔而飞向阳极．改变栅极电位能控制通过栅极小孔的电子数目，从而控制荧光屏上的辉度．当栅极上的电位负到一定的程度时，可使电子射线截止，辉度为零．

聚焦阳极和第二阳极由同轴的金属圆筒组成．由于各电极上的电位不同，在它们之间形成了弯曲的等位面、电力线，这样就使电子束的路径发生弯曲，类似光线通过透镜那样产生了会聚和发散，这种电子组合称为电子透镜．改变电极间的电位分布可以改变等位面的弯曲程度，从而实现了电子透镜的聚焦．

实验步骤：

依照图 2.28-4 完成以下步骤：

1）开启电源开关，将“电子束-荷质比”选择开关打向电子束位置，适当调节辉度，并调节聚焦，使屏上光点聚成一细点，应注意：光点不能太亮，以免烧坏荧光屏．

2）光点调零：调节“x 调节”和“y 调节”旋钮，使光点位于 y 轴的中心原点．

3）调节阳极电压 U_2 分别为 600～1000V，对应地调节聚焦旋钮（改变聚焦电压）使光点达到最佳的聚焦效果，测量出各对应的聚焦电压 U_1.

4）求出 U_2/U_1.

4. 磁聚焦和电子荷质比的测量

原理：

置于长直螺线管中的示波管，在不受任何偏转电压的情况下，示波管正常工作时，调节亮度和聚焦，可在荧光屏上得到一个小亮点．若第二加速阳极 A_2 的电压为 U_2，则电子的轴向运动速度 $v_{//}$ 为

$$v_{//}=\sqrt{\frac{2eU_2}{m}} \tag{2.28-6}$$

当给其中一对偏转板加上交变电压时，电子将获得垂直于轴向的分速度（用 $v_\perp$ 表示），此时荧光屏上便出现一条直线，随后给长直螺线管通一直流电流 I，于是螺线管内便产生磁场，其磁感应强度用 B 表示．众所周知，运动电子在磁场中要受到洛伦兹力 $F=ev_\perp B$ 的作用，

显然 $v_{//}$ 受力为零，电子继续向前做直线运动，而 $v_\perp$ 受力最大为 $F=ev_\perp B$，这个力使电子在垂直于磁场（也垂直于螺线管轴线）的平面内做圆周运动，设其圆周运动的半径为 R，则有

$$ev_\perp B=\frac{mv_\perp^2}{R},\quad R=\frac{mv_\perp^2}{ev_\perp B} \tag{2.28-7}$$

圆周运动的周期为

$$T=\frac{2\pi R}{v_\perp}=\frac{2\pi m}{eB} \tag{2.28-8}$$

电子既在轴线方向做直线运动，又在垂直于轴线的平面内做圆周运动．它的轨道是一条螺旋线，其螺距用 h 表示，则有

$$h=v_{//}T=\frac{2\pi}{B}\sqrt{\frac{2mU^2}{e}} \tag{2.28-9}$$

有趣的是，从式（2.28-8）、式（2.28-9）可以看出，电子运动的周期和螺距均与 $v_\perp$ 无关．不难想象，电子在做螺线运动时，它们从同一点出发，尽管各个电子的 $v_\perp$ 各不相同，但经过一个周期以后，它们又会在距离出发点相距一个螺距的地方重新相遇，这就是磁聚焦的基本原理．由式（2.28-9）式可得

$$e/m=8\pi^2U_2/h^2B^2 \tag{2.28-10}$$

长直螺线管的磁感应强度 B，可以由下式计算．

$$B=\frac{\mu_0 NI}{\sqrt{L^2+D_0^2}} \tag{2.28-11}$$

将式（2.28-11）代入式（2.28-10），可得电子荷质比为

$$e/m=8\pi^2U_2(L^2+D_0^2)(\mu_0 NIh)^2 \tag{2.28-12}$$

μ_0 为真空中的磁导率，$\mu_0=4\pi\times10^{-7}\text{H/m}$

本仪器的其他参数如下：

螺线管内的线圈匝数：$N=526\pm2$.

螺线管的长度：$L=0.234\text{m}$.

螺线管的直径：$D_0=0.09\text{m}$.

螺距（Y 偏转板至荧光屏距离）$h=0.145\text{m}$.

依照图 2.28-5 完成以下步骤：

1）开启电子束测试仪电源开关，“电子束-荷质比”开关置于荷质比方向，此时荧光屏上出现一条直线，阳极电压调到 700V.

2）将励磁电流部分的调节旋钮逆时针方向调节到头，并将励磁电流输出与励磁电流输入相连（螺线管）.

3）电流换向开关打向正向，调节输出调节旋钮，逐渐加大电流，使荧光屏上的直线一边旋转一边缩短，直到变成一个小光点，读取此时对应的电流值 $I_{正}$，然后将电流调为零，再将电流换向开关打向反向（改变螺线管中的磁场方向），重新从零开始增加电流，使屏上的直线反方向旋转并缩短，直到再得到一个小光点，读取此时的电流值 $I_{反}$.

4）改变阳极电压为 800V，重复步骤 3)，直到阳极电压调到 1000V 为止．

5）记录和处理数据．将所测各数据记入表中，通过式（2.28-12），计算出电子荷质比 e/m.

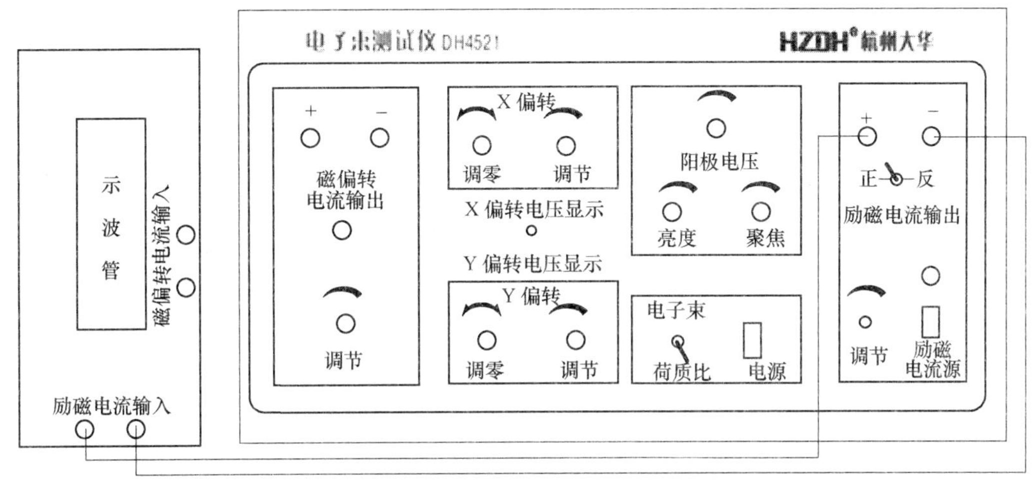

图 2.28-5　电子束面板平面示意图

【数据记录与处理】

1. 电偏转，实验数据填入表 2.28-1.

表 2.28-1　不同阳极电压下，x 轴电偏转灵敏度测量表

U_d（600V）									
D/mm									
U_d（700V）									
D/mm									

作 D-U_d图，求出曲线斜率，即为不同阳极电压下 x 轴电偏转灵敏度.

同理，记录不同阳极电压下，y 轴电偏转灵敏度测量值.

作 D-U_d图，求出曲线斜率，即为不同阳极电压下 y 轴电偏转灵敏度.

2. 电聚焦. 记录不同 U_2 下的 U_1 值，填入表 2.28-2.

表 2.28-2　不同 U_2 下的 U_1 值

U_2/V	600	700	800	900	1000
U_1/V					
U_2/U_1					

3. 磁偏转. 记录不同 U_2 时的磁偏转数据填入表 2.28-3.

表 2.28-3　不同 U_2 时磁偏转数据

$U_2=600$V									
D/mm									
I/mA									
$U_2=700$V									
D/mm									
I/mA									

作 D-I 图，求出曲线斜率，即为不同阳极电压下磁偏转灵敏度．

4. 测量电子荷质比，实验数据填入表 2.28-4.

表 2.28-4 电子荷质比测量

阳极电压 励磁电流	700V	800V	900V	1000V
$I_{正}$/A				
$I_{反}$/A				
$I_{平均}$/A				
电子荷质比（e/m）/(C/kg)				

【注意事项】

在实验过程中，光点不能太亮，以免烧坏荧光屏．

在改变螺线管电流方向时，应先将励磁电流调到最小后再换向．

改变阳极电压 U_2 后，光点亮度会改变，这时应重新调节亮度，若调节亮度后加速电压有变化，再调到现定的电压值．

励磁电流输出电路中有 10A 熔丝，磁偏转电流输出和输入有 0.75A 熔丝用于保护．

附　录

附录 A　测量误差与数据处理

A.1　测量、误差及不确定度

A.1.1　测量与误差

1. 测量

无论是研究物理现象、验证物理原理，还是研究物质特性等，都要进行测量。测量就是将被测物理量与一个选作计量标准单位的同类物理量进行比较的过程．测量可分为直接测量、间接测量、等精度测量以及非等精度测量．直接从仪器或量具上读出待测量的大小，为直接测量．例如用米尺测量物体的长度，用天平测量物体的质量，用秒表计时等都是直接测量．如果待测量是由若干个直接测量值经过一定的函数关系运算后获得的，则为间接测量．例如测量物体的密度时先测出物体的体积和质量，再用公式计算出物体的密度．物理实验中的测量多数是间接测量．等精度测量是在相同测量条件下对同一物理量进行的多次重复性测量，非等精度测量是在不相同测量条件下对同一物理量进行的多次重复性测量．

2. 误差

每一个实验者都希望测量的结果能符合客观实际．但在实际测量中，由于测量仪器、测量方法、测量条件和测量人员等种种因素的影响，不可能使测量值与客观存在的真值完全相同，使得测量结果的量值与真值之间总存在一定的差值，此差值称为该测量值的测量误差．

真值（X）：被测量在其所处的确定条件下客观具有的量值．

误差（Δx）：测量值（x）与真值（X）之差，又称绝对误差，即 $\Delta x=x-X$.

相对误差（E_r）：绝对误差（Δx）与真值 X 的比值，即 $E_r=\dfrac{\Delta x}{X}\times 100\%$.

误差按其特征和表现形式可以分为三类：系统误差、随机误差和过失误差．

（1）系统误差　在同一条件下多次测量同一量时，误差的大小和方向保持恒定，或在条件改变时，误差的大小和方向按一定规律变化，这种误差称为系统误差，其特点是它的确定的规律性．系统误差来源于以下几个方面：①由于实验理论和实验方法不完善带来的误差，例如计算公式的近似性所引起的误差；②由于仪器本身的缺陷或没有按规定条件使用仪器而造成的误差；③由于环境条件变化所引起的误差；④由于观测者生理或心理特点造成的误差等．系统误差的确定性反映在：测量条件一经确定误差也随之确定，重复测量时误差的绝对值和符号均保持不变．因此，在相同实验条件下，多次重复测量不可能发现系统误差．对观测者来说，可能知道系统误差的规律及其产生的原因，也可能不知道．已被确切掌握了大小和规律的系统误差，称为可定系统误差；对大小和规律不能确切掌握的系统误差称为未定系统误差．前者一般可以在测量过程中采取相应措施予以消除或在测量结果中进行修正，而后者一般难以做出修正，只能估计出它的取值范围．

（2）随机误差　在同一条件下多次测量同一个量时，每次出现的误差时大时小、时正时负，没有确定的规律，但总体来说服从一定的统计规律，这种误差称为随机误差．它的特点是单个具有随机性，而总体服从统计规律．随机误差的这种特点使我们能够在确定条件下，通过多次重复测量来发现，而且可以从相应的统计分布规律来讨论它对测量结果的影响．

（3）过失误差　测量时，由于观测者不正确地使用仪器、粗心大意导致观察错误或记错数据而引起的不正确的结果，这种情况下出现的误差称为过失误差．它实际上是一种测量错误，这种数据应当剔除．

3. 测量的精密度、准确度和精确度

精密度、准确度和精确度是评价测量结果好坏的三个概念，但这三个词的涵义不同，使用时应加以区别．

测量的精密度高，指测量数据比较集中，偶然误差较小，但系统误差的大小不明确．

测量的准确度高，是指测量数据的平均值偏离真值较少，测量结果的系统误差较小，但数据分散的情况，即偶然误差的大小的数据不明确．

测量的精确度高，是指测量数据比较集中在真值附近，即测量的系统误差和偶然误差都比较小．精确度是对测量的偶然误差与系统误差的综合评定．

图 A-1 是用打靶时弹着点的情况为例，说明这三个词的意义．图 A-1a 表示射击的精密度高但准确度差；图 A-1b 表示射击的准确度高但精密度差；图 A-1c 表示精密度和准确度均较好，即精确度高．

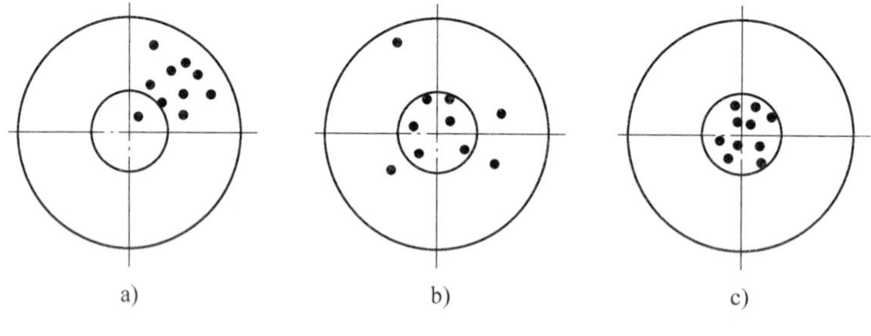

图 A-1　弹着点分布

影响测量结果精度的，有时主要因素是偶然误差，有时主要因素是系统误差．一般情况下测量的误差是偶然误差和系统误差的总和．

A. 1. 2　误差的处理

1. 随机误差的处理

（1）随机误差的统计规律　理论和实践都证明，当测量次数足够多时，一组等精度测量数据其随机误差服从一定的统计规律，最常见的一种统计规律呈正态分布（高斯分布），若横坐标为误差 Δx，纵坐标为误差出现的概率密度函数 $f(\Delta x)$，则正态分布曲线如图 A-2 所示，其数学表达式为

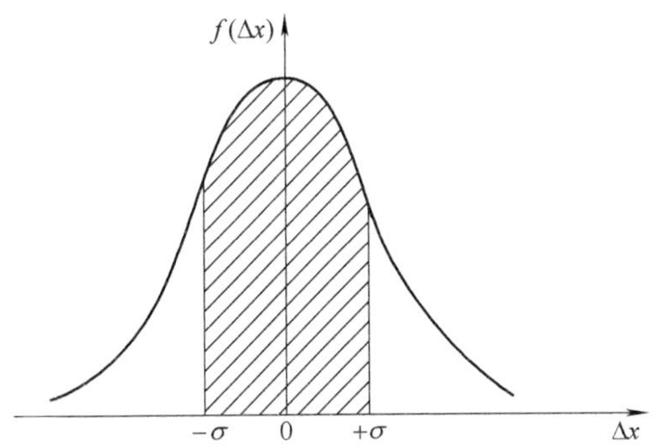

图 A-2　正态分布曲线

$$f(\Delta x)=\frac{1}{\sqrt{2\pi}\sigma}e^{-\frac{(\Delta x)^2}{2\sigma^2}} \tag{A-1}$$

$$\sigma=\sqrt{\frac{\sum_{i=1}^{n}(\Delta x_i)^2}{n}} \tag{A-2}$$

其中（$n \to \infty$），式中 σ 是总体标准误差．

图 A-2 中阴影部分的面积就是随机误差在 $\pm\sigma$ 范围内的概率，即随机误差落在（$-\sigma, +\sigma$）区间中的置信概率 $P=68.3\%$；误差落在（$-2\sigma, +2\sigma$）区间中的置信概率 $P=95.4\%$；误差落在（$-3\sigma, +3\sigma$）区间中的置信概率 $P=99.7\%$．可见测量值的误差超出 $\pm 3\sigma$ 范围的情况几乎不会出现，我们把 3σ 称为极限误差．由此可知标准误差 σ 是一个统计特征值，它表明了一组等精度测量数据其随机误差的概率分布情况．图 A-2 曲线下总面积不变，曲线形状取决于 σ 值的大小，σ 小，曲线陡，绝对值小的误差出现的机会多，测量数据集中，精密度高．可见 σ 反映了测量值的离散程度．

（2）随机误差的估算　在实际测量中，测量的次数总是有限的，而且被测量的真值是未知的，因此总体标准误差只具有理论价值，对它的实际处理只能进行估算．设在一组测量值中，n 次测量的测量值分别为 x_1，x_2，x_3，…，x_n，由统计原理可知，其真值的最佳估计值 x_0是能使各次测量值与该值之差的平方和为最小的那个值，即

$$f(x)=\sum_{i=1}^{n}(x_i-x_0)^2 \tag{A-3}$$

有最小值．

$$\frac{\mathrm{d}f(x)}{x_0}=-\sum_{i=1}^{n}2(x_i-x_0)=0 \tag{A-4}$$

$$u_B=\Delta_{\mathrm{ins}} \tag{A-5}$$

即算术平均值 $\overline{x}$ 最接近于真值．

各次测量值 x_i 与算术平均值 $\overline{x}$ 之差称为该次测量的残差

$$u_i=x_i-\overline{x}$$

因为只知道 u_i而不知道 x_i，所以只能用残差代替误差计算，此时总体标准误差的估计值为

$$S=\sqrt{\frac{\sum_{i=1}^{n}u_i^2}{n-1}}=\sqrt{\frac{\sum_{i=1}^{n}(x_i-\overline{x})^2}{n-1}} \tag{A-6}$$

式中，S 为总体标准误差的估计值，称为实验标准偏差．式（A-6）称为贝塞尔公式，它表示一测量列中各测量值所对应的标准偏差．

从统计意义上讲，$\overline{x}$ 应比每一个测量值 x_i 都更接近于真值．经理论推导得到平均值的实验标准偏差 $S(\overline{x})$为

$$S(\overline{x})=\sqrt{\frac{\sum_{i=1}^{n}(x-\overline{x})^2}{n(n-1)}}=\frac{S}{\sqrt{n}} \tag{A-7}$$

2. 系统误差的处理

（1）系统误差的发现　发现系统误差是消除和修正系统误差的前提，应从系统误差的来源着手分析．

1）理论分析法：测量过程中因理论公式的近似性等原因造成的系统误差常常可以从理论上做出判断并估计其量值，如伏安法测电阻．

2）实验对比法：对被测量的物理量采用实验方法对比、测量方法对比、仪器对比、测量条件对比来研究其结果的变化规律，从而发现可能存在的系统误差．

3）数据分析法：分析多次测量的数据分布规律来发现系统误差．

（2）系统误差的减小和修正

1）通过理论公式引入修正值；

2）消除系统误差产生的因素；

3）改进测量原理和测量方法．

3. 测量结果的不确定度

测量不但要得到被测量的最佳估计值，而且对其可靠性也应做出评定．不确定度是与测量结果相联系的一种参数，用于表征测量值的可能的分散情况，也就是因测量误差的存在而对被测量结果不能肯定的程度．不确定度小，测量结果可信赖程度高；不确定度大，测量结果可信赖程度低．

测量不确定度一般由若干分量组成，原则上可以分为两类．

（1）不确定度 A 类分量　指可以采用统计方法计算的不确定度．

在物理实验教学中我们约定，A 类不确定度取实验标准偏差，因此可以像计算标准偏差那样，用贝塞尔公式计算被测量的 A 类不确定度 u_A，即

$$u_A=S(\overline{x}) \tag{A-8}$$

（2）不确定度 B 类分量　指用非统计方法求出或评定出的不确定度．评定 B 类不确定度常用估计方法，估计要适当，需要确定分布规律，同时要参照标准，更需要估计者的实践经验、学识水平，因而不同的估计者可能有不同的结论．

在物理实验教学中约定，B 类不确定度是测量仪器的误差，仪器的误差限一般在仪器的说明书中注明，指在正确使用仪器的条件下，测量值和被测量的真值之间可能产生的最大误差 $\Delta_{仪}$．估计误差概率分布是均匀分布，根据均匀分布理论，其不确定度 B 类分量 u_B 为

$$u_A=\Delta_{仪} \tag{A-9}$$

在教学中我们约定，正确使用仪器时的仪器误差限 $\Delta_{仪}$ 可按如下原则来确定：

对可估读测量数的仪器，$\Delta_{仪}$ 为最小刻度的一半．

比如，米尺的最小刻度为 1mm，则米尺的 $\Delta_{仪}=0.5\text{mm}$.

对不可估读测量数据的仪器，$\Delta_{仪}$ 为仪器最小分辨读数．

比如，分辨率为 0.05mm 的游标卡尺，则其 $\Delta_{仪}=0.05\text{mm}$；分辨率为 0.02mm 的游标卡尺，则其 $\Delta_{仪}=0.02\text{mm}$；分辨率为 $30''$和 $1'$的分光计，其 $\Delta_{仪}$ 分别为 $30''$或 $1'$；各类数字式仪表，其 $\Delta_{仪}$ 为仪器最小读数．

对有仪器说明书或注明仪器精度等级的仪器 $\Delta_{仪}$ 按仪器说明书计算．

比如，外径千分尺（0～50mm），$\Delta_{仪}=0.004\text{mm}$；电磁仪表（指针式电流表、电压表），$\Delta_{仪}=AK\%$（$A$ 为量程，K 为仪表精度等级）.

（3）合成不确定度　考虑到误差来源主要有两部分：由统计方法计算的 A 类不确定度 u_{A}和由于仪器误差等因素而用非统计方法评定的 B 类不确定度 u_{B}，A 类和 B 类不确定度是相互独立的，故其合成不确定度为

$$u_{\text{c}}=\sqrt{u_{\text{A}}^2+u_{\text{B}}^2} \tag{A-10}$$

相对不确定度

$$E_{\text{r}}=\frac{u_{\text{c}}}{x}\times 100\% \tag{A-11}$$

直接测量结果的不确定度：

1）单次测量结果的不确定度计算．因单次测量不存在不确定度 A 类分量，故单次测量的合成不确定度就等于不确定度 B 类分量．

2）多次测量结果的不确定度计算．对 A 类不确定度主要讨论多次等精度测量条件下，读数分散对应的不确定度，并且用贝塞尔公式计算 A 类不确定度．对 B 类不确定度，主要讨论仪器不准所对应的不确定度，然后求两类不确定度的“方和根”，得到合成不确定度．

3）间接测量结果的合成不确定度．间接测量的最佳估计值和合成不确定度是由直接测量结果通过函数式计算出来的．设间接测量的函数式为

$$N=F(x,y,z,\cdots) \tag{A-12}$$

则间接测量量 N 的最佳估计值为

$$\overline{N}=F(\bar{x},\bar{y},\bar{z},\cdots) \tag{A-13}$$

函数 N 的全微分是

$$\mathrm{d}N=\frac{\partial F}{\partial x}\mathrm{d}x+\frac{\partial F}{\partial y}\mathrm{d}y+\frac{\partial F}{\partial z}\mathrm{d}z+\cdots \tag{A-14}$$

改微分号为不确定度符号，求其“方和根”得到间接测量量 N 的不确定度为

$$u_{\text{c}}(\overline{N})=\sqrt{\left(\frac{\partial F}{\partial x}\right)^2 u_{\text{c}}^2(\bar{x})+\left(\frac{\partial F}{\partial y}\right)^2 u_{\text{c}}^2(\bar{y})+\left(\frac{\partial F}{\partial z}\right)^2 u_{\text{c}}^2(\bar{z})+\cdots} \tag{A-15}$$

特别地，当间接测量的函数式为积商形式（或含和差的积商形式），为使运算简便，可以先将函数式两边同时取自然对数，然后再求全微分，即

$$\frac{\mathrm{d}N}{N}=\frac{\partial \ln F}{\partial x}\mathrm{d}x+\frac{\partial \ln F}{\partial y}\mathrm{d}y+\frac{\partial \ln F}{\partial z}\mathrm{d}z+\cdots \tag{A-16}$$

同样改微分号为不确定度符号，求其“方和根”，便可得间接测量量 N 的相对不确定度

$$E_r=\frac{u(\overline{N})}{\overline{N}}=\sqrt{\left(\frac{\partial \ln F}{\partial x}\right)u_c^2(\overline{x})+\left(\frac{\partial \ln F}{\partial y}\right)u_c^2(\overline{y})+\left(\frac{\partial \ln F}{\partial z}\right)u_c^2(\overline{z})+\cdots} \tag{A-17}$$

而间接测量量 N 的合成不确定度

$$u_c(\overline{N})=\overline{N}E_r \tag{A-18}$$

常用函数的不确定度传递公式见附表 A-1.

表 A-1 常用函数的不确定度传递公式表

函数式	不确定度传递公式
$N=x+y$	$u_N=\sqrt{u_x^2+u_y^2}$
$N=x-y$	$u_N=\sqrt{u_x^2+u_y^2}$
$N=ax+by+cz$	$u_N=\sqrt{a^2u_x^2+b^2u_y^2+c^2u_z^2}$
$N=xy$	$u_N/N=\sqrt{(u_x/x)^2+(u_y/y)^2}$
$N=x/y$	$u_N/N=\sqrt{(u_x/x)^2+(u_y/y)^2}$
$N=x^ay^bz^c$	$u_N/N=\sqrt{a^2(u_x/x)^2+b^2(u_y/y)^2+c^2(u_z/z)^2}$
$N=\sin x$	$u_N=\lvert\cos x\rvert u_x$

A.2 有效数字及其运算规则

任何物理量的测量都存在误差，因而表示该测量值的数值位数不应随意取位，而应能正确反映测量精度．另外，数值计算都有一定的近似性，这就要求计算的准确性必须与测量的准确性相适应．

A.2.1 有效数字的基本概念

能够正确而有效地表示测量和实验结果的数字，称为有效数字．有效数字由直接从度量仪器最小分度以上的若干位准确数值与最小分度的下一位（有时是在同一位）估读（或称可疑）数值构成．例如用毫米尺去测量一个物体的长度，如图 A-3 所示，读出的长度为 3.59 cm，读数的前 2 位 3.5 直接由尺上读出，是准确的，称为可靠数字，末位数 0.09 是从尺上最小分度之间估计出来的，这个数字带有一定的误差，因而称之为可疑数字．普通毫米尺读出的 3.59cm 只得到 3 位有效数字，读到小数点后 2 位为止．要想提高测量精度，可以换用其他精确度更高的仪器，比如用外径千分尺测同一物体的长度，得到 3.5942cm 的结果，其中 3.594 是可靠数，而末位的“2”估读到小数点后第 4 位上．可见，有效数字位数的多少不仅与被测对象本身有关，还与所选用的测量仪器的精度有关．通常情况下，仪器精度越高，对于同一被测对象，所得结果的有效数字位数越多．有效数字位数的多少还与测量方法有关．例如用秒表测量单摆的周期，其误差主要由启动和制动表时手的动作与目测协调的程度决定，一般其误差为 0.2s. 如只测一个周期，得到 $T=1.9$s，若测连续的 100 个周期，如果 $100T=191.2$s，则周期的平均 $T=1.912$s. 可见，采用不同的测量方法，结果的有效数字也随之变化．

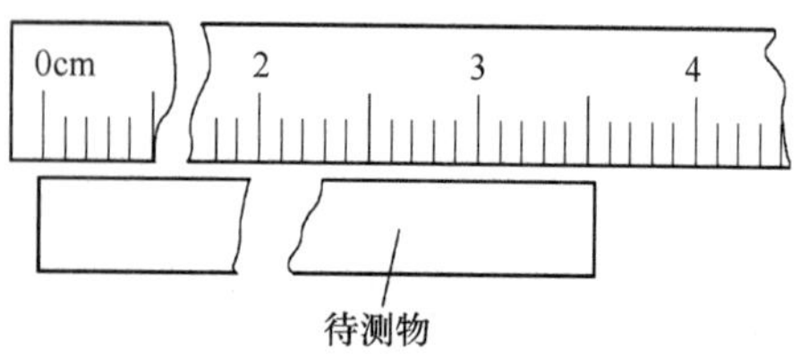

图 A-3 直接测量示意图

一般来说，测量结果的有效数字位数越多，其相对误差越小，测量亦越准确．因而在进行误差分析时，可以用误差大小评价测量的质量，有时也可以根据有效数字的位数多少评价实验结果的优劣．

有效数字的“0”不同于其他1，2，…，9九个数字，需注意下面的两种情况：

(1) 有效数字的位数从第一个不是“0”的数字开始算起，末位为“0”和数字中间出现的“0”都属于有效数字．若物体边缘恰好与毫米尺上3.6cm刻度线对齐，测量数据应是3.60cm，不可写成3.6cm，因为此处的“0”仍然是有效数字的有效成分，它表示测量值的十分位是准确的，3.6cm则表示测值的十分位是可疑的，3.60表示的是3位有效数字．

(2) 有效数字的位数与小数点位置或单位换算无关．如1.28m可以写成128cm，但不能写成1280mm，因为前面的是三位有效数字，而后面的则是四位有效数字，它们表示测量的精度不相同．它可以写成1.28×10^3mm，即用科学计数法表示．

A.2.2　有效数字尾数的取舍法则

1. “四舍六入五凑偶”法则

在数学上常用的“四舍五入”规则是“见五就入”，导致从0到9的十个数字中，入的机会大于舍的机会，因而可能使经过舍入处理后所得数据之和大于未进行舍入处理的原始数据之和，从而引起误差．为了使入与舍机会均等，现在通用的是：“四舍六入五凑偶”法则，即对保留数字末位的后部分的第一个数，小于5则舍，大于5则入，等于5则把保留数的末位凑为偶数．例如4.8554取4位有效数字是4.855，取3位有效数字是4.86，取2位有效数字是4.8.“四舍六入五凑偶”法则常用于有效数字的运算、测量数据的尾数处理等．

2. “只进不舍”法则

最后测量结果的合成不确定度一般只保留1位有效数字，相对不确定度可以保留2位有效数字．对它们的取舍规则为“只进不舍”(非零即进)．如$u_c=0.41$cm，应保留为0.5cm. 但对A类和B类不确定度一般保留2位有效数字，采用“四舍六入五凑偶”法则．

A.2.3　有效数字的运算规则

在有效数字运算过程中，为了不致因运算而增加或损失有效数字位数，并尽量简化运算的过程，统一规定有效数字的运算规则如下：

1. 加减法运算规则

在加减法运算中，和或差的有效数字中的可疑数字所在位置，与参加运算的各数值中可疑数字所在位置最高的相同．

注：为了把可靠数字和可疑数字区分开，在下面对有效数字运算规则介绍中，算式中数字下加横线者为可疑数字．

2. 乘法运算规则

两个数相乘的积，其有效数字的位数一般与参与运算的诸因子中有效数字位数最少的相同，但如果它们的最高位相乘的积大于或等于10，其积的有效数字应比诸因子中有效数字最少的多一位．

例如$3.52\underline{3}\times18.\underline{6}=65.\underline{5}$

例如$8.3\underline{2}\times43.2\underline{6}=329.\underline{9}$

3. 除法运算规则

两个数相除的商，其有效数字的位数应和被除数及除数中有效数字位数最少的相同，但若被除数有效数字的位数少于或等于除数的有效数字位数，并且它的最高位的数小于除数的最高位的数，则商的有效数字位数应比被除数少一位．

例如 $4.525\underline{4}\div 5.4\underline{7}=0.82\underline{7}$

例如 $12\underline{7}\div 36\underline{1}=0.3\underline{5}$

4. 乘方、开方运算规则

乘方、开方运算规则和乘法运算规则相同．

例如 $(4.256)^2=18.114$

例如 $(54.39)^{1/2}=7.37$

5. 函数运算规则

对数函数：对数运算结果的有效数字，其小数点后面部分的位数与真数的位数相同．当真数的第一位数大于“5”时，有效数字可以多取一位．

例如 $\lg 56.7=1.753$

例如 $\lg 67.8=0.8312$

指数函数：指数运算结果的有效数字位数与指数的小数点后的位数相同（包括小数点后的零）.

例如 $X=6.25$，小数点后有 2 位，所以 $e^x\big|_{x=6.25}=1778279$，取成 $e^{6.25}=1.8\times10^6$；$X=0.0000924$，小数点后有 7 位，则取 $e^{0.0000924}=1.000092$. 对于 10^X 的有效数字取法相同．

三角函数运算结果的有效位数通常是由角度的有效数字决定的．一般来说，当角度精确至分度时，三角函数可以取四位有效数字，还可以通过改变角度值的末位数的一个单位，由函数值的变化来决定三角函数值的有效数字取位．

例如 $\sin 35.58°=0.5818391$，其中角度末位改变一个单位 $\sin 35.59°=0.581981$，两数在小数点后第四位产生差别，因而函数值应取四位有效数字，即 $\sin 35.58°=0.5818$.

A. 2. 4　非测常量的有效位数无限

π 的取值可以用计算器中的 π 键，如果用手工计算时，一般应比测量值多取一位数．

例如计算圆周长 $L=2\pi R$，常量 2 的有效位数是无限的，若半径测量 $R=3.043\text{cm}$，手工计算时 π 应取 3. 1416.

计算的中间过程有效数字可暂保留两位可疑数字，即多保留一位有效数字，以避免舍入误差的积累效应，但最终计算结果仍要按前面的规则处理有效数字．

应该强调的是：在上述的近似计算规则中，由于具体问题所要求的准确度或采用的方法不同，可能得出具有不同位数的有效数字的结果，只要这些结果是在实际问题允许的范围内，便都认为是正确的．盲目地追求计算结果的绝对准确，或违反计算规则而无根据地取舍有效数字都是错误的．

A. 3　数据处理的常用方法

由实验测得的一系列数据往往是零乱而带有误差的，必须经过科学的分析和处理才能找到物理量之间的变化关系及其服从的物理规律．常用的数据处理方法有列表法、作图法、图解法、最小二乘法等．

A. 3. 1 列表法

1. 列表的作用

在记录和处理数据时常常将数据列成表格，数据列表可以简单而明确地表示出有关物理量之间的对应关系，便于随时检查测量结果是否合理，以便及时发现问题和分析问题，有助于找出有关量之间的规律，求出经验公式等．

数据列表还可以提高处理数据的效率，减少错误．根据需要，把计算的某些中间结果列出来，可以随时从对比中发现运算是否有错，还可以随时进行有效数字的简化，避免不必要的重复计算，有利于计算和分析不确定度．数据列表还便于在必要时查对数据．

2. 列表的要求

简单明了，便于看出有关量之间的关系，便于处理数据；

必须交代清楚表中各符号所代表的是什么物理量，并写明单位．单位写在标题栏中，一般不重复记在各个数值后；

表中的数据要正确地反映测量结果的有效数字；

必要时要加以说明．

A. 3. 2 作图法

1. 作图法的作用和优点

1）可把一系列数据之间的关系用图线直观地表示出来．作图法是利用物理量之间的变化规律，找出对应的函数关系，以便求出经验公式的最常用的方法之一；

2）如果图线是依据许多数据描绘出的平滑曲线，则作图法有多次测量取平均值的作用；

3）能简便地从图线中求出实验需要的某些结果．例如直线 $y=ax+b$，可以从图线的斜率求出 a 值，从截距求出 b 值；

4）可以用作图法作出仪器的校准曲线；

5）在图线上可以读出没有观测的某点所对应的 x 值和 y 值（内插法）；在一定条件下，也可以从图线的延伸部分读到测量数据以外的点（外推法）；

6）图线可以帮助发现实验数据中个别的测量错误，并可以通过图线对系统误差进行分析．

2. 作图的方法和规则

1）作图一定要用坐标纸．当决定了作图的参量以后，根据具体情况决定选用直角坐标纸、对数坐标纸或者极坐标纸；

2）坐标纸的大小和坐标轴的比例应根据测得数据的有效数字和结果来定．原则上数据中的可靠数字在图中应为可靠的，数据中不可靠的一位在图中应是估计的．即图纸中的一小格对应数据中可靠数字的最后一位（常常适当放大些），使图上实际可能读出的有效数字和测量值的有效数字相当．当然，图纸也不必过分放大，要适当地选取 x 轴和 y 轴的比例以及坐标的原点，使图线比较对称地充满整个图，不要缩在一边或一角．除特殊需要外，坐标的原点一般可以不取为零；

3）标明坐标轴与图的名称．画出坐标轴的方向，标明其所代表的物理量及单位．在轴上每隔一定间距标明该物理量的数值；在图纸的明显位置写明图的名称（包括需说明的条件等）；

4）作图的方法：自变量和因变量的每组一一对应的实验数据对应于图上的一个点，用记号“*”在图上仔细地把各点的坐标都标出来（一张图上要画几条曲线时，每条曲线上的点应用不同的记号如“#”“△”等来标出），然后把这些点根据不同的情况连成直线或光滑曲线（校准曲线除外）．特别要注意，连线时不一定通过所有的点，应尽可能地接近大多数的测量点，并使测量点大致均匀地分布在曲线的两边．个别偏离过大的点应该舍去并重新测量校对之．

3. 作图示例

以下为作伏安特性曲线图方法．伏安法测电阻的数据见表 A-2.

表 A-2　伏安法测电阻的数据

测量次数	1	2	3	4	5	6	7
电压 U/V	0.00	1.00	2.49	4.01	5.40	6.71	8.20
电流 $I\times10^{-3}$/A	0.00	0.51	1.20	1.81	2.51	3.22	3.81

1）选取比例：取一张毫米分格的直角坐标纸，根据原始数据的有效数字位数及图线的对称性，考虑所作图线大致占据的范围和应取的比例大小．按所给数据，若 U 和 I 均取 1:1，则 U 共需 9cm，I 需 4cm，这样作出的图线是狭长的．若 U 取 1:1，而 I 用 2:1，则图线既不损失有效数字，又比较匀称．

2）确定纵坐标和横坐标的名称，以整数进行标度并注明单位，然后将实验数据逐点标在图纸上，如图 A-4 所示；

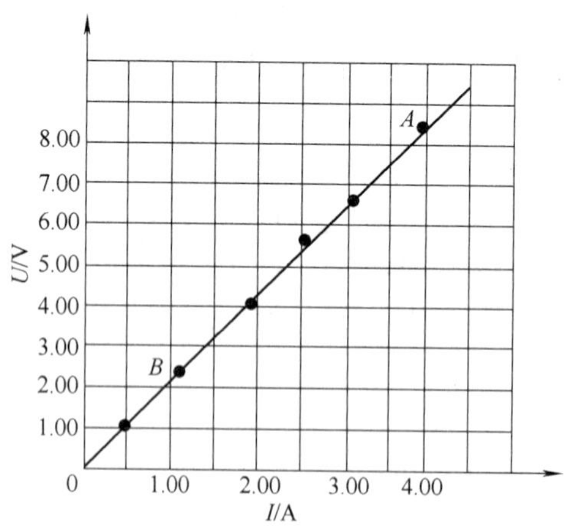

图 A-4　伏安特性曲线

3）通过数据点画出函数曲线，本例中为直线，应使实验数据点均匀地分布在直线两边；

4）根据两点求斜率的方法求 R_x. 在直线上选取便于读数的 A、B 两点（一般不要取原来测量的数据点），并标出其坐标，特别注意这两点应保持合适的间距，以便使 U_A-U_B 和 I_A-I_B 都能保持原来的有效数字位数，从而使最后计算出的 R_x 保持应有的有效位数．如

$$R_x=\frac{U_A-U_B}{I_A-I_B}=\frac{8.50-2.20}{(4.00-1.00)\times10^{-3}}\Omega=2.10\times10^3\Omega$$

5）最后，标出图线的名称（y-x 曲线）以及作图者的姓名．本例的图线可称为电阻“伏安特性”．

附录 B　物理常量表

表 B-1　基本物理常数

物理常数	符号	数值	单位
真空中的光速	c	2.99792458×10^{3}	$m\cdot s^{-1}$
基本电荷	e	1.60211769×10^{-19}	C
普朗克常量	h	6.62607×10^{-34}	$J\cdot s$
阿伏加德罗常数	N_A	6.022014×10^{23}	mol^{-1}
原子质量单位	amu	1.660539×10^{-27}	kg
电子的静止质量	m_e	9.10938×10^{-31}	kg
电子的比荷	e/m	1.7588047×10^{-11}	$C\cdot kg^{-1}$
质子静止质量	m_p	1.6726219×10^{-27}	kg
中子静止质量	m_n	1.6749272×10^{-27}	kg
法拉第常数	F	9.648534×10^{4}	$C\cdot mol^{-1}$
真空电容率	ε_0	$8.854187817\times10^{-12}$	$F\cdot m^{-1}$
真空磁导率	μ_0	$12.5663706144\times10^{-7}$	$H\cdot m^{-1}$
里德伯常量	R_H	1.097373157×10^{7}	m^{-1}
引力常量	G	6.673×10^{-11}	$N\cdot m^2\cdot kg^{-2}$
玻耳兹曼常数	k	1.380650×10^{-23}	$J\cdot mol^{-1}$
摩尔气体常数	R	8.31447	$J\cdot mol^{-1}\cdot K^{-1}$
第一辐射常数	c_1	3.72×10^{-16}	$W\cdot m^2$
第二辐射常数	c_2	0.01438833	$J\cdot m$
斯忒藩-玻耳兹曼常数	σ	5.670400×10^{-8}	$W\cdot m^{-2}\cdot K^{-4}$
精细结构常数	α	7.29735×10^{-3}	
维恩位移常量	b	2.8978×10^{3}	$m\cdot K$

表 B-2　在 20℃ 是常用固体和液体的密度

物质	密度 $\rho/kg\cdot m^{-3}$	物质	密度 $\rho/kg\cdot m^{-3}$
铝	2698.9	水晶玻璃	2900～3000
铜	8960	玻璃窗	2400～2700
铁	7874	冰（0℃）	880～920
银	10500	甲醇	792
金	19320	乙醇	789.4
钨	19300	乙醚	714
铂	21450	汽车用汽油	710～720
铅	11350	氟利昂-12	1329
锡	7298	（氟氯烷-12）	
水银	13546.2	变压器油	840～890
钢	7600～7900	甘油	1260
石英	2500～2800	蓖麻油	960～970

表 B-3 在海面上不同维度处的重力加速度

纬度 φ/(°)	g/m·s^{-2}	纬度 φ/(°)	g/m·s^{-2}
0	9.78049	50	9.81079
5	9.78088	55	9.81515
10	9.78024	60	9.81924
15	9.78394	65	9.82294
20	9.78652	70	9.82614
25	9.78969	75	9.82873
30	9.78338	80	9.83065
35	9.78746	85	9.83182
40	9.80180	90	9.83221
45	9.80629		

注：表中所列数值是根据公式

$$g=9.78049+(1+0.005288\sin^2\varphi-0.000006\sin^2 2\varphi)$$

算出的，其中 φ 为纬度．

表 B-4 在 20℃ 某些金属的弹性模量

金　属	弹性模量/kgf·mm^{-2}	金　属	弹性模量/kgf·mm^{-2}
铝	7000～7100	锌	8000
钨	41500	镍	20500
铁	19000～21000	铬	24000～25000
铜	10500～13000	合金钢	21000～22000
金	7900	碳钢	20000～21000
银	7000～8200	康铜	16300

注：1kgf=9.80665N.

弹性模量的值与材料的结构、化学成分及其加工制造方法有关．因此，在某些情况下，弹性模量的值可能与表中所列的平均值不同．

表 B-5 固体的线胀系数

物　质	温度或温度范围/℃	α/10^{-6}℃$^{-1}$
铝	0～100	23.8
铜	0～100	17.1
铁	0～100	12.2
金	0～100	14.3
银	0～100	19.6
钢（质量分数为 0.05%的碳）	0～100	12.0
康铜	0～100	15.2
铅	0～100	29.2
锌	0～100	32
铂	0～100	9.1
钨	0～100	4.5
石英玻璃	20～200	0.56
窗玻璃	20～200	9.5
花岗岩	20	6～9
瓷器	20～700	3.4～4.1

表 B-6　液体的黏度

液　体	温度/℃	黏度/μPa・s^{-1}	液　体	温度/℃	黏度/μPa・s^{-1}
汽油	0	1788	甘油	−20	134×10^5
汽油	18	530	甘油	0	121×10^5
甲醇	0	817	甘油	20	1499×10^3
甲醇	20	584	甘油	100	12945
乙醇	−20	2780	蜂蜜	20	650×10^4
乙醇	0	1780	蜂蜜	80	100×10^3
乙醇	20	1190	鱼肝油	20	45600
乙醚	0	296	鱼肝油	80	4600
乙醚	20	243	水银	−20	1855
变压器油	20	19800	水银	0	1685
蓖麻油	10	242×10^4	水银	20	1554
葵花籽油	20	50000	水银	100	1224

表 B-7　物质的比热容

物　质	温度/℃	比热容/10^2J・kg^{-1}・℃$^{-1}$	物　质	温度/℃	比热容/10^2J・kg^{-1}・℃$^{-1}$
水	25	41.73	Al	25	9.04
乙醇	25	24.19	Ag	25	2.37
石英	20～100	7.87	Au	25	1.28
玻璃	0	3.70	Fe	25	4.48
黄铜	20	4.09	Pb	25	1.28
云母	20	4.2	Si	25	7.125
橡胶	15～100	11.3～20	Zn	25	3.89
石蜡	0～20	29.1	Cu	25	3.85
陶瓷	20～200	7.1～8.8	Pb	25	1.28

表 B-8　固体的导热系数

物　质	温度/K	导热系数 /10^2J・m^{-1}・s^{-1}・℃$^{-1}$	物　质	温度/K	导热系数 /10^2J・m^{-1}・s^{-1}・℃$^{-1}$
橡胶（天然）	298	0.0015	石英玻璃	273	0.014
杉木	293	0.00113	Fe	273	0.835
棉布	313	0.0008	Cu	273	4.01
耐火砖	500	0.0021	Al	273	2.35
软木	300	0.00042	Ag	273	4.28
不锈钢	273	0.14	Si	273	1.70
呢绒	273	0.00043	Pb	273	0.35

表 B-9　101325Pa 下一些元素的熔点和沸点

元　　素	熔点/℃	沸点/℃	元　　素	熔点/℃	沸点/℃
铜	1084.5	2580	金	1064.43	2710
铁	1535	2754	银	961.93	2184
镍	1455	2731	锡	231.97	2270
铬	1890	2212	铅	327.5	1750
铝	660.4	2486	汞	−38.86	356.72
锌	419.58	903			

表 B-10　在标准大气压下不同温度水的密度

温度 t/℃	密度 ρ/kg^{-1}·m^{-3}	温度 t/℃	密度 ρ/kg^{-1}·m^{-3}	温度 t/℃	密度 ρ/kg^{-1}·m^{-3}
0	999.841	17	998.774	34	994.371
1	999.900	18	998.595	35	994.031
2	999.941	19	998.405	36	993.68
3	999.965	20	998.203	37	993.33
4	999.973	21	997.992	38	992.96
5	999.965	22	997.770	39	992.59
6	999.941	23	997.538	40	992.21
7	999.902	24	997.296	41	991.83
8	999.849	25	997.044	42	991.44
9	999.781	26	996.783	⋮	⋮
10	999.700	27	996.512	50	988.04
11	999.605	28	996.232	60	983.21
12	999.498	29	995.944	70	977.78
13	999.377	30	995.646	80	971.80
14	999.244	31	995.340	90	965.31
15	999.099	32	995.025	100	958.35
16	999.943	33	994.702		

表 B-11　在 20℃时与空气接触的液体的表面张力系数

液　　体	σ/mN·m^{-1}	液　　体	σ/mN·m^{-1}
航空汽油（在 10℃）	21	甘油	63
石油	30	水银	513
煤油	24	甲醇	22.6
松节油	28.8	在 0℃时	24.5
水	72.75	乙醇	22.0
肥皂溶液	40	在 60℃时	18.4
氟利昂-12	9.0	在 0℃时	24.1
蓖麻油	36.4		

表 B-12　在不同温度下与空气接触的水的表面张力系数

温度/℃	σ/mN · m^{-1}	温度/℃	σ/mN · m^{-1}	温度/℃	σ/mN · m^{-1}
0	75.62	16	73.34	30	71.15
5	74.90	17	73.20	40	69.55
6	74.76	18	73.05	50	67.90
8	74.48	19	72.89	60	66.17
10	74.20	20	72.75	70	64.41
11	74.07	21	72.60	80	62.60
12	73.92	22	72.44	90	60.74
13	73.78	23	72.28	100	58.84
14	73.64	24	72.12		
15	73.48	25	71.96		

参考文献

[1] 逯小录．大学物理实验［M］．北京：科学出版社，2011.
[2] 陈聪．大学物理实验［M］．北京：国防工业出版社，2008.
[3] 华中工学院，天津大学，上海交通大学．物理实验基础部分（工科用）［M］．北京：高等教育出版社，1981.
[4] 李长真．大学物理实验教程［M］．北京：科学出版社，2009.
[5] 林抒，龚镇雄．普通物理实验［M］．北京：人民教育出版社，1981.
[6] 吴俊林，刘存志．大学物理实验［M］．西安：陕西师范大学出版社，2007.
[7] 杨述武．普通物理实验［M］．2 版．北京：高等教育出版社，1993.
[8] 张宏．大学物理实验［M］．合肥：中国科学技术大学出版社，2009.
[9] 赵家凤．大学物理实验［M］．北京：科学出版社，1999.
[10] 赵维义．大学物理实验教程［M］．北京：清华大学出版社，2007.
[11] 朱鹤年．基础物理实验教程物理测量的数据处理与实验设计［M］．北京：高等教育出版社，2003.
[12] 杨述武，孙迎春．普通物理实验（1）［M］．北京：高等教育出版社，2015.
[13] 杨述武，孙迎春．普通物理实验（2）［M］．北京：高等教育出版社，2015.